MONT FUJI CONCORDE, 2010 PAVLOVA FRAMBOISE, LITCHI ET CITRON VERT **COCO'ONING ABRICOT** AMARETTI MACARONS ITALIENS MOELLEUX MACARONS PÊCHE ME[...]RONS MANGUE & PAMPLEMOU[...]RONS CHOCO-MENTHE MACARONS LISSES DE PARIS À LA VANILLE MACARONS MOGADOR MISS GLA'GLA MONTEBELLO ISPAHAN MACARONS GLACÉS À LA ROSE ET NAGE DE FRUITS ROUGES **MACARONS FINGERS COCO, THÉ VERT ET AGRUMES** LA RONDE DES MACARONS FRAMBOISE, GÉRANIUM & CASSIS, VIOLETTE DACQUOISE PISTACHES ET FRAMBOISES PASSION' AIMANT CYLAN PLAISIRS SUCRÉS GÉNOISE AU CHOCOLAT ET GANACHE PRALINÉE MARQUISE AU CHOCOLAT CHARLOTTE AUX FRAMBOISES **TARTE INFINIMENT VANILLE** CHARLOTTE AUX AGRUMES ÉMOTION ENVIE OPÉRA ENVOL, 1995

甜品主厨的秘密

纯 正 · 经 典 · 创 意

揭 秘 1 7 0 款 大 师 独 家 配 方

法国艾伦·杜卡斯出版公司 编著

唐洋洋 译

北 京 出 版 集 团

北京美术摄影出版社

如何使用这本书？

本书内容分为“基础食谱”、“入门食谱”和“专业食谱”三个部分，“基础食谱”部分涵盖甜品制作需掌握的多个类别的基础操作步骤，其中包括多种面团类，奶油和慕斯，调料、装饰及糖霜。而后，难度较高的“入门食谱”和难度最高的“专业食谱”，相比“基础食谱”花式更多，细节更丰富。三个部分交替穿插，由浅入深，循序渐进，希望能够为您提供有价值的参考。

本书中每份食谱均包含以下实用信息，方便您使用本书和制作甜点：

每一份基础食谱列出：

- 定义
- 用途
- 其他形式
- 使用该基础混合物的食谱

每一份食谱列出：

- 核心技法
- 需要的工具

另附一份内容丰富、配有插图的附录，作为食谱的补充，其中包含：

- 专业甜点师的独家配料清单，并指出大众可以购买的地点
- 专业术语和甜点师专业动作
- 制作甜品所需的理想工具箱

编者前言

《甜品主厨的秘密》的诞生源于一种愿望：与甜点师和甜点爱好者们分享一流甜品主厨的食谱、制作诀窍和风味奥秘。

本书的目的，在于将世界顶级甜点大师的秘方和创意集结成册，写就一部真正的甜点圣经，供各级别的爱好者使用——无论是初出茅庐的新手还是老到的甜点师——帮助他们制作各类美味甜品。

这部作品装帧精美，内容翔实又循序渐进，是一部真正的实用指南。它收录了法式甜点不可绕过的40道基础食谱，其中包括：挞皮、蛋白霜面团、面糊、熟面团、发酵面团，奶油和慕斯，调料、装饰和糖霜。

基础食谱部分包含140份完整、详细的甜点食谱，它们均出自顶级大师之手：皮埃尔·艾尔梅、克里斯托夫·亚当、菲利普·孔蒂奇尼、克莱尔·海茨勒、让－保尔·埃万、皮埃尔·马克里尼和克里斯托夫·米夏拉克。

附录内容同样丰富实用，可以帮助您更好地了解甜点行业特有的配料、术语和工具，并掌握主要的专业动作。

我们愿将所有经验倾囊相授，只为帮助您实现甜点师梦想，成为未来的创意甜品大师。只要将各种基础、诀窍和技术融会贯通，您就可以制作自己的专属甜点了！

现在我们开始吧！

目录

多种面团

挞皮

蛋白霜面团

面糊

熟面团

发酵面团

奶油和慕斯

奶油

慕斯

调料、装饰和糖霜

调料

装饰

糖霜

附录

挞皮

蛋白霜面团

面糊

熟面团

发酵面团

多种面团

基础食谱

准备：15分钟
静置：2小时

125克黄油
+25克用于涂抹模具内壁
100克糖粉
1个鸡蛋（50克）
5克盐
250克面粉

甜面团

这是什么
一种挞皮，没有甜沙酥面团那么脆，但做法更专业

特点及用途
用于制作各种甜挞

其他形式
无麸质挞底、香草甜面团、克里斯托夫·亚当的杏仁甜面团、让-保尔·埃万的巧克力甜面团

核心技法
擀、刻装饰线、撒面粉、垫底

工具
刮刀，直径约28厘米、高约3厘米的挞模或环形蛋糕模具

食谱
无麸质柠檬挞
柠檬罗勒挞
百香果覆盆子玫瑰小馅饼，*克里斯托夫·亚当*
松脆巧克力挞，*让-保尔·埃万*
布鲁耶尔红酒洋梨挞
杏仁柠檬挞
杏仁覆盆子松子挞
食用大黄草莓杏仁挞，*克莱尔·海茨勒*
卡仕达鲜奶油新鲜水果挞
柠檬舒芙蕾挞
无蛋白霜的烤开心果挞
纯巧克力挞
焦糖干果挞，2014年，*克里斯托夫·亚当*

01.

用刮刀将黄油打成膏状，然后加入糖粉，打成奶油状。

加入鸡蛋和盐，然后用打蛋器将混合物拌匀。如果您有厨师机，可以装上钩形搅拌头使用，从而更快速地制作面团。加入面粉并混合，但不要用力揉捏面团。

02.

揉成面团，用食品保鲜膜裹起来，放入冰箱保存。在阴凉处静置2小时以上。

03.

在操作台上撒上面粉，用擀面杖将甜面团擀至3毫米厚。切出一个足够大的面饼，垫在直径约28厘米、高约3厘米的环形模具或挞模里，事先在模具内壁涂抹黄油。

04.

用指尖或刻装饰线用的镊子去掉面团边缘，用另一把餐叉沿着挞底扎出小孔。

如果需要，可以预烤。将烤箱预热到180°C（温控器调到6挡）。剪一个直径约为40厘米的烘焙纸盘，沿边缘折出上翻的边。将烘焙纸垫在挞底下方，上面撒一层豌豆或蔬菜干（作为烘焙豆的替代）。将面团放入烤箱，预烤15分钟左右。确认面团已经烤好，然后取出蔬菜干和烘焙纸。将烤箱温度调低至170°C（温控器调到6挡）。将挞底再次预烤10分钟，使中间均匀上色。

入门食谱

8人份

准备：30分钟
烘烤：30分钟
静置：3小时

核心技法

预烤、乳化、垫底、搅打至紧实

工具

直径约28厘米的环形挞模、裱花袋、厨师机

无麸质柠檬挞

无麸质挞底

100克黄油
125克糖粉
3克盐
1个鸡蛋（50克）
250克栗子粉

填料

800克柠檬奶油

法式蛋白霜

3份蛋清（90克）
150克细砂糖

为了使面团保持干燥且酥脆，要在填奶油之前把蛋清涂在挞底上。

栗子粉甜面团、柠檬奶油、焦化得恰到好处的蛋白霜，组合成了乐趣无穷的无麸质流心挞！

01.

无麸质挞底

将烤箱预热到180°C（温控器调到6挡）。按照第8页的步骤制作一个甜面团，但材料的用量和比例应与本食谱一致，在冷冻柜里放置30分钟。将面团垫在直径约28厘米的环形挞模内，入炉进行预烤。

02.

填料

制作柠檬奶油，搅打使其乳化，然后趁热倒在挞底上。放入冰箱冷藏1小时。

03.

法式蛋白霜

在厨师机中将蛋清和30克细砂糖轻轻打发。开始起泡后，慢慢加入60克细砂糖，并不停搅拌。当蛋清质地变紧实后，迅速倒入剩下的细砂糖，然后用力搅拌，使蛋白霜质地变紧实。

04.

将烤箱调到上火模式，预热。用扁平抹刀把蛋白霜满涂在挞的表面上，或者用裱花袋挤在上面。将蛋白霜用上火模式烤5分钟，使其表面产生焦黄的色泽。

柠檬罗勒挞

6人份

准备：40分钟
烘烤：1小时10分钟
静置：2.5小时

核心技法

预烤、乳化、垫底、用裱花袋挤、软化黄油

工具

手持搅拌机、裱花袋、温度计、剥皮器

香草甜面团

150克室温软化黄油
95克糖粉
30克杏仁粉
1个大号鸡蛋（65克）
2克盐
1个香草荚
250克面粉

杏仁奶油

125克杏仁粉
125克细砂糖
125克室温软化黄油
5克朗姆酒
2个鸡蛋（100克）

柠檬果酱

250克柠檬
1个香草荚
85克细砂糖
半捆罗勒

柠檬奶油

200克柠檬汁
2个柠檬的果皮
2片明胶（4克）
125克细砂糖
125克黄油

柠檬蛋白霜

3个大号鸡蛋的蛋清（100克）
175克细砂糖
50克水
1个柠檬的果皮
1个青柠的果皮

专业食谱

01.

香草甜面团

按照第8页的步骤制作一个甜面团，但食材及用量应根据本食谱调整。将甜面团夹在两张烘焙纸中间，擀至4毫米厚。在阴凉处放置20分钟。给环形挞模垫底：做一个和模具直径相同的圆饼和两块长条形的面饼，将长条贴在环形模具内部，相互叠合1厘米，然后用手指把接合处压平，切掉多余的面团，再于阴凉处放置15分钟。在挞底底部垫上可入烤箱的食品保鲜膜，其上撒满面粉。将食品保鲜膜的边缘向外翻折。以150°C将挞底预烤20分钟，直至烤成金黄色。

02.

杏仁奶油

把杏仁粉、细砂糖和室温软化黄油搅拌均匀。加入常温鸡蛋液，倒入朗姆酒。缓慢拌匀，避免过度乳化，然后放在阴凉处备用。

03.

柠檬果酱

将柠檬切成8片，放在一个小锅里。香草荚刮出籽，将籽放进去。放入细砂糖，加盖用小火煮15分钟，然后开盖继续煮15分钟。用餐叉将柠檬压碎，冷却。放入修剪好的罗勒（保留十几片小叶子）。倒入容器中，放在阴凉处备用。

04.

柠檬奶油

把明胶放在冷水中泡软。把鸡蛋液和细砂糖搅拌均匀。加入柠檬汁和果皮。煮至沸腾，离火，加入明胶。继续搅拌，使奶油温度降至40°C左右。将奶油倒入生菜盆，然后加入小块冷黄油。用搅拌机搅打成膏状，直至混合物质地柔滑。

05.

柠檬蛋白霜

根据第114页的步骤制作一份意式蛋白霜，但要使用本食谱的比例。冷却，然后加入一半量的柠檬果皮。

摆盘和展示

把挞底预烤过后，立刻倒入杏仁奶油，到达⅓高度。最后放入烤箱以170°C烘烤至杏仁奶油表面上色。冷却，涂上薄薄的一层果酱作为装饰。

06.

如果您对苦味敏感，可以在制作果酱前先把柠檬煮一下：将其放在冷水中加热，沸腾后离火，然后捞出沥干。

请注意，意式蛋白霜保质期长，而且只需放在烤箱中加热几分钟即可上色。

然后将柠檬奶油倒在挞底上，高度与挞底边缘平齐。在阴凉处放置2小时。当柠檬奶油凝固后，将蛋白霜装进裱花袋，进行装饰。加入剩下的柠檬果皮和罗勒叶子。在常温下享用。

专业食谱

克里斯托夫·亚当

这是一种味道丰富的方形小馅饼，能够凸显水果的纯正口感。百香果奶油、杏仁面团、新鲜的大粒覆盆子，再点缀几片玫瑰花瓣——只需要这些，便能制作出一道赏心悦目、点亮味觉的甜点！

百香果覆盆子玫瑰小馅饼

可以制作4个小馅饼

准备：30分钟
烘烤：25分钟
静置：3小时15分钟

核心技法

垫底

工具

4个方形不锈钢模具、手持搅拌机、温度计

杏仁甜面团

25克杏仁粉
125克黄油
85克糖粉
1个马达加斯加香草荚
2克盐
1个鸡蛋（50克）
210克面粉

百香果奶油

75克百香果果汁
155克黄油
50克细砂糖
2个鸡蛋（100克）
10克柠檬汁
4克玫瑰水

组合和修整

2盒覆盆子
120克无味透明果胶
1个百香果（15克）
几片玫瑰花瓣

01.

杏仁甜面团

按照第8页的步骤制作一个甜面团，但食材及用量应根据本食谱调整。放入冰箱冷藏2小时。

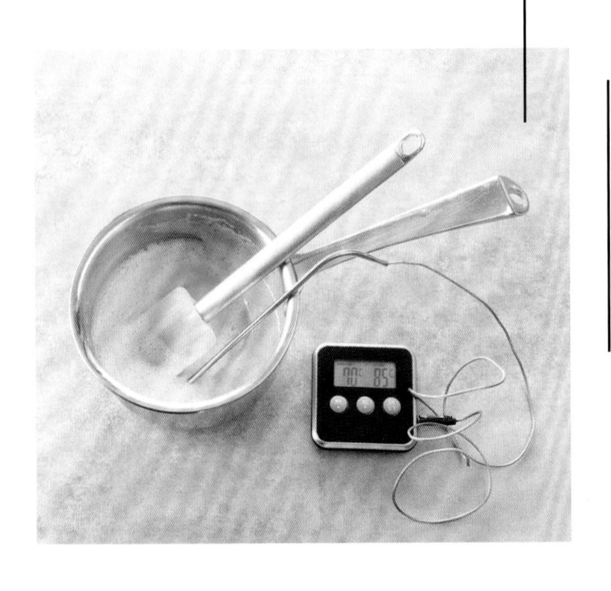

百香果奶油

把黄油从冰箱中取出，恢复至室温。把细砂糖、鸡蛋、柠檬汁和百香果果汁混合，快速搅拌。将混合物放入平底锅内，加热至85°C。离火，冷却至45°C。然后用手持搅拌机加入室温黄油，倒入玫瑰水。把制作好的奶油放入冰箱，静置1小时。

02.

您可以使用环形模具代替方形模具来制作小馅饼。在这种情况下，需要剪一个圆形模子，并将环形模具直径增加3厘米。

组合和修整

将烤箱预热至170°C。按照计划使用的模具尺寸，用硬纸板剪一个模子，每条边均比模具长1.5厘米。在撒好面粉的操作台上，用擀面杖将甜面团擀至3毫米厚，按照纸模的形状切出4块小面饼。把小面饼垫在不锈钢模具中。用刀切掉高出模具边缘的面团，然后放入铺好烘焙纸的烤盘中。将面饼烘烤17分钟。冷却几分钟，然后脱模。

03.

选出24个漂亮的覆盆子，将剩下的放入碗内用餐叉碾压成果泥，铺在面饼底部。再填入百香果奶油，然后用抹刀抹平。在冷冻柜内放置5分钟。

04.

在平底锅内混合无味透明果胶和百香果果肉。加热30秒，使其变温热，然后浇在小馅饼上。放入冰箱冷藏10分钟。

小心地在每个小馅饼上放上3个完整的覆盆子，然后摆上几片玫瑰花瓣。

专业食谱

让－保尔·埃万

苦味巧克力的滑腻与千层酥的松脆，大茴香的辛辣与榛子的果香：新的一天开始于对比鲜明的丰富感觉。

松脆巧克力挞

2个4人份松脆巧克力挞

准备：30分钟
烘烤：40分钟
静置：6小时30分钟

核心技法

擀、凝结（巧克力调温）隔水炖、垫底、软化黄油

工具

2个直径18厘米的环形模具、直径6厘米的环形模具、擀面杖、扁平抹刀、Silpat®牌烘焙垫

巧克力甜面团

25克黑巧克力（JPH牌，可可含量为70%）
140克室温软化黄油
90克糖粉
30克杏仁粉
2滴原味香草液
一小撮盐
1个鸡蛋（50克）
230克面粉

巧克力甘纳许

180克黑巧克力（法芙娜牌Manjari系列，可可含量为64%）
210克淡奶油
半个打好的鸡蛋
1个蛋黄（20克）
40克黄油

千层饼

85克调温牛奶巧克力
10克可可黄油
15克榛子泥
120克千层酥（或压碎的Gavottes®牌薄饼）

糖霜

110克淡奶油
10克转化糖浆（或洋槐蜜）
100克黑巧克力（JPH实验室产，可可含量为67%）

大茴香脆饼

6片直径30厘米的咸味饼干
50克熔化的黄油
50克细砂糖
50克糖粉
大茴香粉

01.

巧克力甜面团

按照第8页的步骤制作一个甜面团，但食材及用量应根据本食谱调整。把巧克力隔水熔化，倒入面团，快速混合。放入冰箱冷藏2小时。

用擀面杖把面团擀成2个小圆饼，擀得越薄越好。把小圆饼分别装进2个直径18厘米的环形模具，然后放入冰箱冷藏30分钟。将烤箱预热到170°C（温控器调到6挡）。将面团预先烘烤20分钟左右。烤好后，取出挞底，但烤箱应继续加热。

02.

巧克力甘纳许

把巧克力切碎，放在沙拉碗内。将淡奶油煮沸后倒入巧克力中。当巧克力完全融化后，加入半个打散的鸡蛋和一个蛋黄，然后搅拌均匀。再加入黄油块，重新搅拌。

将做好的甘纳许浇在预先烤过的挞底上。再次放入烤箱，以170°C烘烤5分钟。烤好后，从烤箱内取出。冷却。

03.

千层饼

将巧克力和可可黄油混合，隔水炖化，然后静置使其凝结。加入榛子泥，再加入千层酥（或Gavottes®牌薄饼）。用抹刀小心地搅拌。

在烘焙纸或Silpat®牌烘焙垫上将混合物铺成2个直径6厘米的小圆饼。静置冷却。

糖霜

在平底锅里，将淡奶油和转化糖浆（或洋槐蜜）煮沸。把巧克力切碎，放入沙拉碗内。把煮沸的奶油倒入巧克力中，用打蛋器慢慢搅拌，直至形成乳液状。

把巧克力千层酥圆饼放在挞上，上面倒上巧克力甘纳许。然后用抹刀把糖霜抹在小圆饼的表面和周围。放入冰箱冷却10分钟。

04.

这款挞放在保碎盒中可冷藏保存3天。在品尝前2小时取出，置于常温下。

大茴香脆饼

将烤箱预热至180°C。在咸味饼干的两面涂上黄油，然后撒上一些细砂糖。

把饼干切成4片，每片分别折叠，然后放在直径6厘米的小模子里。放入烤箱烘烤12～14分钟。撒上糖粉，以250°C烘烤1～2分钟，使其焦化。

从烤箱中取出脆饼。在上面撒一些大茴香粉，然后脱模。冷却。放在巧克力挞上，然后品尝。

05.

基　础　食　谱

准备：10分钟
静置：30分钟

100克细砂糖
1个鸡蛋（50克）
4克盐
125克黄油
250克面粉

甜沙酥面团

这是什么
一种挞皮，比较脆，制作简便

特点及用途
用于制作各种甜挞或小油酥饼

其他形式
克莱尔·海茨勒的巧克力甜沙酥面团、克莱尔·海茨勒的甜沙酥面团

核心技法
搅打至发白、软化黄油

工具
刮刀、厨师机

食谱
传统柠檬挞
覆盆子脆巧克力，*克莱尔·海茨勒*
橙香开心果酥饼，*克莱尔·海茨勒*
无限香草挞，*皮埃尔·艾尔梅*
荔枝树莓香槟淡慕斯，*克莱尔·海茨勒*
蔻依薄挞，*皮埃尔·艾尔梅*

在制作前几小时将鸡蛋从冰箱中取出，使其达到合适的温度。

01.

鸡蛋打入碗中，加入细砂糖，搅打，直至混合物发白。加盐。

02.

用刮刀将黄油打成膏状，然后加入鸡蛋混合物中。充分搅拌，直至混合物变成奶油状。

03.

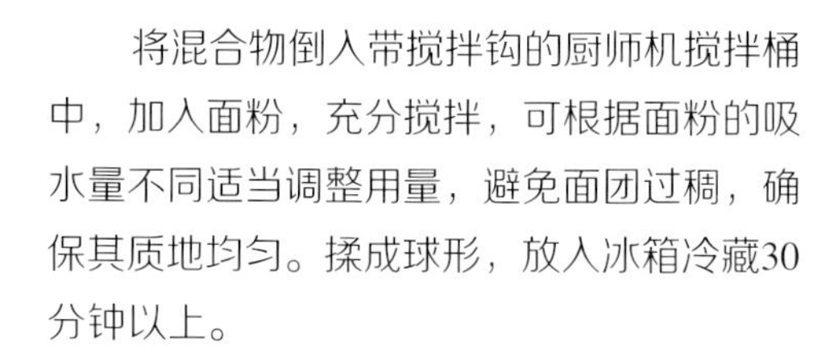

将混合物倒入带搅拌钩的厨师机搅拌桶中，加入面粉，充分搅拌，可根据面粉的吸水量不同适当调整用量，避免面团过稠，确保其质地均匀。揉成球形，放入冰箱冷藏30分钟以上。

传统柠檬挞

8人份

准备：1小时
烘烤：45分钟
静置：1小时50分钟

核心技法

搅打至发白、刻装饰线、预烤、垫底、使表面平滑、上光、水煮

工具

刻装饰线用的镊子、油刷、刨刀

水煮柠檬

4个柠檬
25毫升水
300克细砂糖

挞底

500克甜沙酥面团

柠檬奶油

3个多汁的柠檬
25毫升水
3个鸡蛋（150克）
150克细砂糖
30克玉米淀粉
50克黄油

组合和修整

250克无味透明果胶

入 门 食 谱

松脆的沙酥面团，美味的柠檬奶油，再点缀上糖渍柠檬，就做成了这种特别传统的挞。确实简单，但味道极为丰富！

水煮柠檬

切掉柠檬的两端，用开槽器或刀子在果皮上均匀地划出几道小口子。把柠檬切成薄片。在平底锅内放入水和细砂糖，煮沸，熬成糖浆。把柠檬片放入微微滚动的糖浆中，继续煮，直至煮成半透明状。离火，冷却1小时。

01.

果胶不是必需的，但它可以使柠檬挞更有光泽，并起到保护作用。可以用果酱或果冻代替无味透明果胶。

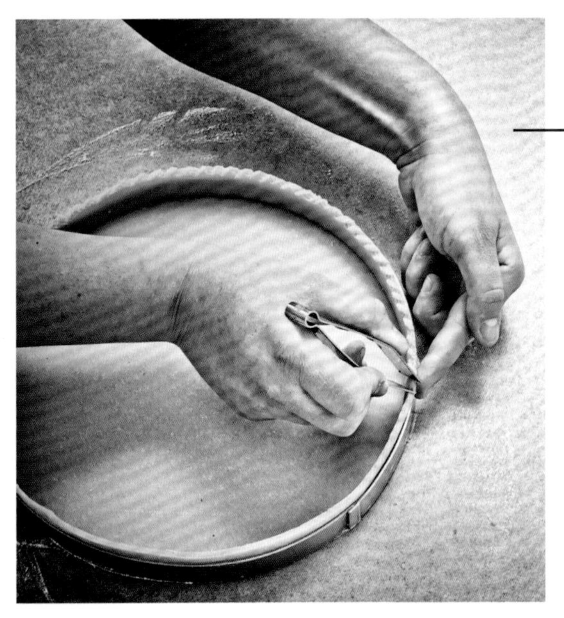

02.

挞底

根据第24页的步骤制作一个甜沙酥面团。将面团擀薄铺入模具中，然后用手指或刻装饰线用的镊子将边缘做出一圈花纹。用餐叉在整个挞底扎上小孔，然后在阴凉处静置20分钟。将烤箱预热至200°C。用一张烘焙纸覆盖整个挞底，上面铺一层豌豆或蔬菜干。放入烤箱，将温度降至180°C。烘烤10分钟左右，直至将边缘预烤好。取出豌豆和烘焙纸，继续烘烤15分钟，直到将挞底烤成金黄色。

03.

柠檬奶油

用刨刀把柠檬果皮擦成碎末，密封保存。挤压整个柠檬，压出果汁，去核，加水。在沙拉碗内搅拌鸡蛋和细砂糖，直至混合物发白。加入5毫升左右的柠檬汁，搅拌至混合物变软，放入柠檬皮碎，然后加入玉米淀粉，用打蛋器混合均匀。把所有的柠檬汁倒入鸡蛋混合物中，混合均匀，然后把奶油倒入平底锅内，不断搅动，煮沸。保持沸腾几分钟，然后离火。加入切成块的黄油，用打蛋器将混合物搅拌到质地柔滑。

04.

组合和修整

将烤箱预热到160°C。把温热的奶油倒入烤好的挞底上，入炉烘烤10分钟左右。出炉后，脱模，冷却。

把煮过的柠檬片均匀地铺在挞表面。在无味透明果胶上洒上一点煮柠檬用的糖浆，使其变温热，用油刷蘸取足量的果胶，刷在挞表面，使其变得有光泽。待完全冷却后再品尝。

05.

专业食谱

克莱尔·海茨勒

覆盆子脆巧克力

10人份

准备：2小时
烘烤：30分钟
静置：12小时

核心技法

擀、打发至中性发泡（可以拉出小弯钩）、用小漏斗过滤、凝结（巧克力调温）、水煮、过筛、巧克力调温

工具

小漏斗、直径4厘米和8厘米的饼干模、刮刀、手持搅拌机、直径4厘米高3厘米的圆筒形硅胶模具、烘焙塑料纸、配8号裱花嘴的裱花袋、厨师机、冰激凌机、Silpat®牌烘焙垫

巧克力装饰

500克黑巧克力（法芙娜牌Équatorial系列）

巧克力甘纳许

100克覆盆子果泥
20克转化糖浆
110克黑巧克力（法芙娜牌Manjari系列）
30克黄油

孟加里巧克力慕斯

1片明胶（2克）
145克黑巧克力（法芙娜牌Manjari系列）
110克牛奶
220克打发柔滑的奶油

巧克力饼干

85克杏仁粉
115克糖粉
25克可可粉
5克面粉
5份蛋清（140克）
37克细砂糖

糖霜

7.5片明胶（15克）
225克液体奶油
130克水
340克细砂糖
60克不加糖的可可粉

巧克力甜沙酥面团

250克黄油
2克盐之花
70克糖粉
50克杏仁粉
3个蛋黄（60克）
270克面粉

经典搭配，凸显Manjari巧克力微酸的浓郁香味。由于巧克力具有丰富的质地，制作这种甜点让我乐在其中。

30克可可粉
7克泡打粉

覆盆子冰糕

500克覆盆子果泥
30毫升水
155克细砂糖
30克转化糖浆
50克柠檬汁

摆盘

400克覆盆子

01.

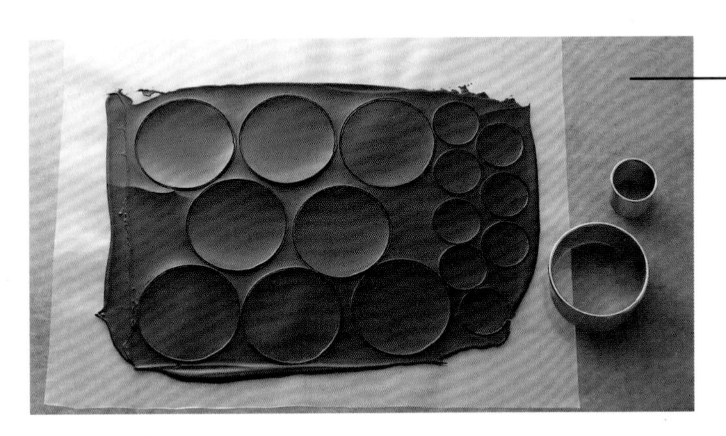

巧克力装饰

提前一天将黑巧克力做调温处理，小心地铺涂在一张烘焙塑料纸上。当巧克力开始凝结，即巧克力刚开始变硬时，用直径8厘米和4厘米的饼干模各切出10个小圆饼。静置12小时使其凝结，然后再使用。

02.

巧克力甘纳许

把覆盆子果泥和转化糖浆煮沸。熔化巧克力。把煮沸的果泥慢慢倒入熔化的巧克力上。当混合物冷却到35°C～40°C时，加入黄油块。用手持搅拌机搅打，以保证混合物柔滑均匀，同时避免搅入空气。静置12小时，让混合物在常温下凝结。

03.

孟加里巧克力慕斯

把明胶放在盛有冷水的碗中泡软，巧克力隔水熔化。把牛奶煮沸，放入沥干的明胶，搅拌至明胶溶化，然后分几次把混合物倒入熔化的巧克力中，使质地柔滑均匀。当混合物冷却到35°C～40°C时，加入质地柔滑的打发奶油，用木勺慢慢搅拌。

04.

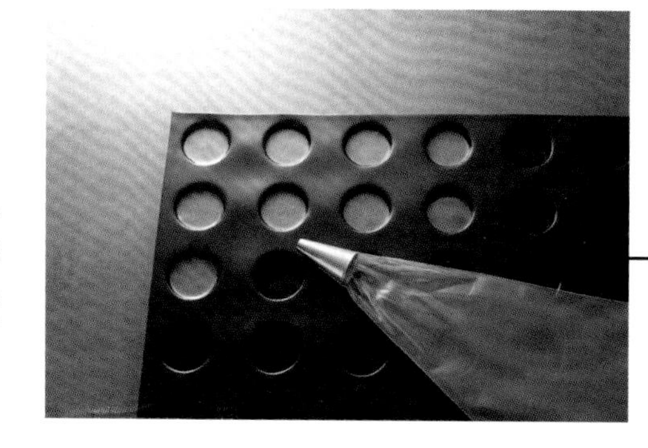

把慕斯装进裱花袋，挤入直径4厘米、高3厘米的圆筒形硅胶模具中。在冷冻柜里放置4小时。

05.

巧克力饼干

制作当天，将烤箱以热风循环模式预热至180°C。把杏仁粉、可可粉和面粉过筛。在带打蛋网的厨师机搅拌桶中快速搅拌蛋清和细砂糖，打发至中性发泡，提起时可以拉出一个小弯钩。加入筛过的粉类，然后用刮刀慢慢搅拌。把混合物铺涂在烘焙纸或Silpat®牌烘焙垫上，涂成一个40厘米×30厘米的长方形，然后放入烤箱烘烤7分钟左右。

06.

出炉后冷却，用饼干模在烤好的面饼上切出直径8厘米的小圆饼。

07.

糖霜

把明胶放入盛有冷水的碗中泡软。把液体奶油、水和一半量的细砂糖煮沸。混合可可粉和剩下的糖，加入奶油混合物中。一边搅拌一边再次煮沸。加入沥干的明胶，搅拌，然后过滤。把脱模后的孟加里巧克力慕斯放在直径4厘米的黑巧克力小圆饼上，表面浇一层糖霜。放入冰箱冷藏。

08.

巧克力甜沙酥面团

将烤箱预热至160°C。根据第24页的步骤制作一个巧克力甜沙酥面团，但食材及用量应根据本食谱调整。取60克面团，擀至4毫米厚的面饼再切成边长约为1厘米的正方体，放在铺好烘焙纸的烤盘上，放入烤箱烘烤8分钟左右。

您可以自己动手制作覆盆子果泥，或者在专门的商店购买。

09.

覆盆子冰糕

在平底锅内，把水、细砂糖和转化糖浆煮沸，然后倒进覆盆子果泥中。混合均匀。加入柠檬汁，然后放入冰激凌机中，使其凝固，制成冰糕。

摆盘

用配8号裱花嘴的裱花袋，把巧克力甘纳许挤在圆形饼干上。

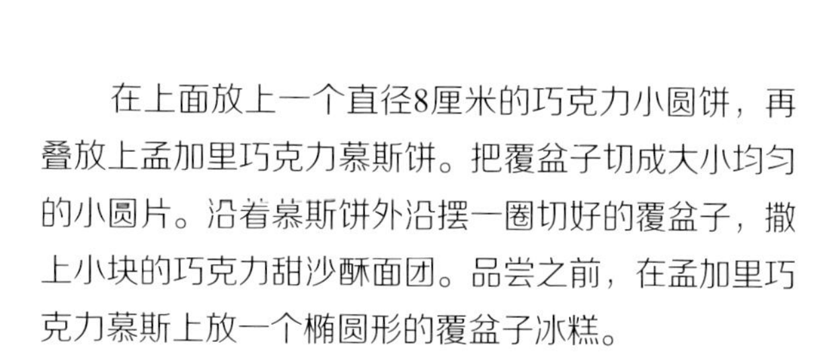

在上面放上一个直径8厘米的巧克力小圆饼，再叠放上孟加里巧克力慕斯饼。把覆盆子切成大小均匀的小圆片。沿着慕斯饼外沿摆一圈切好的覆盆子，撒上小块的巧克力甜沙酥面团。品尝之前，在孟加里巧克力慕斯上放一个椭圆形的覆盆子冰糕。

10.

专业食谱

克莱尔·海茨勒

在日本，我发现了柑橘类水果不可思议的丰富变化，在这里它与香甜的开心果搭配，形成了2种口感。这道甜点色彩鲜艳，令人大饱眼福！

橙香开心果酥饼

12人份

准备：2小时
烘烤：2小时
静置：6小时

核心技法

搅打至发白、过滤、切丝、取出果肉、做成椭圆形、剥皮

工具

小漏斗、刨刀、手持搅拌机、36厘米×26厘米的硅胶模具、即时喷雾器、Silpat®牌烘焙垫、冰激凌机、温度计

基础奶油

145克牛奶
290克液体奶油
85克细砂糖
5个蛋黄（100克）

开心果奶油

40克开心果酱
2片明胶（4克）
475克基础奶油（见步骤1）
10克橄榄油
绿色色素喷雾

奶油开心果

15克开心果酱
1片明胶（2克）
120克液体奶油
25克细砂糖
2个蛋黄（40克）

橙香瓦片饼

1个橙子
40克面粉
125克细砂糖
40克熔化的热黄油

甜沙酥饼

250克黄油
3克盐之花
100克细砂糖
40克杏仁粉
20克香草精
2个蛋黄（40克）
200克面粉
5克酵母
30克切碎的开心果

柚子果汁冰糕

6个柚子
415克细砂糖
2克Super Neutrose稳定剂
20克葡萄糖
500克牛奶
200克水
2个香草荚

橙子果皮

1个橙子
100克细砂糖
300克水

填料

50克完整的开心果
2个橙子
1个红柚子
1个粉柚子
1个白柚子
3个细皮小柑橘
1个手指柠檬
2个金橘

01.

基础奶油

将烤箱预热到100°C。把牛奶和液体奶油倒入平底锅，煮沸。把细砂糖和蛋黄搅拌均匀，然后倒入平底锅中，混合。把混合物倒入36厘米×26厘米的硅胶模具中，或者倒入另一个可以烘烤的盘子中，放入烤箱。烘烤，直至混合物开始凝固，变得像焦糖奶油布丁一样硬，不再流动为止。烘烤时间为45分钟至1小时，视烤箱功率而定。

02.

准备一个模子，用于切割开心果奶油、甜沙酥面团和橙香瓦片饼。还要准备一个镂花模板，用于在烤盘铺涂开心果奶油。

开心果奶油

把明胶放在盛有冷水的碗中泡软。趁热称出475克基础奶油，加入沥干的明胶、橄榄油和开心果酱。混合均匀，然后用手持搅拌机搅打至质地柔滑。把混合物倒入36厘米×26厘米的硅胶模具中，放入冰柜冷冻4小时。当奶油变得足够硬后，切成边长为6厘米的正方形。把冷冻好的正方形奶油块用色素喷雾喷成绿色。放入冰箱冷藏退冰。

03.

奶油开心果

把明胶放在盛有冷水的碗中泡软。把液体奶油倒入平底锅中煮沸。把细砂糖和蛋黄混合在一起，搅拌均匀，直至混合物发白。加入奶油，混合均匀，然后重新倒入平底锅中。

将混合物煮至83°C，然后加入沥干的明胶。把混合物慢慢倒入开心果酱中，用手持搅拌机把混合物搅拌至质地柔滑，静置冷却。

从烤箱中取出瓦片饼时，注意控制好温度。如果过热，瓦片饼就会粘在刀上；如果过冷，瓦片饼就可能会破碎。不要犹豫，放入烤箱再加热几分钟。烘烤时间和温度仅供参考；需要根据您使用的烤箱功率进行调整。

橙香瓦片饼

橙子榨汁，用小漏斗过滤橙汁，称出70克。在沙拉碗内混合面粉和细砂糖。倒入70克橙汁，再倒入熔化的热黄油。混合均匀，然后放入冰箱冷藏2小时以上。将烤箱预热至160°C。在Silpat®牌烘焙垫上把面团摊成片状。放入烤箱烘烤，直至表面上色，然后切成边长为6厘米的正方形。

04.

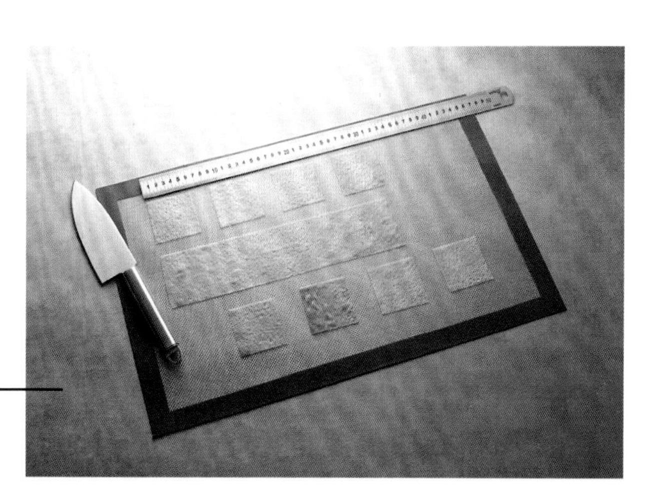

05.

甜沙酥饼

将烤箱预热至160°C。根据第24页的步骤制作一个甜沙酥面团，但食材及用量应根据本食谱调整。将200克面团擀至3毫米厚。撒上切碎的开心果，然后放在烘焙纸上。放入烤箱烘烤5分钟，烤至五成熟后，切成边长为6厘米的正方形。放入烤箱再烘烤7分钟。

柚子果汁冰糕

柚子榨汁，用小漏斗过滤，然后称出500克柚子汁。把细砂糖、Super Neutrose稳定剂和葡萄糖混合。把牛奶、水和已刮籽的香草荚放入平底锅加热，到40°C时，迅速倒入细砂糖、Super Neutrose稳定剂混合物和葡萄糖，煮至沸腾，然后冷却。倒入500克柚子汁，使其在冰激凌机中凝固成果汁冰糕。

06.

橙子果皮

用刨刀刨去橙子的外皮，然后把皮切成细丝。将橙皮丝放入平底锅中，加满冷水，然后煮沸。沥干水，然后将橙皮丝静置冷却。重复操作3次。在平底锅中，将细砂糖和水煮沸。加入橙皮丝，然后用很小的火炖煮，直至把果皮煮至透明。

07.

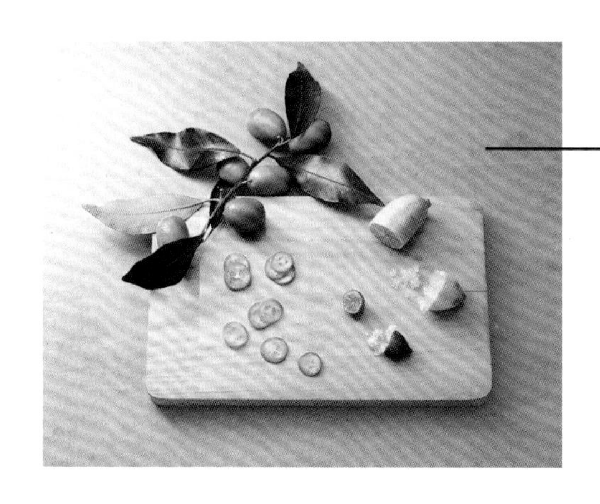

08.

填料

把开心果纵向切成两半。把7种柑橘类水果剥皮，取出果肉。把手指柠檬切成两半，去子。把金橘切成薄片。

09.

摆盘

在每个盘子的盘底垫上边长6厘米的镂空模板，把奶油开心果涂成方块形。

10.

错位摆上开心果甜沙酥饼，其上覆盖一片开心果奶油方块，而后再错位摆上1片橙香瓦片饼。在瓦片饼上摆放好柑橘类水果、开心果和糖渍橙子皮。在开心果奶油方块的另一角上，放一个椭圆形的柚子果汁冰糕。

基 础 食 谱

准备：15分钟
烘烤：25分钟
静置：15分钟

125克黄油（冷）
+25克用于涂抹模具内壁
250克面粉
+50克用于撒在操作台上
5克盐
25克细砂糖
62克冷水

水油酥面团

这是什么
一种挞皮面团，制作简单快捷

特点及用途
用于制作各种水果挞

核心技法
擀、刻装饰线、预烤、撒面粉、垫底

工具
直径约28厘米、高约3厘米的挞模或环形蛋糕模具、擀面杖

食谱
焦糖橙子翻转挞
诺曼底藏红花挞
阿尔萨斯樱桃挞
苹果食用大黄挞

不一定非要切掉挞边，您可以只切掉面团高出模具的部分。

预烤完成后注意不要脱模，否则还需要再次填进模具放入烤箱。

01.

把冷黄油切成小块，放入带搅拌桨的厨师机内桶中。加入面粉，快速搅拌成粗沙粒状。把盐和细砂糖倒入冷水中溶解，然后倒入内桶中。用钩子和面，直至面团变均匀。揉成球形，然后用食品保鲜膜裹起来，放入冰箱冷藏15分钟。

02.

在操作台上撒面粉，然后用擀面杖将水油酥面团擀至3毫米厚。切一个足够大的圆饼。垫在直径约28厘米、高约3厘米的模具或者环形模具内。

如果您没有厨师机，也完全可以手工捶打、揉面。

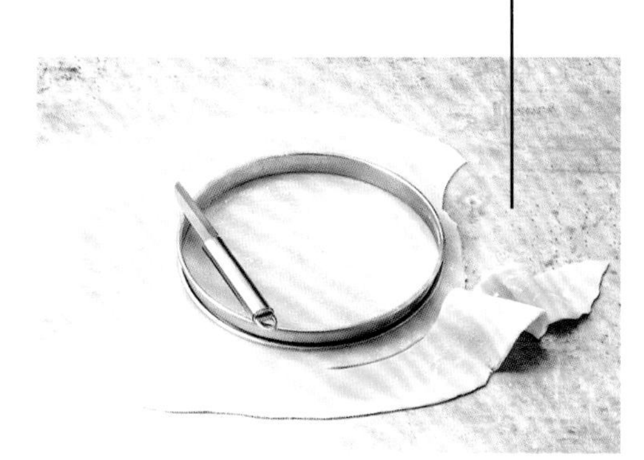

03.

用刻装饰线用的镊子或指尖将挞皮边缘向外折出一圈花纹。用餐叉在挞底均匀扎上小孔。

04.

将烤箱预热到180°C。在挞底盖上一张烘焙纸，再撒上豌豆或蔬菜干。放入烤箱，将水油酥面团烘烤15分钟左右。取出豌豆或蔬菜干和烘焙纸。将烤箱温度降至170°C。将挞皮重新预烤10分钟，使底部均匀上色。

入门食谱

8人份

准备：30分钟
烘烤：1小时至1小时10分钟
静置：1小时

核心技法

擀、稀释、剥皮

工具

苹果去核器，直径约24厘米、高4～5厘米的挞模，榨汁器，刨刀

焦糖橙子翻转挞

橙子焦糖

2个橙子
125克黄油
250克细砂糖

填料

2个橙子
2.5千克红香蕉苹果

水油酥面团

150克面粉
+30克用于操作台
75克黄油
37克水
3克盐
15克细砂糖

在焦糖变硬之前，转动模具，使其均匀。把切成两半的苹果相互贴紧，如果需要，可以多加一些，因为在烘烤过程中，苹果会熔化，体积会减小。

01.

橙子焦糖

用刨刀把1个橙子的果皮小心地擦成碎末，用榨汁器榨出2个橙子的汁。把黄油放入平底锅中，加热使其熔化但不要上色。加入细砂糖，然后用小火加热，直至煮成棕色的焦糖。把橙汁倒入焦糖中（稀释），并继续熬制，然后加入擦碎的果皮。把焦糖倒入直径约24厘米、高4～5厘米的模具中。

02.

填料

将烤箱预热到180°C。把橙子切成两半。苹果削皮，用切开的橙子的果肉擦涂苹果表面，以避免其氧化。用苹果去核器取出果核，然后将苹果切成两半。

03.

把切成两半的苹果放在焦糖层表面，相互间靠紧。放入烤箱，烘烤30～40分钟，直至变软。出炉后，静置30分钟，使其冷却到室温。

水油酥面团

在此期间，根据第42页的步骤制作一个水油酥面团，但要使用本食谱的比例。将烤箱预热到180°C。把冷的水油酥生面团圆饼放在苹果上，将其完全覆盖。放入烤箱重新将面团烘烤20分钟。烤至面团上色，立刻出炉并冷却。在模具下面放一个餐盘，翻转模具，将橙子挞脱模。

入门食谱

8人份

准备：20分钟
烘烤：35分钟
静置：20分钟

核心技法

搅打至发白、预烤

工具

搅拌碗、苹果去核器

诺曼底藏红花挞

烧酒苹果

800克红香蕉苹果
1个柠檬
5毫升苹果烧酒

藏红花奶油

200克黄油
4个鸡蛋（200克）
200克细砂糖
1克藏红花粉末

组合和修整

1个预烤过的水油酥挞底
50克糖粉

烧酒苹果

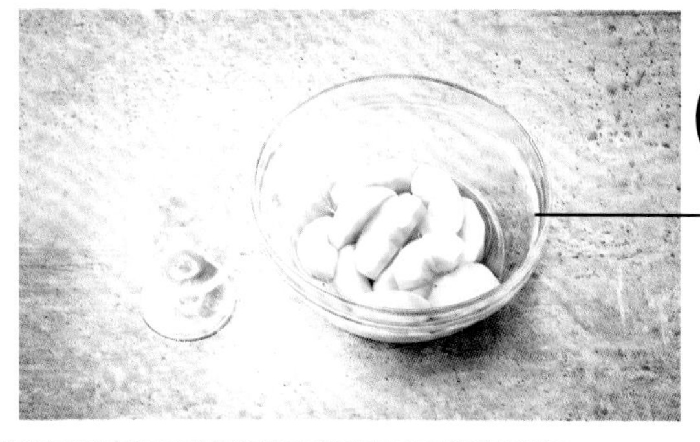

01.

把红香蕉苹果削皮，柠檬切成两半，把柠檬汁加入苹果中。用苹果去核器去除果核，把果肉部分对半切开，再切成边长2厘米左右的小块。把苹果块放在沙拉碗中，浇上苹果烧酒，在阴凉处放置20分钟。

02.

藏红花奶油

把黄油放入平底锅加热，直至起泡，离火后静置使其变温。在搅拌碗中，用力搅打鸡蛋和细砂糖，直至其发白。把熔化的黄油倒入变白的鸡蛋中，加入藏红花粉末调味，用打蛋器快速搅拌。密封保存。

03.

组合和修整

这款挞最好趁热品尝。

根据第42页的步骤制作一个水油酥面团，放入烤箱预烤。将烤箱预热至160°C。把苹果块贴紧排列，铺满整个预烤好的水油酥挞底。

04.

倒入藏红花奶油，然后放入烤箱烘烤20分钟。脱模，再烘烤10分钟，使边缘完美上色。把烤箱调到上火模式预热。在挞表面撒上糖粉，用上火模式烘烤3分钟。

入门食谱

8人份

准备：40分钟
烘烤：30分钟
静置：1小时15分钟

核心技法

搅打至发白、预烤、浸渍

工具

搅拌碗

阿尔萨斯樱桃挞

浸渍樱桃

500克樱桃
10毫升樱桃利口酒

凝固奶油

20毫升牛奶
半个香草荚
3个鸡蛋（150克）
100克细砂糖
20毫升脂肪含量为30%的液体奶油

组合和修整

1个预烤好的水油酥挞底
50克糖粉

浸渍樱桃

把樱桃洗干净，去掉果梗。去核，尽量保持果肉完整，然后放入沙拉碗中。

倒上樱桃利口酒，使其漫过樱桃，浸渍1小时。用木勺轻轻搅拌几下，翻转一下樱桃。

01.

02.

凝固奶油

在平底锅中倒入牛奶，煮至微滚。离火，然后加入半个剖开并刮出籽的香草荚（连同香草籽）。浸泡15分钟。在搅拌碗中，用力搅打鸡蛋和细砂糖，直至其发白，然后倒入液体奶油。

03.

从平底锅中取出香草荚，把香草奶油倒入鸡蛋奶油中，轻轻搅拌。倒入5毫升浸渍的樱桃果汁，使其变芳香。放在阴凉处保存。

组合和修整

04.

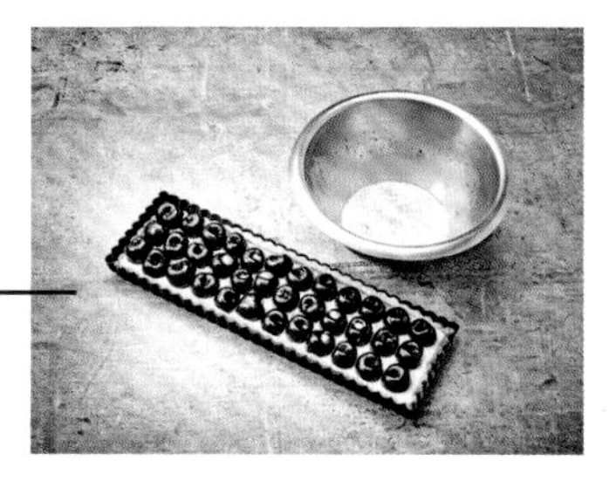

根据第42页的步骤制作一个水油酥面团，预烤。将烤箱预热到160°C。把樱桃沥干水，摆在预烤好的水油酥挞底上，使其紧密排列。放入烤箱烘烤20分钟左右，直到奶油变硬。脱模，入炉继续烤10分钟，使边缘均匀上色。把烤箱调到上火模式预热。在挞表面撒上糖粉，然后放入烤箱烘烤3～5分钟使其上色。

入门食谱

8人份

准备：45分钟
烘烤：1小时10分钟

核心技法

水煮、预烤、上光

工具

油刷

苹果食用大黄挞

水煮食用大黄和苹果

400克食用大黄
400克黄香蕉苹果
50克黄油
100克细砂糖

填料

500克黄香蕉苹果
1个柠檬

组合和修整

1个预烤好的水油酥挞底

果胶

5片明胶（10克）
125克水
150克细砂糖
半个香草荚

01.

水煮食用大黄和苹果

削去食用大黄茎部的外皮，然后用小刀切成3厘米左右的小段。

在平底锅中倒入黄油，然后用小火熔化，避免其上色。加入切成段的食用大黄和细砂糖，加盖，用小火炖15分钟左右。苹果削皮，用去核器去除果核。把果核留待做果胶时用，把果肉切块。放进食用大黄中，然后加盖煮30分钟以上。冷却至室温。

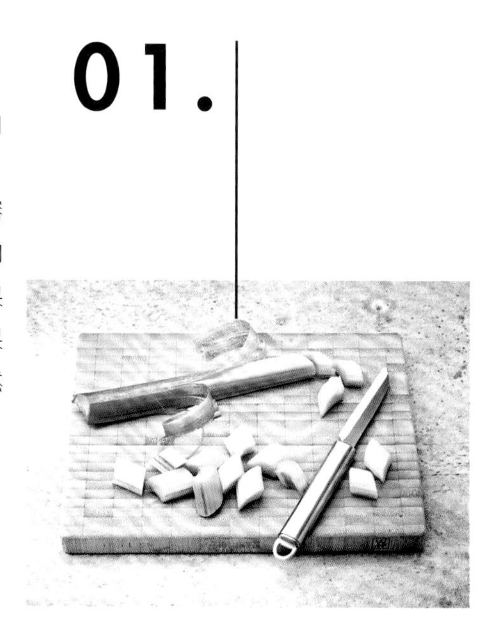

02.

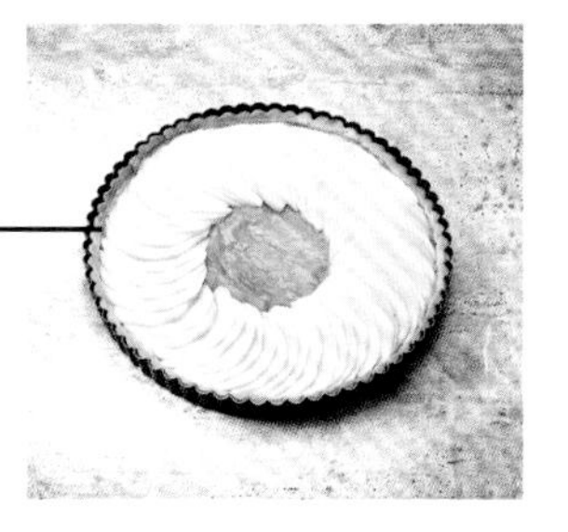

填料

根据第42页的步骤制作一个水油酥面团。苹果削皮，切成两半，然后切成2毫米的薄片。

03.

组合和修整

将烤箱预热到160°C。在预烤好的水油酥挞底上摆满水煮苹果，摆到¾的高度。小心地把苹果薄片相互叠放，排列成环形模具状，摆满挞皮底部，边缘和中间都铺满。将挞预烤20分钟，烤到五成熟后脱模，以便外缘均匀完美上色。冷却。

04.

果胶

浸泡明胶。在水中加入细砂糖，煮5分钟左右，使其保持微滚。离火，加入香草荚和苹果核。浸泡10分钟。过滤，然后加入沥干的明胶。混合。把果胶放在平底锅中加热，煮成柔滑的液体，然后用油刷小心地刷在挞表面，使挞变得有光泽。

基础食谱

准备：10分钟
烘烤：10～15分钟
静置：1小时

4个蛋黄（80克）
160克细砂糖
2克盐
160克黄油
225克面粉
7克泡打粉

布列塔尼沙酥面团

这是什么
一种黄油味道较重的酥脆面团，可以做成小蛋糕，也可以用作挞底

特点及用途
用于制作各种新派挞

其他形式
克里斯托夫·亚当的布列塔尼沙酥面团、皮埃尔·马克里尼的可可开心果柠香布列塔尼沙酥面团

核心技法
擀、软化黄油、搅打至发白

工具
直径8厘米的饼干模、刮刀、8个直径8厘米的模具或环形模具、擀面杖

食谱
箭叶橙蛋白霜酥饼
布列塔尼沙酥饼，配里昂草莓及咸黄油焦糖，2004年，*克里斯托夫·亚当*
巧克力挞，2007年，*皮埃尔·马克里尼*

01.

把蛋黄放在沙拉碗中，加入细砂糖慢慢搅拌，直至混合物发白。加入盐。用刮刀将黄油搅打成膏状，小心地加入混合物中。

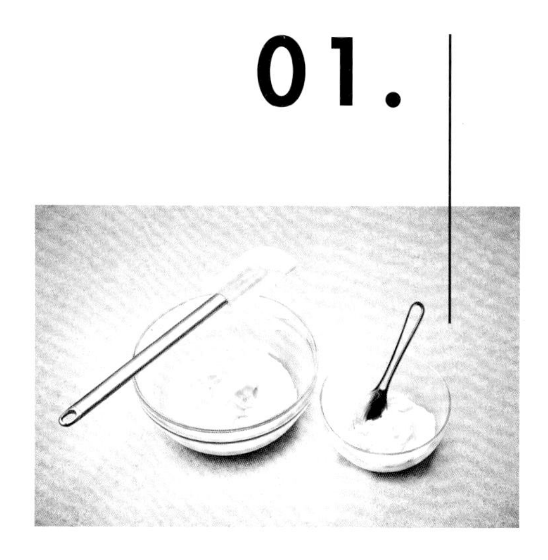

02.

把面粉和泡打粉混合在一起，倒入混合物中，但不要用力揉捏。把做好的面团用保鲜膜覆盖严密，放入冰箱冷却1小时。

03.

将烤箱预热到160°C。用擀面杖把面团擀至约5毫米厚。用直径8厘米的饼干模切出8个小圆饼。

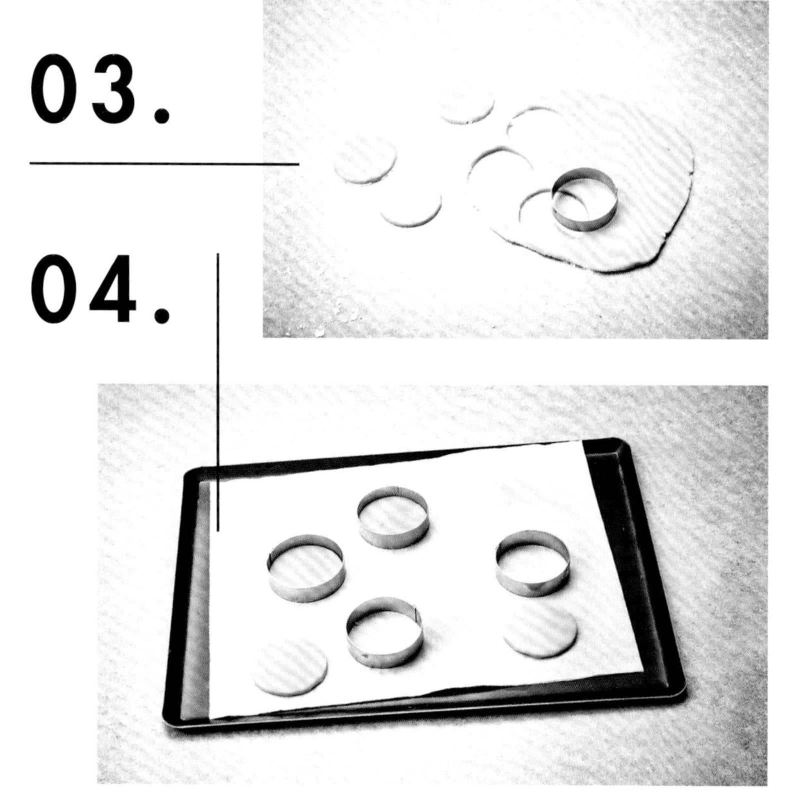

04.

将小圆饼分别放在8个相同直径的圆形模具中，放在铺好烘焙纸的烤盘上。放入烤箱烘烤10～15分钟。从烤箱中取出后，稍微冷却一下，然后脱模。

入门食谱

8人份

准备：1小时
烘烤：20～30分钟
静置：2小时

核心技法

搅打至发白、乳化、用保鲜膜覆盖严密、使表面平滑、用裱花袋挤、搅打至紧实、剥皮

工具

挖球器、手持搅拌机、漏勺、8个直径8厘米的半球形模具、裱花袋、刨刀、厨师机、扁平刮刀

箭叶橙蛋白霜酥饼

箭叶橙奶油

1片明胶（2克）
125克柠檬汁
150克细砂糖
2个箭叶橙的果皮，擦成碎末
4个鸡蛋（200克）
125克黄油

8个布列塔尼沙酥饼

（制法见第52页）

蛋白霜

8份蛋清（240克）
160克细砂糖
4个箭叶橙的果皮
8毫升葡萄籽油

在布列塔尼沙酥饼底座上，倒扣一个柠檬奶油馅的半球形蛋白霜，再用箭叶橙果皮提味……这就是打破传统小馅饼规则的美味！

箭叶橙奶油

01.

把明胶放在盛有冷水的碗中浸泡。把柠檬汁、75克细砂糖和擦成碎末的箭叶橙果皮放在平底锅中，煮沸，制成箭叶橙糖浆。

02.

在此期间，混合剩下的细砂糖和鸡蛋，搅打至发白。用漏勺过滤箭叶橙糖浆，趁热倒入变白的鸡蛋中。将混合物全部倒入平底锅中，一边不停地用打蛋器搅拌，一边煮至沸腾。离火，然后加入切成块的黄油和沥干的明胶。用手持搅拌机搅拌2分钟以上，使奶油乳化。用保鲜膜覆盖严密，放入冰箱冷却1小时以上。在此期间，按照第52页的步骤制作布列塔尼沙酥饼。

03.

蛋白霜

将烤箱预热到100°C。把蛋清和40克细砂糖放入带打蛋器的厨师机搅拌桶中，打发至颜色雪白后，迅速倒入剩下的细砂糖，继续以低速搅打直至混合均匀。用力把蛋清打紧实，然后加入擦成碎末的箭叶橙果皮，混合均匀，制成蛋白霜。在8个直径8厘米的半球形模具内壁涂抹葡萄籽油。在其中填入蛋白霜，用扁平抹刀将表面抹平。放入烤箱烘烤10～12分钟，直到蛋白霜变紧实。

04.

组合和修整

在挖球器外壁抹上少许油，在半球形蛋白霜中间挖一个小坑，同时避免蛋白霜粘连。

把箭叶橙奶油装入裱花袋，填进每个小坑中。小心地脱模，放在布列塔尼沙酥饼上，隆起的一边朝上。

专业食谱

克里斯托夫·亚当

这是一道向我的故乡致敬的甜点，是我的骄傲。这种蛋糕让我回想起故乡布列塔尼的味道：略含碘味的香脆沙酥饼干、可口微酸的草莓，当然更不用提鼎鼎大名但难觅其踪的咸味黄油焦糖。您动心了吗？

布列塔尼沙酥饼，配里昂草莓及咸黄油焦糖，2004年

8人份

准备：40分钟
烘烤：40分钟
静置：1小时30分钟

核心技法

稀释、去梗、使表面平滑、剥皮

工具

边长20厘米、高4厘米的正方形不锈钢框架、刮刀、刨刀、扁平抹刀

焦糖奶油

90克细砂糖
56克黄油
1撮盐之花
115克脂肪含量为35%的液体奶油
1克明胶粉末
175克马斯卡彭奶酪

布列塔尼沙酥面团

100克黄油
100克细砂糖
3个蛋黄（50克）
80克T55面粉
60克黑麦面粉
8克泡打粉
1克盐之花
10个橙子的果皮

组合和修整

50克开心果粉末
30个草莓
15克切碎的开心果
几片薄荷叶
半个橙子的果皮，擦成碎末

倒入焦糖并搅拌时要特别小心，要使奶油保持均匀，同时避免混入空气。

01.

焦糖奶油

把细砂糖倒入平底锅中，中火加热，用木勺搅拌，直至煮成棕色的焦糖。加入黄油和盐之花，混合均匀，使温度降低。把液体奶油倒入另一个平底锅中。加入明胶粉末，搅拌均匀，静置5分钟使其凝固。加热奶油，然后倒进焦糖里（稀释），并继续熬制。将焦糖冷却30分钟左右，使其降到室温。

02.

把马斯卡彭奶酪放入沙拉碗中，上面倒入一部分焦糖。用刮刀多搅拌一会儿，使混合物变柔滑。把剩下的焦糖慢慢倒入马斯卡彭奶酪中，每倒入一些都要搅拌均匀。把焦糖奶油在冰箱中放1小时。

03.

布列塔尼沙酥面团

按照第52页的步骤制作一个布列塔尼沙酥面团，但食材及用量应根据本食谱调整。在铺好烘焙纸的烤盘上放一个边长20厘米、高4厘米的正方形不锈钢模具。用刮刀或扁平抹刀把沙酥面团填进模具，摊平。烘烤30分钟。烤好后，冷却并脱模。

04.

组合和修整

把焦糖奶油铺在沙酥面团中间，用扁平抹刀涂满蛋糕的整个表面。在蛋糕边缘撒上厚厚的一层开心果粉末。

05.

草莓去梗，横向切成两半，一半尖，一半圆。把草莓摆在沙酥饼上，尖的和圆的交替放置。在草莓上面撒上切碎的开心果、薄荷叶和擦成碎末的橙子果皮。

专业食谱

皮埃尔·马克里尼

创作这种挞勾起了我的童年回忆：在无数个生日下午茶或者简单的家庭聚餐时，我经常享用这种甜点。很自然地，我想把温馨的美食回忆转化为独家巧克力挞。

巧克力挞，2007年

6人份

准备：30分钟
烘烤：30分钟

核心技法

搅打至发白、凝结（巧克力调温）、隔水炖、用裱花袋挤、过筛、剥皮

工具

直径16厘米的环形模具、配8号普通裱花嘴的裱花袋、厨师机、温度计

可可开心果柠香布列塔尼沙酥面团

280克黄油
90克细砂糖
半个蛋黄（10克）
280克面粉
15克可可粉末
2克泡打粉
100克捣碎的开心果
2个青柠的果皮
4克盐之花

软内馅

70克黄油
70克甜点专用黑巧克力
2个鸡蛋（100克）
6个蛋黄（120克）
70克杏仁粉
4份蛋清（120克）
130克细砂糖
20克可可粉

软焦糖

300克翻糖
200克葡萄糖
200克甜点专用牛奶巧克力

黑巧克力圆饼

300克甜点专用黑巧克力

01.

可可开心果柠香布列塔尼沙酥面团

将烤箱预热至180°C。把黄油和细砂糖放入带搅拌桨的厨师机搅拌桶。加入半个蛋黄，搅拌。在另一个容器中，把面粉、可可粉和泡打粉过筛，然后将混合物慢慢倒入厨师机中。最后加入青柠果皮、开心果和盐之花。用配有8号普通裱花嘴的裱花袋挤进直径16厘米、高1厘米的环形模具中。放入烤箱烘烤15分钟。烤好后，不要脱模。

02.

软内馅

把烤箱温度降至170°C；把黄油和黑巧克力隔水炖化。在此期间，把鸡蛋、蛋黄和杏仁粉混合搅打至发白。倒入黑巧克力中。在蛋清中加入细砂糖，快速搅拌，直至稠厚起泡并变硬，小心地倒入厨师机中。最后加入可可粉，搅拌均匀，制成软内馅。

将软内馅装入配有普通的圆口裱花嘴的裱花袋中，在酥饼表面挤上1厘米厚的软内馅。放入烤箱烘烤10分钟。烤好后脱模。

03.

软焦糖

把翻糖、葡萄糖和牛奶巧克力混合后加热。当温度达到120°C时，停止加热焦糖。用勺子舀出焦糖，在烘焙纸上画几道线条。密封保存。

04.

黑巧克力圆饼

让黑巧克力在30°C的温度下凝结，而后铺在一张烘焙纸上。当黑巧克力刚刚开始凝固时，先用模具切出一个圆形，等待其凝结成巧克力圆饼。把做好的蛋糕放在一个盘子上，上面放上黑巧克力圆饼。用事先准备好的几道焦糖细线装饰。

05.

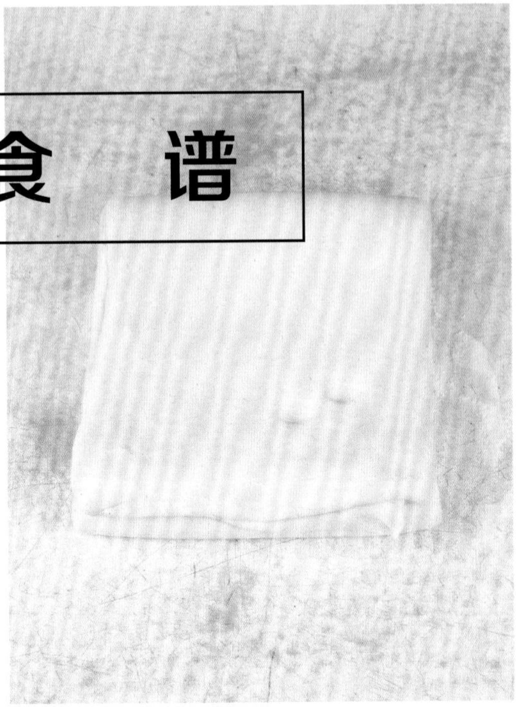

基 础 食 谱

准备：30分钟
静置：6小时

125克+250克黄油
500克面粉
12克盐
220克全脂鲜牛奶或水

千层酥皮面团

这是什么
一种层次丰富、口感酥脆的薄挞皮，经多次折叠面团做成

特点及用途
用于奶油千层酥，一种酥脆的挞

核心技法
擀、折叠

工具
厨师机、擀面杖

食谱
柠香拿破仑
千层酥配果味焦糖香草奶油，*克里斯托夫·亚当*
圣奥诺雷蛋糕

01.

把125克黄油切成块，放入带搅拌钩的厨师机搅拌桶。加入面粉和盐，然后慢慢搅拌，缓缓倒入牛奶，然后揉捏面团，直至质地变均匀。将面团揉成球形，用保鲜膜裹起来，放入冰箱冷藏2小时。

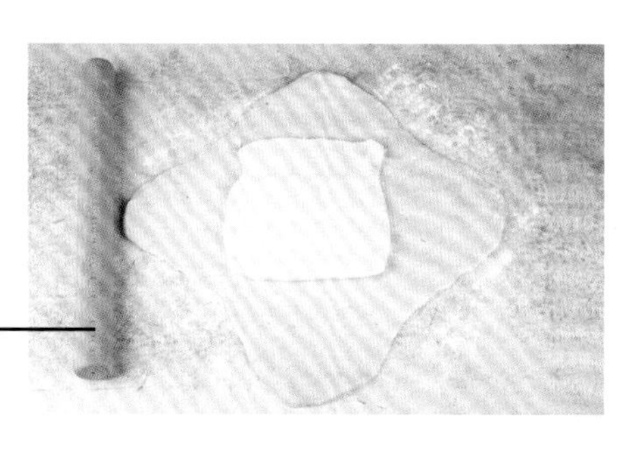

02.

用擀面杖把面团擀成1厘米厚的正方形。把250克黄油夹在2张烘焙纸中间，擀成较小的正方形，然后放在正方形面团中间。

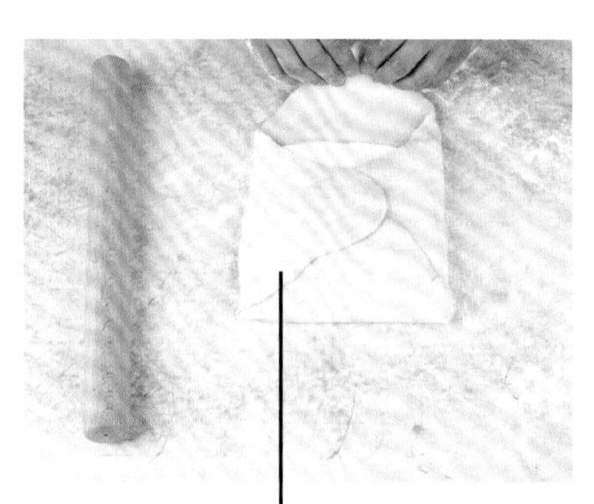

03.

像折信封一样，把面团边缘折叠到黄油上面。

04.

把正方形擀成一个长边是窄边3倍的长方形。把这个长方形沿长边折成三折。

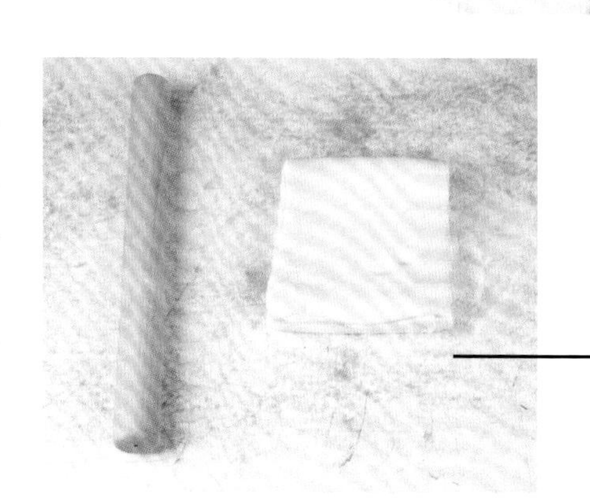

05.

把面团折痕朝向自己的方向，重新擀成一个长边是窄边3倍的长方形。这样就完成了第一轮三折。把面团放入冰箱冷藏2小时。重复同样的操作，再进行一轮三折，每叠好一轮让面团静置2小时。总共需要完成6轮三折。

确切地说，这是一种形似奶油千层酥的柠檬挞，柠檬奶油层和千层酥皮面团相互叠加，表面覆盖一块酥脆的长方形蛋白霜，做成了这种极为美味的甜点。

入门食谱

8人份

准备：30分钟
烘烤：1小时30分钟

核心技法

擀、撒面粉、打发、用裱花袋挤、搅拌至紧实、过筛

工具

刮刀、配8号普通裱花嘴的裱花袋、擀面杖、扁平抹刀、Silpat®牌烘焙垫

柠香拿破仑

长方形蛋白霜

2份蛋清（60克）
60克细砂糖
60克糖粉

长方形千层面饼

6克盐
150克冷水
300克面粉+100克用于操作台
225克黄油

组合和修整

800克柠檬奶油

为了使面团更为酥脆，您可以在烤好后，在千层面饼表面涂一层厚厚的糖浆，或者撒糖粉。

长方形蛋白霜

将烤箱预热到120°C。在带打蛋器的厨师机搅拌桶中，以低速搅打蛋清和20克细砂糖。当蛋清开始变得稠厚起泡时，再加入20克细砂糖，不停搅拌。当蛋清变得比较硬挺后，加入剩下的细砂糖，继续搅打至质地变紧实，制成蛋白霜。把糖粉过筛，然后用刮刀小心地加入打发的蛋清中。在一个薄纸板上，切出一个6厘米×12厘米的长方形，做成镂空模板。把镂空模板放在垫布上，用扁平刮刀把蛋白霜填进凹槽中。取下镂空模板，然后重复操作，直至做好8个正方形。以120°C烘烤10分钟，然后把烤箱温度降至100°C，再烘烤1小时。放在干燥处保存。

01.

02.

长方形千层面饼

按照第64页的步骤制作一个千层酥皮面团，但食材及用量应根据本食谱调整。将烤箱预热至170°C。用擀面杖在撒了足够多面粉的操作台上把千层酥皮面团擀至2毫米左右。用餐叉在面团上扎上小孔，然后放在铺好烘焙纸的烤盘上。再铺上一层烘焙纸，放上一个盘子，放入烤箱烘烤20～30分钟，注意保持受热均匀。从烤箱中取出后，将千层面饼静置冷却，然后切成16个6厘米×12厘米的长方形。

组合和修整

03.

根据第490页的步骤制作柠檬奶油。把冷的柠檬奶油倒入配8号普通裱花嘴的裱花袋中，然后挤在每个长方形千层面饼上，挤成球形或长圆柱形。

04.

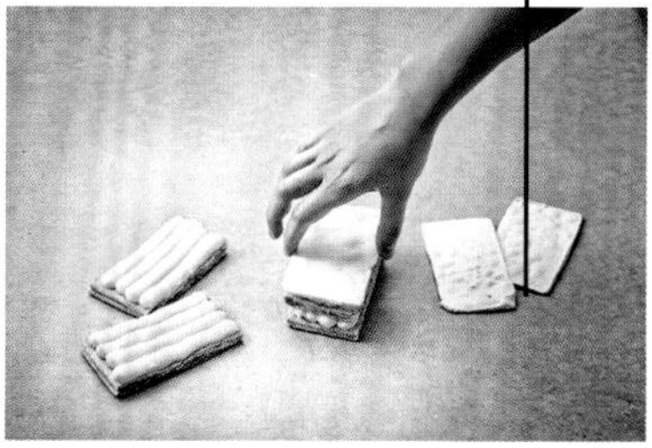

把长方形面饼2个一组叠在一起，面饼和柠檬奶油交替放置。在品尝之前，在每个千层酥上放一层长方形蛋白霜。

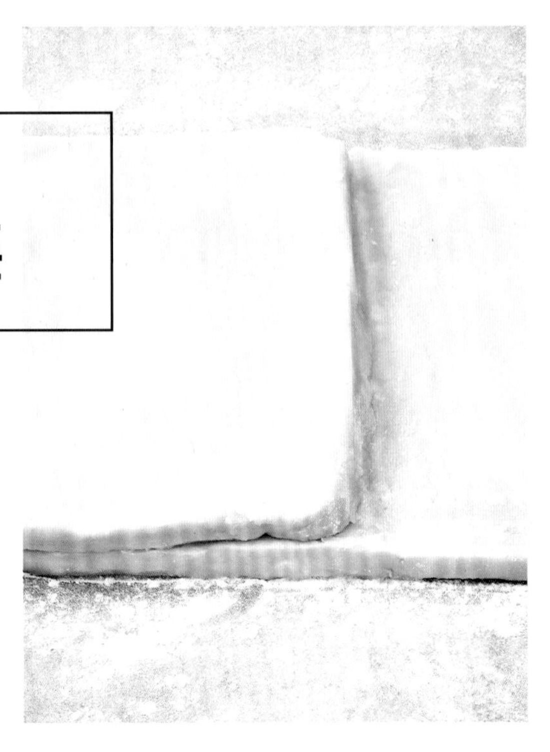

基础食谱

皮埃尔·艾尔梅

准备：30分钟
静置：8小时

490克黄油
500克T45面粉
150克矿泉水
17.5克盐之花
2.5克白醋

反叠千层酥皮面团

这是什么
一种通过折叠制成的千层面饼：以水油皮包裹油酥面团，使成品更加酥脆

特点及用途
跟千层酥皮面团一样，用于制作奶油千层酥或各种口感酥脆的挞

其他形式
克莱尔·海茨勒的反叠千层酥皮面团、皮埃尔·艾尔梅的反叠千层酥皮面团、皮埃尔·艾尔梅的番茄千层酥皮面团、菲利普·孔蒂奇尼的反叠千层酥皮面团

核心技法
擀、折叠

工具
擀面杖

食谱
妈妈的经典白奶酪挞，*克莱尔·海茨勒*
2000层酥，*皮埃尔·艾尔梅*
发现（番茄/草莓/橄榄油），*皮埃尔·艾尔梅*
翻转挞，2009年，*菲利普·孔蒂奇尼*

您可以把擀好的面饼放在冰箱内保存。

01.

把375克黄油和150克面粉混合均匀。揉成椭圆形的油酥面团，用保鲜膜裹起来，放入冰箱冷藏1小时。

02.

用剩下的材料做成水油皮面团，揉成方形，用保鲜膜裹起来，放入冰箱冷藏1小时。

03.

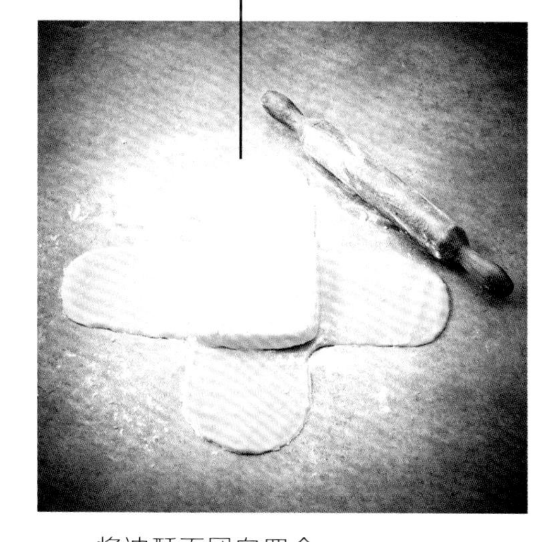

将油酥面团向四个方向擀开，呈十字形。把水油皮面团包在黄油油酥面团中。

04.

将4个长边向中间折叠，然后对折。这样就完成了第一轮三折。放入冰箱冷藏2小时，重复操作。放在阴凉处静置2小时。

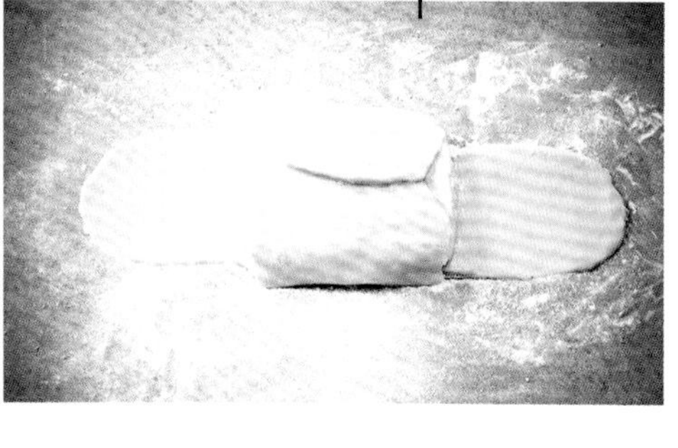

05.

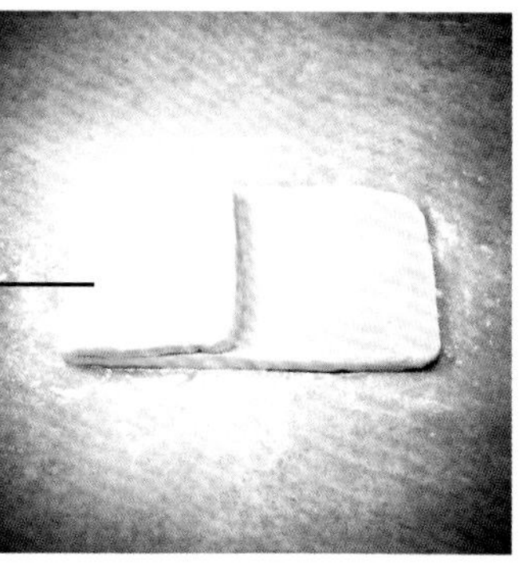

把冷藏后的面团擀平，先将左侧⅓处向中间折叠，然后把右侧的⅓叠上来。用擀面杖把千层酥皮面团擀薄，然后切开，用餐叉扎上小孔。放入冰箱冷藏2小时以上。

专业食谱

克莱尔·海茨勒

小时候，我的妈妈多米尼克经常制作这道甜点，上面加上葡萄干和杏仁，让我迷恋不已！由于她做饭只关注视觉效果，我第一次尝的时候，味道简直是场灾难！自此之后，我反复做过很多次，但每次回到父母家里，烤箱里总是有这道甜点。闻到它的味道，就仿佛感受到了幸福。

妈妈的经典白奶酪挞

1个10人份的挞

准备：45分钟
烘烤：1小时20分钟
静置：7小时

核心技法

擀、预烤、垫底

工具

挞模、厨师机、擀面杖

反叠千层酥皮面团

油酥面团
350克黄油
100克T55面粉

水油皮面团
200克面粉
100克温水
7克盐
25克熔化的黄油

填料

1千克脂肪含量为40%的白奶酪
160克细砂糖
5个鸡蛋（250克）
25克玉米淀粉
50克葡萄干
30克薄杏仁片

反叠千层酥皮面团

油酥面团

在带搅拌桨的厨师机搅拌桶中放入切块的黄油和面粉，然后搅拌成均匀的面块。把面团擀成3厘米厚的长方形，用食品保鲜膜裹起来，放入冰箱冷藏3小时。

01.

水油皮面团

把面粉倒入带搅拌桨的厨师机搅拌桶中。混合温水、盐和熔化的黄油，充分搅拌，然后倒入面粉中。搅打成均匀的面团。把面团擀至3厘米厚，用食品保鲜膜裹起来，然后放入冰箱冷藏3小时。

在使用前20分钟，把水油皮面团和油酥面团从冰箱中取出。把油酥面团擀成1厘米厚的长方形。把水油皮面团擀成长方形，尺寸为油酥面团的⅔。把水油皮面团放在油酥面团上面，沿一侧⅓处把油酥面团折叠到水油皮面团上，再折起另一端，使3层油酥面团与2层水油皮面团相互重叠。把面团旋转90°，使折痕面向操作者。再擀一个2厘米厚的长方形，按照前面的步骤折成三折，然后再旋转90°，使折痕面向操作者。再次重复操作，然后放入冰箱冷藏2小时。再叠2次，不要忘记每次旋转90°，然后放入冰箱冷藏2小时。最后再叠一次。静置。将烤箱预热至170°C。把反叠千层酥皮面团擀薄，垫在挞模中。均匀扎上小孔，然后预烤30分钟。

02.

填料

在此期间，把白奶酪、细砂糖、鸡蛋、淀粉和葡萄干搅拌好。

03.

当面团预烤好之后，把烤箱温度降到160°C。在上面倒入填料，撒上切成薄片的杏仁片。放入烤箱烘烤50分钟。烤好后，脱模，冷却，冷却后的千层面团口感酥脆。

专业食谱

皮埃尔·艾尔梅

在这款糖衣坚果千层酥中，松脆与柔软质地的食材，与布列塔尼薄饼相互映衬，使糖衣坚果呈现出千层酥的质地。

2000层酥

1份6～8人份的甜点

准备：2小时
烘烤：1小时
静置：8小时

核心技法

擀、捣碎、隔水炖、用保鲜膜覆盖严密、膨发、使表面平滑、用裱花袋挤、过筛

工具

搅拌机、边长为17厘米的正方形模具、带滤布的小漏斗、搅拌碗、弯曲铲刀、裱花袋、厨师机、擀面杖、Silpat®牌烘焙垫

去皮、烤熟的杏仁和榛子仁

70克完整的杏仁
20克完整的皮埃蒙特榛子仁

焦糖杏仁

250克细砂糖
75克矿泉水

酥脆榛子糖

50克含糖量为40%的榛子酱
50克纯榛子酱（榛子泥）
20克可可含量为40%的Jivara巧克力
10克黄油
50克压碎的Gavottes®牌薄饼
20克烤熟、捣碎的榛子

焦糖反叠千层酥皮面团

1个反叠千层酥皮面团
80克细砂糖
50克糖粉

卡仕达酱

500克全脂牛奶
5克香草荚
150克细砂糖

15克面粉
45克玉米淀粉
60克黄油
7个蛋黄（140克）

意式蛋白霜

4份蛋清（125克）
250克细砂糖
75克矿泉水

英式奶油

180克全脂鲜奶
7个蛋黄（140克）
80克细砂糖

奶油霜

175克英式奶油
375克常温黄油
175克意式蛋白霜

榛子酱奶油霜

250克奶油霜
50克含糖量为40%的榛子酱
40克Fugar牌纯榛子酱

榛子酱慕斯琳奶油

60克卡仕达酱
340克榛子酱奶油霜
70克打发的淡奶油

01.

去皮、烤熟的杏仁和榛子仁

把杏仁铺在盘子上，放入烤箱以160°C烘烤20分钟，密封保存备用。重复同样的操作把榛子仁烤熟，然后捣碎。

焦糖杏仁

矿泉水中加入细砂糖，加热至118°C，然后浇在杏仁上。放在火上烤焦。把烤焦的杏仁放在铺好Silpat®牌烘焙垫的烤盘上，将其铺展开，使其冷却。装进密封盒存放。

酥脆榛子糖

以45°C把黄油和巧克力隔水炖化。混合榛子酱、纯榛子酱、巧克力和黄油，然后加入压碎的Gavottes®牌薄饼和烤熟、捣碎的榛子。铺平，用弯曲铲刀把表面涂抹光滑，放入冷冻柜冷冻。

焦糖反叠千层酥皮面团

按照第68页的步骤制作一个反叠千层酥皮面团。用擀面杖擀薄，按照甜点盘的尺寸（60厘米×40厘米）切好，用餐叉均匀扎上小孔。在烤盘上铺一张烘焙纸，将面团平铺入烤盘中。把盘子平放进冰箱：将面团静置2小时以上，以使其发育得更好，入炉烘烤时不会收缩。将烤箱预热至230°C。在面团表面撒上细砂糖，平放进烤箱，把温度降至190°C。先烘烤10分钟，然后在面团上加盖一个烤架，继续烘烤8分钟。把面团从烤箱中取出，去掉烤架，把面团翻转过来，烘焙纸朝上。揭下烘焙纸，在面团表面均匀地撒上糖粉，然后平放进烤箱，以250°C继续烘烤几分钟，这样就完成了。

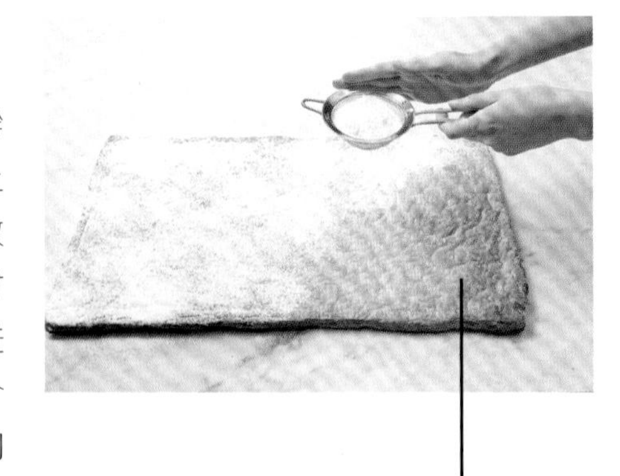

02.

03.

卡仕达酱

把125克全脂牛奶和香草荚放入平底锅中煮沸，再浸泡20分钟。用带滤布的小漏斗过滤。加入剩下的牛奶和50克细砂糖，然后煮沸。

将面粉和玉米淀粉过筛。加入蛋黄和剩下的糖。加入牛奶搅拌均匀，然后煮沸，一边搅拌一边再煮5分钟，然后倒入沙拉碗中冷却。加入一半量的黄油，混合，再加入另一半。用保鲜膜严密覆盖，装进密封盒存放。

英式奶油

根据第372页的步骤制作一份英式奶油，但食材及用量应根据本食谱调整。放在带打蛋器的厨师机搅拌桶内，快速搅拌使其冷却。

意式蛋白霜

按照第114页的步骤制作一份意式蛋白霜，但食材及用量应根据本食谱调整。

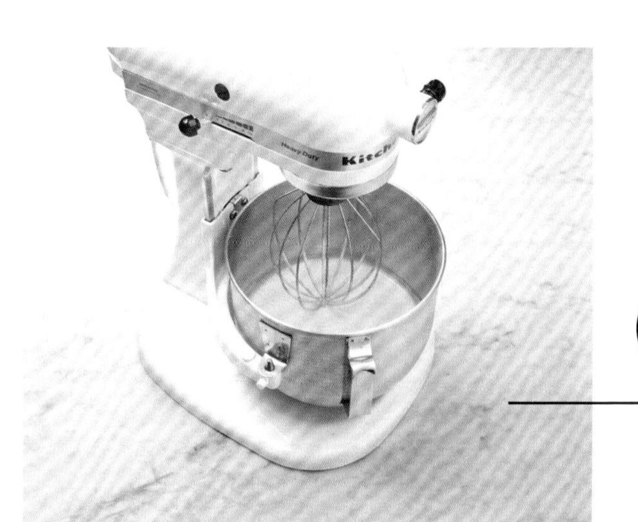

04.

05.

奶油霜

用搅拌机把黄油打发。加入英式奶油，再加入175克意式蛋白霜，手动搅拌。立刻使用。

榛子酱奶油霜

用搅拌机把250克奶油霜打至膨发，然后加入榛子酱和纯榛子酱。

06.

07.

榛子酱慕斯琳奶油

在搅拌碗中，用打蛋器把卡仕达酱打至膨发且质地柔滑。用搅拌机把340克榛子酱奶油霜搅打顺滑，然后加入卡仕达酱。再加入打发的淡奶油，手动搅拌。立刻使用。

组合

切出3个边长为17厘米的正方形焦糖千层酥皮。

把正方形的焦糖千层酥皮放在盘子上，涂有焦糖的一面朝上。其上用配有圆形裱花嘴的一次性裱花袋铺涂100克榛子酱慕斯琳奶油，放上未解冻的酥脆榛子糖，再涂上100克奶油。在上面铺上第二层正方形的焦糖千层酥皮，再次用裱花袋均匀地涂上250克奶油，最后再铺一层正方形的焦糖千层酥皮。在千层酥的边缘撒上装饰性的糖粉，表面放几个烤好的焦糖杏仁。

08.

专业食谱

皮埃尔·艾尔梅

“一种用来分享的情绪”。在这种组合中，在切块的黑橄榄干的衬托下，加了橄榄油的马斯卡彭奶酪奶油变得格外滑腻，达到了一种难以描绘的顶峰……但需要几个人分享！千层酥皮面团因为长时间烘烤而变得十分酥脆，而番茄的口感又使其余味非凡。

发现（番茄/草莓/橄榄油）

6～8人份

准备：1小时30分钟
烘烤：30分钟
静置：8小时

核心技法

擀、去皮

工具

刮刀、弯曲铲刀、直径19厘米的盘子、食物处理机、30厘米×40厘米的Silpat®牌烘焙垫

黑橄榄干

40克（原产地希腊的）黑橄榄，去核、不加调料

番茄千层酥皮（长条状）

490克黄油
60克番茄沙司（Oliviers & Co.公司产）
425克T55面粉
18克盐之花
150克矿泉水
2.5克白醋
细砂糖若干

法式蛋糕底

4个鸡蛋（200克）
150克杏仁粉
120克糖粉
40克T55面粉
30克黄油
4份蛋清（130克）
20克细砂糖

水煮番茄和草莓

850克番茄
150克鲜草莓果泥
150克细砂糖
100克柠檬汁
12.5片金牌明胶（25克）

加橄榄油和香草的马斯卡彭奶酪奶油

50克脂肪含量为32%～34%的液体奶油
60克细砂糖
1.5个马达加斯加香草荚
1.5片金牌明胶（3克）
175克Ravida橄榄油（Oliviers & Co.公司产）
250克马斯卡彭奶酪

黑橄榄干

提前一天，把黑橄榄切成两半，放在烤箱里以90°C烘烤12小时，使其变干燥。

制作当天，把黑橄榄粗粗切碎，装进密封盒存放。

番茄千层酥皮（长条状）

按照第68页的步骤制作一个千层酥皮面团，但要用350克黄油、75克面粉和番茄沙司制作油酥面团。把剩下的材料混合，用于制作水油皮面团。把千层酥皮面团擀平。把面团的两端微微浸湿，在细砂糖中翻转一下。放入冰箱冷藏至质地硬实，然后用刀切成8厘米×2厘米的条状。于阴凉处静置3～4小时。把条状面团放在铺好烘焙纸的烤盘上。以170°C烘烤12～15分钟。

01.

法式蛋糕底

02.

根据第208页的步骤制作一份法式蛋糕底糊。

在30厘米×40厘米的Silpat®牌烘焙垫上，用弯曲抹刀把530克蛋糕糊涂开。放入烤箱，以热风循环模式，230°C烘烤5分钟。翻转过来，放在一张烘焙纸上，取下垫布。冷却。在烘烤时注意不要让蛋糕底过度上色。

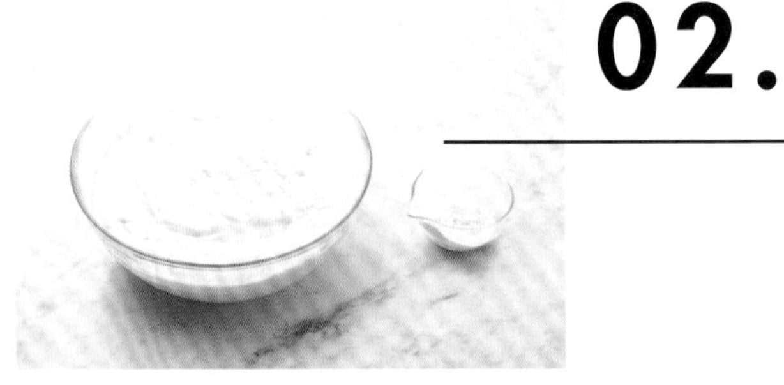

03.

水煮番茄和草莓

把明胶放入冷水中浸泡20分钟以上。把番茄放入沸水中浸泡1分钟，去皮，压成果泥。以45°C把¼量的番茄泥稍稍加热，让沥干的明胶在其中溶解。加入剩下的番茄和草莓果泥、细砂糖和柠檬汁，用力搅拌。把250克果泥浇在直径19厘米的甜点盘中。

04.

加橄榄油和香草的马斯卡彭奶酪奶油

把明胶放入冷水中浸泡20分钟。把液体奶油、细砂糖和剖开并刮出籽的香草荚（连同香草籽）煮沸。浸泡20分钟，然后取出香草荚。把明胶沥干，加入温热的奶油并搅拌。把混合物倒入厨师机中，滴上少许橄榄油，搅打至混合物质地类似蛋黄酱。加入马斯卡彭奶酪并搅拌。加入橄榄，用刮刀轻轻搅拌。

整合

把法式蛋糕底摆在水煮番茄和草莓上。冷却。把200克加橄榄油和黑橄榄干的马斯卡彭奶酪奶油涂在上面。其上均匀铺满条状的番茄干层酥皮，再涂一层200克加橄榄油和黑橄榄干的马斯卡彭奶酪奶油。平放进冰箱冷藏1小时以上。用切成两半的圣女果和草莓装饰。最后再摆上7个条状的番茄干层酥皮。

05.

专业食谱

菲利普·孔蒂奇尼

翻转挞，是用黄油、糖、苹果和大量果胶做成的。这些材料在烘烤时，会产生糖浆，从下到上把苹果裹住，使翻转挞具有独特的口感。我是用烤箱来烘烤的，温度不是特别高，苹果切得很薄，黄油和果汁中的糖造就了糖浆的口感。然后我把果汁直接浇在苹果上，这样在烘烤之前就会入味。

翻转挞，2009年

6～7人份

准备：30分钟
烘烤：1小时30分钟
静置：1夜+40分钟

核心技法

擀、切成薄片、去核、浇一层

工具

切片器、手持搅拌机、18厘米×10厘米×5厘米的防粘蛋糕模具、扁平宽边铲刀、厨师机、擀面杖

反叠千层酥皮面团

水油皮面团
400克面粉
1大茶匙盐
250克液体奶油
1汤匙水

油酥面团
200克面粉
600克黄油

焦糖

80克细砂糖
2汤匙水

翻转挞液

25克水
1汤匙柠檬汁
25克黄油
25克细砂糖
1个香草荚（刮出香草籽）
2撮盐之花

苹果翻转挞

6个黄香蕉苹果

加榛子和盐之花的奶酥

50克半盐黄油
50克粗红糖
65克榛子粉
50克T45面粉
2撮盐之花
糖粉

反叠千层酥皮面团及焦糖

01.

提前一天，按照第68页的步骤制作一个反叠千层酥皮面团，但食材及用量应根据本食谱调整。将细砂糖放在水中熬成焦糖，然后立刻倒入长18厘米、宽10厘米、高5厘米的长方形不粘蛋糕模具。倒的时候将模具微微向一侧倾斜，使焦糖铺满整个模具底部。

在千层酥皮上浇焦糖很重要，因为除了美味之外，这薄薄的一层熔化的糖会保证苹果的湿气在一整天之内不会渗入酥皮中，使酥皮保持尽可能长时间的酥脆。

翻转挞液

02.

在平底锅中，把水、柠檬汁、黄油、细砂糖、香草籽和盐之花加热。用手持搅拌机搅拌。

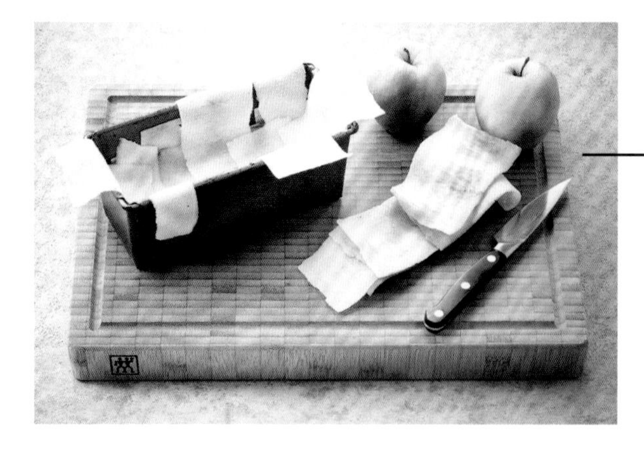

黄油、细砂糖和果胶的混合物需要一定的时间才会凝固并变硬，进而形成的胶质层、糖霜会变得格外均匀和芬芳，这是翻转挞所特有的。

03.

苹果翻转挞

将烤箱预热至170°C。把苹果削皮、去核，然后用切片器切成很薄的薄片，每片约2毫米厚。在模具中摆上500克苹果薄片，使其相互叠放，将模具内壁铺满。

浇上挞液，注意要让汁液渗进去，“覆盖并包裹住”所有的苹果薄片。放入烤箱，把翻转挞烘烤50分钟左右。从烤箱中取出后，稍稍冷却，达到室温。用和模具同样尺寸的小木板按压苹果（就像按压做好的鹅肝一样）。继续冷却，然后用食品保鲜膜把压好的翻转挞裹起来，放进冰箱冷藏过夜。

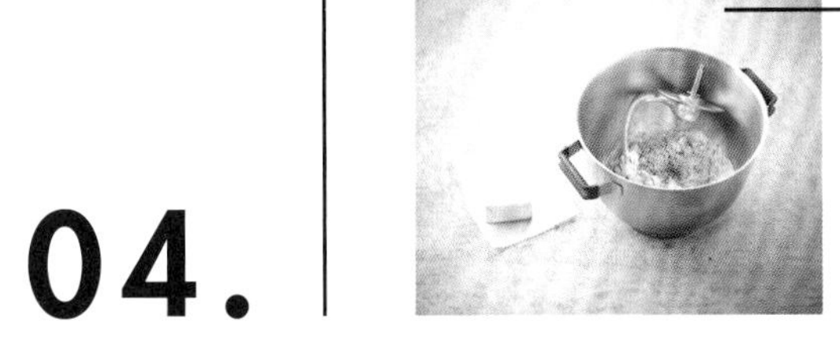

04.

把剩下的千层酥皮面团冷冻起来，留作下次使用。苹果有很多层，颜色会恰到好处地逐渐变淡。此外由于苹果片很薄，会熔化成质地细腻的胶状。在放凉或温热的时候品尝，千万不要在热的时候吃，否则就体会不到翻转挞口味的细微变化了。

05.

加榛子和盐之花的奶酥

制作当天，用厨师机将所有食材混合并搅碎。把200克千层酥皮面团擀平，然后切成一个25厘米×35厘米×0.5厘米的长方形。将其放在铺好烘焙纸的烤盘上，然后放入冰箱冷藏30分钟。将烤箱预热至170°C。用烘焙纸把面团盖起来。放入烤箱烘烤17～18分钟。冷却到室温，然后撒上糖粉。重新放入烤箱以240°C烘烤1～2分钟，把粗红糖烤焦。

修整

千层面饼趁热用面包刀切成两个12厘米×20厘米的长方形。

把翻转挞模具放进冷冻柜冷冻40分钟，使其表面变凉。把模具放进烤箱，以150°C稍稍加热5～6分钟，然后把盘子紧贴在模具上面，翻转过来脱模。用宽边铲刀划开苹果与模具内壁，并切掉其略微超出模具的部分，用铲刀托着放置在长方形酥皮上。沿着苹果挞的两边撒上加榛子的奶酥。

06.

基础食谱

准备：30分钟
静置：4小时

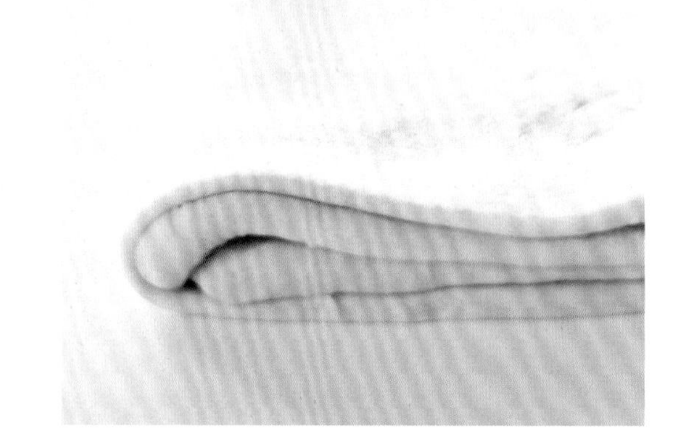

500克T45面粉
50克细砂糖
10克盐
120克室温软化黄油
+250克做千层酥皮用的冷黄油
1袋Francine®牌速溶面包酵母粉（6克）
25毫升冷牛奶

千层酥皮发酵面团

这是什么
发酵面团和千层酥皮面团的组合，口感除了酥脆还是酥脆

特点及用途
羊角面包、巧克力面包、葡萄干面包

核心技法
擀、撒面粉、揉面

工具
厨师机、擀面杖

食谱
巧克力面包
羊角面包

01.

在带揉面钩的厨师机搅拌桶内，放入面粉、细砂糖、室温软化黄油和酵母。继续揉面，并慢慢加入牛奶。继续揉5分钟以上。

02.

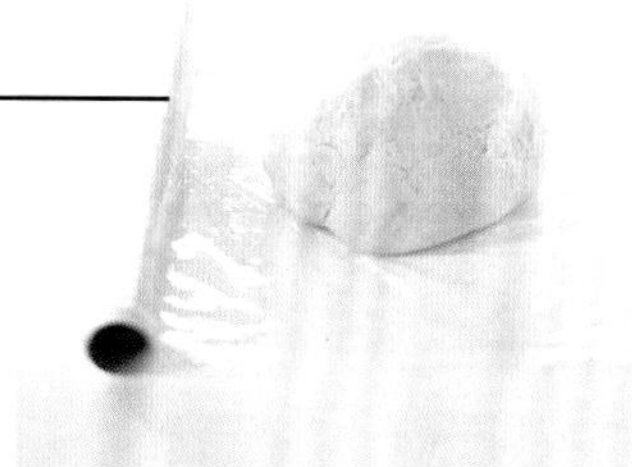

面团会变柔滑，脱离食物处理机内壁并已成团。用食品保鲜膜裹起来，然后放入冰箱冷藏1小时。

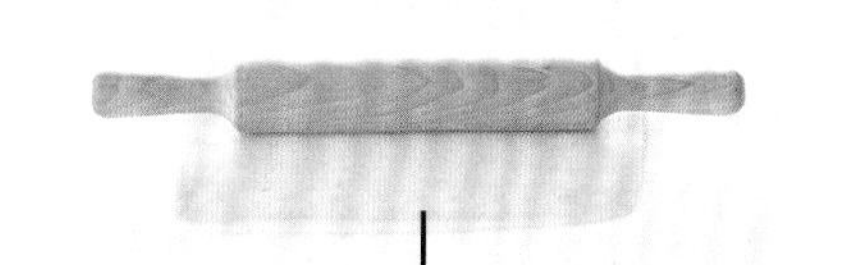

03.

在操作台上撒上一些面粉，但不要太多，把面团擀成一个60厘米×30厘米的长方形。

04.

把做千层酥皮用的冷黄油夹在两张烘焙纸之间压扁，压成一个边长为25厘米的正方形。把黄油放在一半的面团上，把另一半折叠过来。按压边缘，使上下两层面皮的边缘接合在一起，防止黄油漏出。把面团再沿短边对折一次，然后擀成30厘米×60厘米×0.6厘米厚的长方形。

05.

将长方形的两端沿长边向中间折叠，然后再对折一次，形成四层面皮，这样就完成了第一轮折叠。把面团用食品保鲜膜裹起来，放入冰箱冷藏1小时。

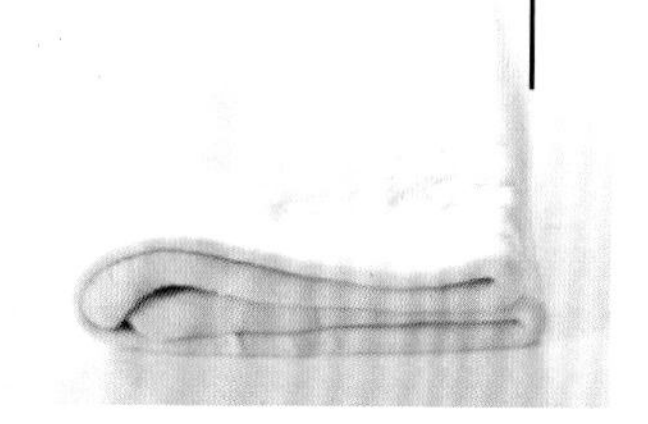

06.

把面团放在操作台上，折痕向右，然后重新擀成6毫米厚的长方形。把面团折成三层，完成第二轮折叠。用食品保鲜膜把面团裹起来，然后放入冰箱冷藏1小时。

重复操作，完成第三轮折叠，在使用面团前在冰箱内静置1小时。

入门食谱

可以制作20个巧克力面包

准备：45分钟
烘烤：12分钟
静置：6～7小时

核心技法

擀

工具

油刷、擀面杖

巧克力面包

1个千层酥皮发酵面团
20条黑巧克力棒
2个蛋黄（40克）
2汤匙水，用于上色

01.

按照第88页的步骤制作一个千层酥皮发酵面团。把面团擀成一个4毫米厚的大正方形。用锋利的长刀将其切成短边为12厘米的长条。再把每个条形等分成边长为12厘米的正方形。

02.

在每个正方形里放上一条黑巧克力棒，然后卷起来，注意不要压得太紧。用浸湿的刷子刷一下面团的边缘，使其黏合紧密。

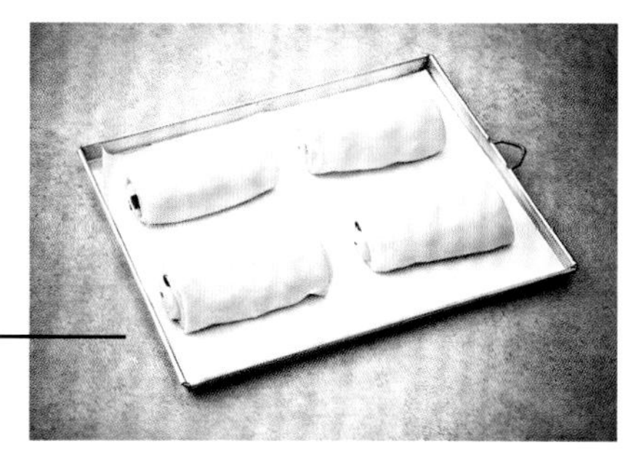

03.

把巧克力面卷放在铺好烘焙纸的烤盘上，然后在比较热的地方，例如烤箱或散热器附近发酵2～3小时。面包的体积会变成原来的2倍。

04.

以热风循环模式将烤箱预热至180°C。在碗中放入蛋黄和2汤匙水，搅拌好，用刷子把蛋液刷在巧克力面卷上，以使其在烘烤时变成金黄色。放入烤箱烘烤12分钟，注意不要过度上色。

入门食谱

可以制作25个羊角面包

准备：30分钟
烘烤：15～20分钟
静置：2小时

核心技法

擀

工具

油刷、擀面杖

羊角面包

1个千层酥皮发酵面团
2个蛋黄（40克）
2汤匙水，用于上色

01.

根据第88页的步骤制作一个千层酥皮发酵面团。提前30分钟把面团从冰箱中取出。用擀面杖将其擀薄，擀成一个大长方形。切成2个短边为15～20厘米的条状，然后再把条状切成三角形。在其底部中间切一个1厘米的小切口，沿切口微微分开，把羊角面团卷起来，但不要卷得太紧。

02.

把面卷放在铺好烘焙纸的烤盘上。于不通风的地方静置发酵1小时30分钟至2小时。羊角面包的体积会变成原来的2倍。

03.

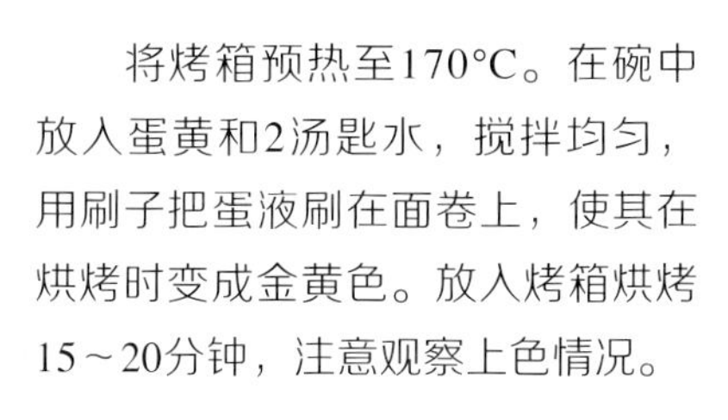

将烤箱预热至170°C。在碗中放入蛋黄和2汤匙水，搅拌均匀，用刷子把蛋液刷在面卷上，使其在烘烤时变成金黄色。放入烤箱烘烤15～20分钟，注意观察上色情况。

基 础 食 谱

可以制作20个小蛋白霜

准备：15分钟
烘烤：1小时

3个新鲜鸡蛋的蛋清
重量为鸡蛋2倍的细砂糖

法式蛋白霜

这是什么
把蛋清和细砂糖混合并搅拌，得到的有光泽的白色固体。蛋白霜可以直接吃。法式蛋白霜还可以用于制备其他食谱

特点及用途
做成可直接入口的小蛋白霜，或以此为基础制作饼干（达克瓦兹）

其他形式
克里斯托夫·米夏拉克的蛋白霜饼干、让－保尔·埃万的法式蛋白霜、皮埃尔·马克里尼的巧克力蛋白霜、克里斯托夫·米夏拉克的法式蛋白霜

工具
厨师机

食谱
无麸质柠檬挞
箭叶橙蛋白霜酥饼
柠香拿破仑
柠檬派
索列斯无花果成功蛋糕，*克里斯托夫·米夏拉克*
富士山，*让－保尔·埃万*
协和蛋糕，2010年，*皮埃尔·马克里尼*
覆盆子、荔枝和青柠奶油蛋白甜饼，*克里斯托夫·米夏拉克*
法式蛋白霜马卡龙
达克瓦兹饼干，*皮埃尔·艾尔梅*
海绵手指饼干
上天的惊喜，*皮埃尔·艾尔梅*
橙香泡芙（橙香柠檬派的变形），*克里斯托夫·米夏拉克*

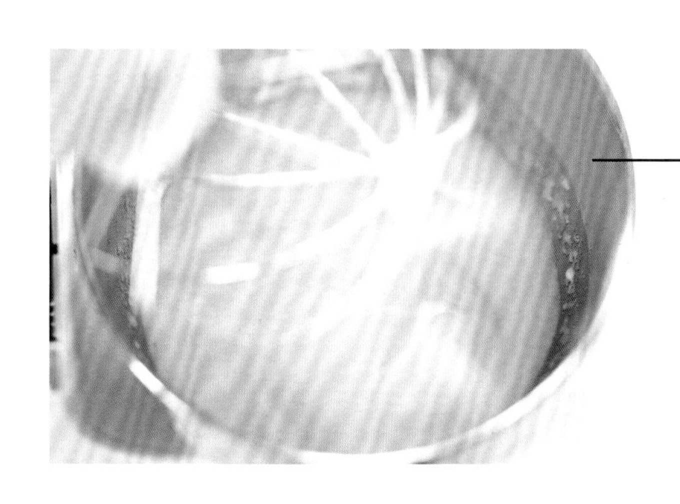

01.

以热风模式将烤箱预热到100°C。在带打蛋器的厨师机搅拌桶内，把蛋清快速搅拌好。

当蛋清的质地快要变紧实时，迅速倒入糖，继续搅拌使其充分融合。搅打好的蛋白霜会变得十分紧实、有光泽。

02.

03.

用裱花袋或小勺子将小团的蛋白霜逐一放在铺好烘焙纸的烤盘上。如果想让蛋白霜外脆内软，烘烤1小时就可以。如果喜欢酥脆的口感，就继续烘烤一会儿。

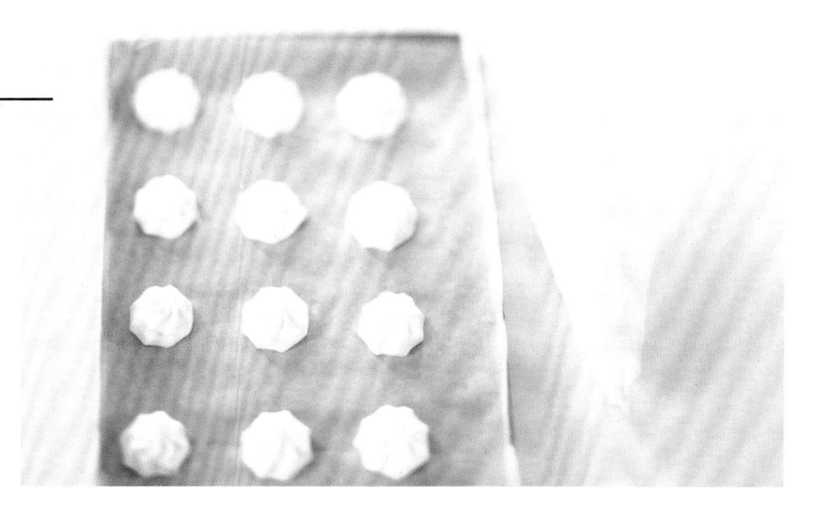

入门食谱

8人份

准备：20分钟
烘烤：25～35分钟
静置：3小时20分钟

核心技法

用裱花袋挤、搅打至紧实、铺满、剥皮

工具

直径24厘米的环形蛋糕模具、刮刀、搅拌机、裱花袋、刨刀、厨师机

柠檬派

挞底

125克黄油
+25克用于涂抹模具内壁
250克Petit Beurre®牌饼干

青柠奶油

400克含糖浓缩全脂牛奶
2个鸡蛋（100克）
125克青柠汁
1个青柠的果皮

法式蛋白霜

3份蛋清（90克）
150克细砂糖

这种以青柠奶油和饼干挞底制成的派口感与奶酪蛋糕极为相似，但口味略酸。这种原汁原味的美国挞的名字来自其发源地佛罗里达礁岛群。

挞底

把黄油放进微波炉微微加热使其熔化，然后冷却。把Petit Beurre®饼干放入厨师机搅拌桶中，然后搅拌成细细的粉末。加入熔化的黄油，用刮刀搅拌，直至搅拌成均匀的团状。事先在直径24厘米的环形蛋糕模具内壁抹一些黄油，然后放在铺好烘焙纸或Silpat®牌烘焙垫的烤盘上。把面团铺在环形模具内，铺满环形模具。在冰箱内放20分钟，使面团变硬一些。

01.

02.

青柠奶油

将烤箱预热至170°C。在沙拉碗中倒入含糖浓缩全脂牛奶、鸡蛋和青柠汁。在混合物上方，用刨刀把青柠果皮擦细，然后用打蛋器把所有材料搅拌均匀。

03.

将青柠奶油倒进模具，倒在饼干上面。放入烤箱烘烤20～30分钟，直至奶油凝固。把挞放在室温下使其降温，然后在阴凉处放置3小时以上。小心地取下模具。

法式蛋白霜

将烤箱以上火模式预热。将蛋清和30克细砂糖放入带打蛋网的厨师机搅拌桶中，缓缓打发。等蛋清开始起泡后，慢慢加入60克细砂糖，不停搅拌。当蛋清质地变紧实后，加入剩下的细砂糖，然后以高速搅打成蛋白霜。将其装入裱花袋中，挤出奶油花并铺满挞的整个表面。放入烤箱，用上火模式烘烤5分钟，让蛋白霜表面焦化。

专业食谱

克里斯托夫·米夏拉克

无花果是一种极好的农作物，但由于产季短，很少用于制作甜点。我喜欢用蛋白霜和（或）尚蒂伊奶油做成功蛋糕，尽显这款蛋糕的魅力。

索列斯无花果成功蛋糕

可以制作15个蛋糕

准备：1小时
烘烤：3小时30分钟
静置：1小时

核心技法

防粘处理、水煮、切成薄片、使表面平滑、用裱花袋挤、搅打至紧实

工具

电动搅拌机、带滤布的小漏斗、刮刀、手持搅拌机、15个直径6厘米的半球形硅胶模具、直径4.5厘米的半球形硅胶模具、裱花袋、扁平抹刀

无花果叶奶油

900克脂肪含量为30%的UHT奶油
100克无花果叶
25克粗红糖
3个蛋黄（60克）
280克马斯卡彭奶酪
130克卡仕达酱

水煮蜂蜜无花果

220克熟透的无花果
20克花蜜
5克粗红糖
1克NH果胶
半个青柠的果汁（10克）
1滴红色色素

蛋白霜饼干

4份蛋清（120克）
2克盐之花
110克细砂糖
110克糖粉
5克紫色色素

修整

糖粉
无花果干

01.

无花果叶奶油

提前一天把无花果叶切碎。把奶油煮沸，加入无花果叶，装在一个裹着食品保鲜膜的容器内，放入冰箱浸泡15分钟。用带滤布的小漏斗过滤，如果需要可以再加入一些奶油，使制成的无花果奶油总量达到900克。

02.

把明胶放入冷水中浸泡。

在平底锅中，把300克浸泡过无花果叶的奶油、粗红糖和蛋黄混合，然后煮至85°C。加入沥干的明胶、马斯卡彭奶酪和卡仕达酱。用手持搅拌机搅拌，制成无花果叶奶酪奶油，放入冰箱冷藏一夜。把剩下的600克浸泡过无花果叶的奶油存放在一边，留着做糖衣用。

03.

水煮蜂蜜无花果

无花果洗净切块。将花蜜放入平底锅中，煮至焦化，直至变成棕色，然后加入无花果块和色素。用中火继续煮5分钟左右。混合粗红糖和果胶，然后倒入锅中。煮至沸腾，然后加入青柠汁。把混合物倒入直径4.5厘米的半球形硅胶模具中，在冷冻柜内放置一夜。

04.

蛋白霜饼干

制作当天，将烤箱预热到80°C。在蛋清中加盐，打发至稠厚起泡，加入细砂糖使其变紧实，然后用刮刀小心地加入糖粉和紫色色素。在烤盘上铺好烘焙纸，挤出15个直径4厘米的大球形。在另一个铺好烘焙纸的烤盘上，用剩余的混合物挤出直径1.5厘米的水滴状蛋白霜。放入烤箱烘烤3小时。

05.

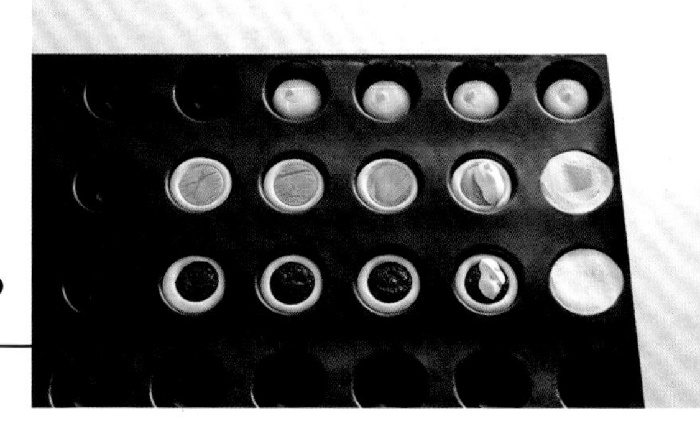

修整

把做好的球形浸入600克无花果叶奶油。在小箱子上竖直摆放，把水滴状蛋白霜铺满整个表面，撒上糖粉和无花果干块装饰。

06.

把无花果叶奶酪奶油放在搅拌机中打发，将其填入15个直径6厘米的半球形硅胶模具中。放入15个蛋白霜球，填至与模具齐平，在冷冻柜内放置12小时。再把奶油填入另外15个直径6厘米的半球形硅胶模具中，放入水煮无花果，用抹刀填至与模具齐平，冷冻6小时。把2种半球形奶油叠合在一起，用奶油黏合，做成球形。

专业食谱
让-保尔·埃万

对我来说，这是味觉的巅峰，是对勃朗峰蛋糕的个性化诠释，是对日本美食文化献上的敬意。

富士山

3个5人份的蛋糕

准备：30分钟
烘烤：1小时30分钟

核心技法

用裱花袋挤

工具

漏勺、4毫米和12毫米裱花嘴、3毫米异形裱花嘴、细丝挤压器或压泥器、厨师机

法式蛋白霜

3份蛋清（100克）
100克细砂糖
160克糖粉
5克榛子泥

尚蒂伊奶油

450克淡奶油
20克糖粉
⅓个香草荚，剖出籽备用

栗子泥

520克栗子酱
120克黄油
10克纯开心果酱

整合

20克纯开心果酱
210克栗子酱
马卡龙粉末（可选）
糖粉

JEAN-PAUL HEVIN
CHOCOLATIER
PARIS

01.

法式蛋白霜

将烤箱预热至120°C。把蛋清放入带打蛋网的厨师机搅拌桶，然后分几次加入细砂糖，将蛋清打发至稠厚起泡。当蛋清质地变硬后，关机，快速倒入糖粉。加入榛子泥，用漏勺小心地搅拌。在一张烘焙纸或一块Silpat®牌烘焙垫上，用配4毫米裱花嘴的裱花袋把蛋白霜挤成3个直径16厘米的圆饼。从中心向外绕圈挤奶油，边缘要挤两圈，然后撒上糖粉。在第二张烘焙纸或第二块Silpat®牌烘焙垫上，用60克蛋白霜制作3个半球形，同样撒上糖粉。把圆饼和半球形蛋白霜放入烤箱烘烤1小时30分钟。

02.

尚蒂伊奶油

把淡奶油倒入厨师机搅拌桶，打发成尚蒂伊奶油。加入糖粉和香草籽，然后小心地搅拌。把尚蒂伊奶油装入配12毫米裱花嘴的裱花袋中。

03.

栗子泥

把栗子酱、黄油和开心果酱放入厨师机搅拌桶，搅拌成均匀的混合物。装入配有3毫米异形裱花嘴的裱花袋中。

整合

把开心果酱装入裱花袋，挤在圆饼形的蛋白霜底上。

04.

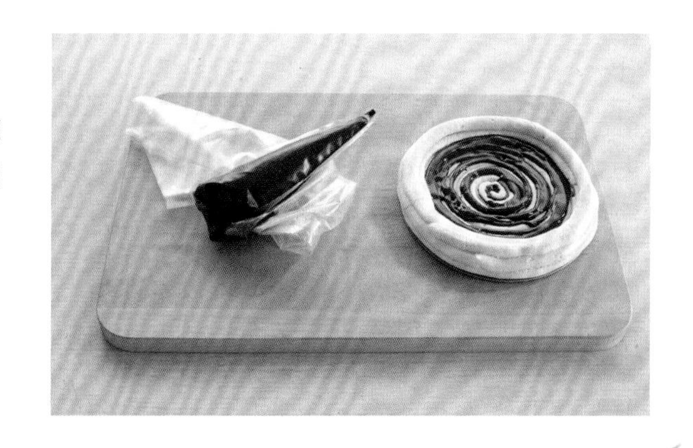

05.

把尚蒂伊奶油挤在开心果酱上，然后用配异形裱花嘴的裱花袋，在每个蛋白霜上挤上70克栗子酱。

06.

上扣一个半球形蛋白霜。用细丝挤压器（如果没有，可以用压泥器代替）在半球形上铺满丝状的栗子泥。最后可以在表面撒马卡龙粉末和糖粉。

专业食谱

皮埃尔·马克里尼

我做这个蛋糕只是为了向甜点大师贾斯通·雷诺特致敬！

协和蛋糕，2010年

8人份

准备：20分钟
烘烤：2小时

核心技法

凝结（巧克力调温）、隔水炖、用裱花袋挤、过筛

工具

电动打蛋器、刮刀、带印模的半球形塑料模具、配6号和8号普通裱花嘴的裱花袋、刨刀、扁平抹刀、筛子、温度计

巧克力蛋白霜

100克糖粉
20克可可粉
4份蛋清（120克）
120克细砂糖

巧克力慕斯

200克甜点专用黑巧克力
50克黄油
5个蛋黄（100克）
200克液体鲜奶油
10份蛋清（300克）
60克细砂糖

镂空巧克力球

300克甜点专用黑巧克力
少许金箔

巧克力蛋白霜

01.

将烤箱预热到100°C。用筛子把糖粉和可可粉过筛。用电动打蛋器把蛋清打发。开始起泡后，分几次倒入细砂糖，充分打发。迅速倒入糖粉与可可粉的混合物，用刮刀小心地从下向上搅拌，不要让蛋白霜塌陷。装入配6号普通裱花嘴的裱花袋，在烘焙纸上挤出2个12厘米×16厘米的长方形，放入烤箱烘烤2小时。

在制作蛋糕的前一天晚上制作蛋白霜，制作好的蛋白霜应放在门紧闭的烤箱中干燥一整夜。为方便裱花，可以在纸上剪出一个相同尺寸的长方形，垫在烘焙纸下面。

02.

巧克力慕斯

在烘烤蛋白霜的同时，把黑巧克力和黄油隔水炖化，用刮刀搅拌。注意温度不要超过40°C。把蛋黄打发至变白，倒入前面的混合物中。

把鲜奶油打发，倒入前面的混合物中。蛋清中加细砂糖，打发至稠厚起泡并变硬。小心地与前面的混合物混合。用保鲜膜裹起来，放在阴凉处使其变硬，要等到蛋白霜烤好再使用。

03.

镂空巧克力球

为使巧克力更有光泽，要按照下列方法制作凝结的线条：加热至40°C，将黑巧克力隔水炖化，然后将水温降至26°C再隔水炖，最后再升高至28°C继续隔水炖。

04.

用烘焙纸做一个小圆锥，装入凝结的黑巧克力。在顶端剪一个小孔，在带印模的半球形塑料模具内，用巧克力勾画线条。力求做出网眼的效果。用铲刀把多出的黑巧克力刮下来，保持整洁。然后用黑巧克力将半球形的边缘加固。在冰箱内凝固20分钟。

05.

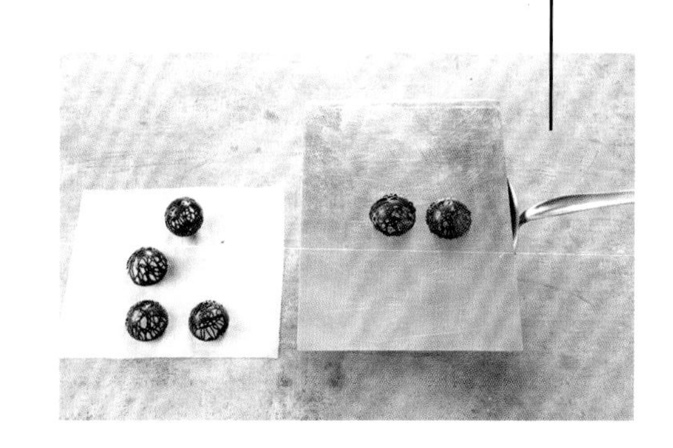

把半球形脱模。在组合时，把小板子放在盛热水的平底锅中加热，轻轻地把球形边缘熔化，组合成球形。放入冰箱凝固。

06.

摆盘

用刨刀把蛋白霜的边缘打磨光滑，使长方形变平整。把一块蛋白霜放在盘子上。用配8号普通裱花嘴的裱花袋，把巧克力慕斯挤成直径4厘米的小球。盖上另一块蛋白霜，最后用镂空巧克力球和少许金箔装饰。

专业食谱

克里斯托夫·米夏拉克

这是一道迷人的甜点，表面的蛋白霜酥脆，而内馅口感格外软糯，是一次对味道与质地的重新探索。对我来说，这道默默无闻的甜点取得了真正的成功。连菲利普·孔蒂奇尼都承认，这种平衡让他深感震撼。这话从他这种天才口中说出，是一句真正的赞美！

覆盆子、荔枝和青柠奶油蛋白甜饼

8人份

准备：40分钟
烘烤：30分钟

核心技法

使表面平滑、用裱花袋挤、搅打至紧实、过筛、剥皮

工具

12厘米×35厘米×2厘米的模具、刮刀、手持搅拌机、裱花袋、厨师机、弯曲抹刀、Silpat®牌烘焙垫、剥皮器

法式蛋白霜

4份蛋清（110克）
100克细砂糖
100克筛过的糖粉
1个青柠的果皮和果汁
1撮盐

菲力牌奶油

175克脂肪含量为35%的超高温处理淡奶油
25克Soho®牌荔枝酒
70克菲力牌（Philadelphia®）奶油

糖渍覆盆子

200克覆盆子
30克粗红糖
2克NH果胶

修整

500克覆盆子
150克荔枝
2个青柠的果皮
糖粉

01.

法式蛋白霜

将烤箱预热到150°C。在蛋清中加入一撮盐，打发至稠厚起泡，然后加入细砂糖打发至质地紧实。用刮刀加入筛过的糖粉、青柠果皮和果汁。

02.

在Silpat®牌烘焙垫上涂上黄油和糖，摆上一个12厘米×35厘米×2厘米的模具，把混合物倒进去，用弯曲抹刀涂抹均匀。放入烤箱烘烤25分钟。放在架子上冷却，然后脱模，摆在盘子上。

03.

菲力牌奶油

在厨师机搅拌桶中，用打蛋器搅拌奶油、Soho®牌荔枝酒和菲力牌奶油，使其质地变紧实。装入裱花袋。

糖渍覆盆子

在平底锅中，把覆盆子、粗红糖和果胶煮沸。沸腾后，继续煮1分钟，然后冷却。用手持搅拌机搅拌，装入裱花袋。

04.

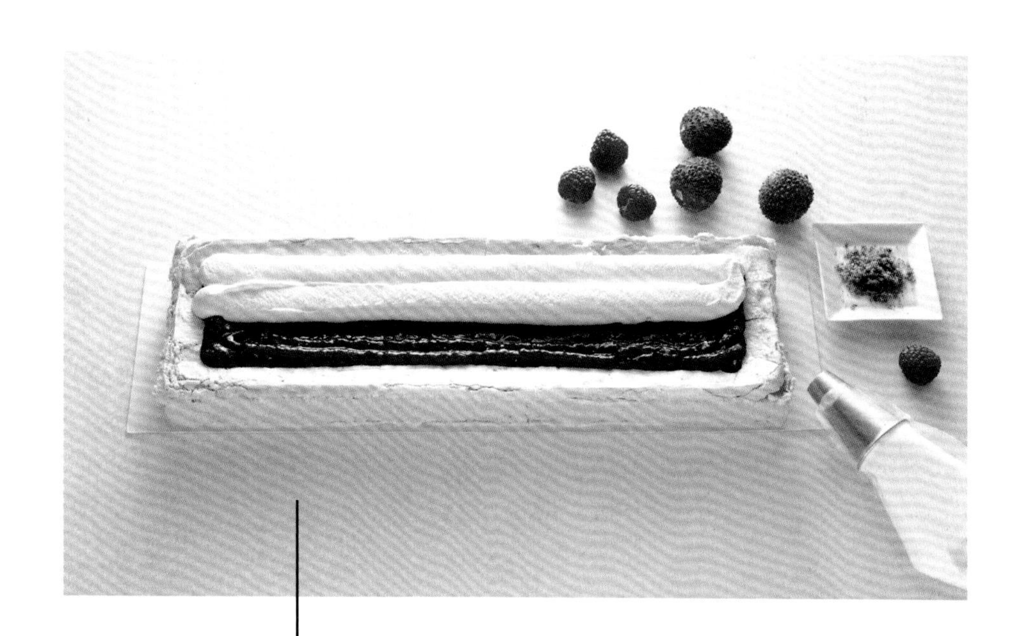

05.

修整

将荔枝剥皮，去核。在蛋白霜上挤覆盆子果酱，再涂上厚厚一层奶油。摆上覆盆子和荔枝，然后撒上糖粉和青柠果皮。

基 础 食 谱

准备：10分钟
烘烤：5分钟

2份蛋清（60克）
120克细砂糖
5毫升水

意式蛋白霜

这是什么
一种用蛋清和糖浆打发而成的混合物，比法式蛋白霜更专业，可作为多种食谱的混合物

特点及用途
浇在蛋白霜柠檬挞上，夹在马卡龙壳中

工具
厨师机、温度计

食谱
椰香甜杏蛋糕，*克莱尔·海茨勒*
柠檬罗勒挞
2000层酥，*皮埃尔·艾尔梅*
意式蛋白霜马卡龙
伊斯法罕，*皮埃尔·艾尔梅*
赛蓝蛋糕，*菲利普·孔蒂奇尼*
勒蒙塔蛋糕，*菲利普·孔蒂奇尼*
摩卡蛋糕，*菲利普·孔蒂奇尼*
吉布斯特奶油
柠檬舒芙蕾挞
荔枝树莓香槟淡慕斯，*克莱尔·海茨勒*
草莓和牛奶巧克力爱心熊，*克里斯托夫·米夏拉克*

01.

把水和糖放入平底锅中，把温度计插入混合物中，加热。在此期间，开始用厨师机打发蛋清，直至稠厚起泡并变硬。

使用放置了几天的透明蛋清，也就是与蛋黄分离的蛋清，这样会更好打发。

当糖浆温度达到118°C时，把丝状的糖浆倒入稠厚起泡的蛋清，然后搅拌，直至完全冷却。

02.

专业食谱

克莱尔·海茨勒

椰果是制作甜点时使用的唯一一种纯白色的材料。这道甜点如枕头般柔软，用微酸的杏做出内馅，为甜点增添了活力，并且平衡了椰果“毛茸茸”的一面，使成品口感温柔熨帖。

椰香甜杏蛋糕

2道8人份甜点

准备：1小时30分钟
烘烤：35分钟
静置：6小时

核心技法

打发至中性发泡（可以拉出小弯钩）、切丁、使表面平滑

工具

3个直径16厘米、2个直径18厘米的环形甜点模具、喷枪、小漏斗、刮刀、搅拌机，弯铲刀

糖渍杏

325克杏
250克杏泥
112克细砂糖
20克柠檬汁
5克NH果胶
2克琼脂
25克葡萄糖

椰子饼干

110克细磨椰子粉
50克糖粉
5份蛋清（60克+90克）
10克液体奶油
50克细砂糖

杏果酱

500克杏
8克维生素C
60克蜂蜜
1个香草荚

椰子慕斯

400克椰子泥
5片明胶（10克）
50克意式蛋白霜
240克打发至柔滑的奶油

装饰和组合

1颗新鲜椰子
2个杏
100克椰蓉

糖渍杏

01.

把杏洗净去核，切成丁。在沙拉碗中，把一半的细砂糖和果胶、琼脂、葡萄糖混合。加入杏、杏泥、剩下的细砂糖和柠檬汁，放入平底锅中，加热至40°C。加入粉末混合物，使其沸腾1分钟。

用搅拌机搅拌，然后用小漏斗过滤。

把糖渍杏装进2个直径16厘米、高1.5厘米的环形甜点模具。放入冰箱冷藏4小时。

您可以自己制作杏泥，
也可以在专门的商店购买。

02.

椰子饼干

将烤箱预热到160°C。把椰子粉和糖粉搅碎，使粉质更加细腻。加入2份蛋清（60克）和液体奶油，然后混合。

与此同时，把剩下的3份蛋清和细砂糖打发至中性发泡，即提起打蛋器可以拉出一个小弯钩。用刮刀小心地加入前面的面团中。

在一张烘焙纸或Silpat®牌烘焙垫上放一个直径16厘米的环形甜点模具，把混合物浇进去。放入烤箱烘烤18分钟左右。让饼干冷却，脱模，然后横向切成两半。

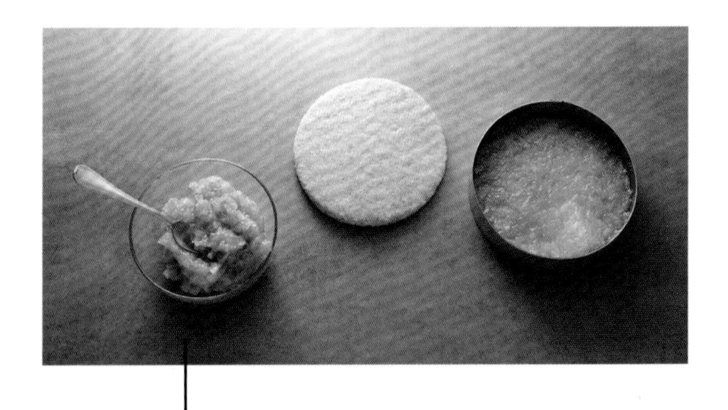

03.

杏果酱

把杏洗净去核，切成丁。放入平底锅，加入维生素C、蜂蜜和香草荚，然后煮至水分完全蒸发，大约需要15分钟。

把果酱冷却。把椰子饼干放入2个直径16厘米的环形甜点模具底部。把果酱均匀涂抹在每片饼干上，然后脱模。

04.

椰子慕斯

把明胶放在盛有冷水的碗中泡软。把100克椰子泥加热，放入沥干的明胶，然后混合。加入剩下的300克冷的椰子泥，搅拌。

05.

根据第114页的步骤制作一份意式蛋白霜。少量多次地倒入椰子泥和明胶混合物，以稀释意式蛋白霜。用刮刀小心地把打发至柔滑的奶油加入混合物。立刻进行组合。

06.

装饰和组合

把椰子饼干和杏果酱放入2个直径18厘米的环形甜点模具底部。上面铺少量刚刚做好的椰子慕斯。把冷冻过的糖渍杏圆饼脱模，然后摆在椰子慕斯上。

用冷水把刀浸湿，然后把刀片紧贴环形模具内壁插入，为糖渍杏圆饼脱模。

07.

将剩下的椰子慕斯铺在糖渍杏圆饼上，用弯铲刀涂抹均匀。放入冰箱凝固4小时以上。

打开椰果，用刨刀刨下几片薄薄的果肉。

把2个杏分别切成4份。

用喷枪加热环形蛋糕模具，方便取下。

在甜点上撒上椰子粉，然后用椰子薄片和切成4份的杏装饰。

在此提供的烘烤时间和温度仅供参考，需要根据您所使用的烤箱功率进行调整。

最好使用提前几小时放置在室温下的蛋清。这样成品的口感会更加酥脆。

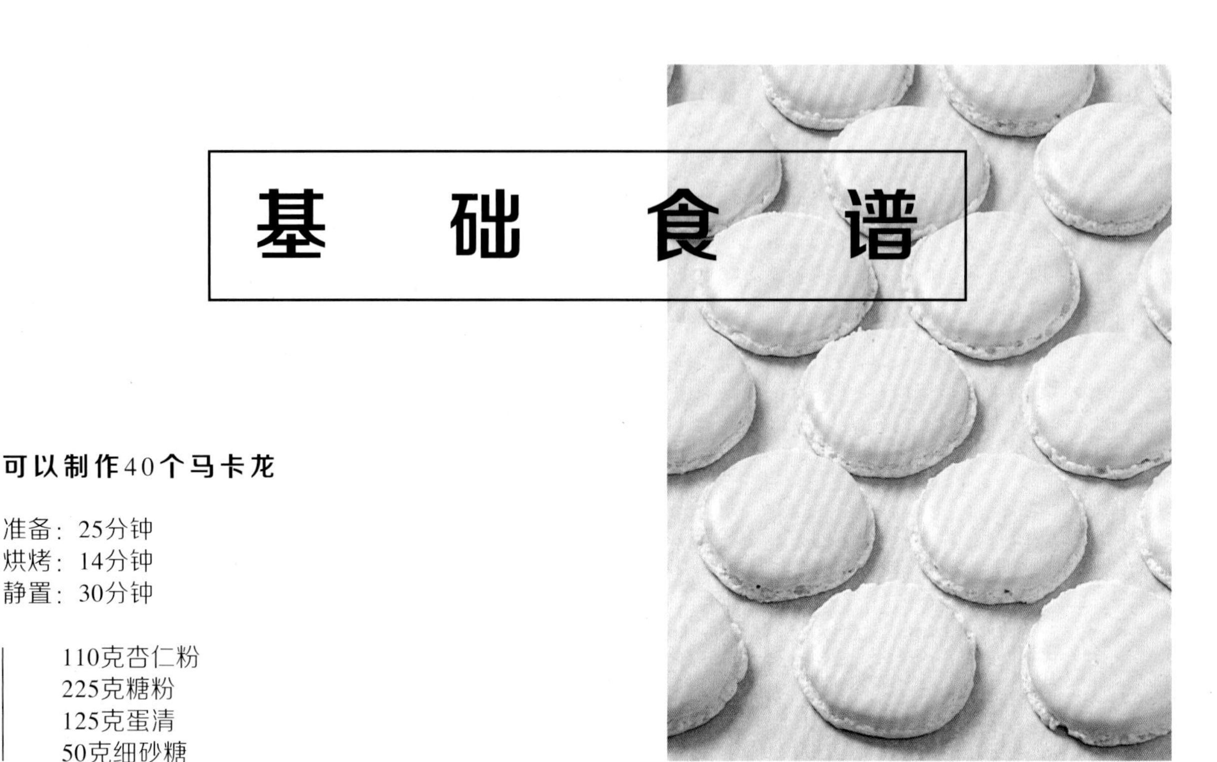

基础食谱

可以制作40个马卡龙

准备：25分钟
烘烤：14分钟
静置：30分钟

110克杏仁粉
225克糖粉
125克蛋清
50克细砂糖

法式蛋白霜马卡龙

这是什么
口感酥软、甜度适中的马卡龙。这份食谱比意式马卡龙要简单，但做出来的马卡龙更脆

特点及用途
用于制作各种类型的马卡龙

其他形式
克里斯托夫·米夏拉克的马卡龙饼干、巧克力马卡龙壳

核心技法
表层结皮、马卡龙面糊制作技巧、用裱花袋挤、过筛

工具
电动搅拌机或厨师机、配7号普通裱花嘴的裱花袋、家用食物处理机

食谱
意式马卡龙杏仁软饼
蜜桃梅尔芭马卡龙，*克里斯托夫·米夏拉克*
杧果西柚马卡龙
巧克力薄荷马卡龙
椰子抹茶橙香手指马卡龙
玫瑰冰激凌马卡龙佐红色莓果
紫罗兰莓果环形马卡龙

如果您同时烘烤两盘，在烤到一半时调换一下两个烤盘的位置。

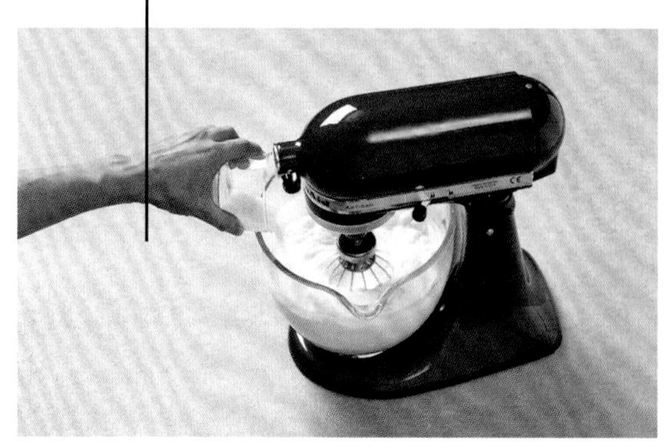

01.

把杏仁粉和糖粉放入厨师机搅拌桶，搅拌20秒左右。把混合物过筛，使粉末变得更加细腻、均匀。密封保存。

02.

用带打蛋网的厨师机或电动搅拌机把蛋清打发。当质地变得像剃须泡沫时，加快食物处理机的速度，然后慢慢加入细砂糖。继续搅拌成漂亮的蛋白霜。

03.

在蛋白霜中加入筛过的粉末。用抹刀或刮刀小心地画着大圈搅拌，直至混合物变均匀。用抹刀用力翻拌混合物，直至其变得有光泽，提起时如丝带般落下，即制成马卡龙面糊。

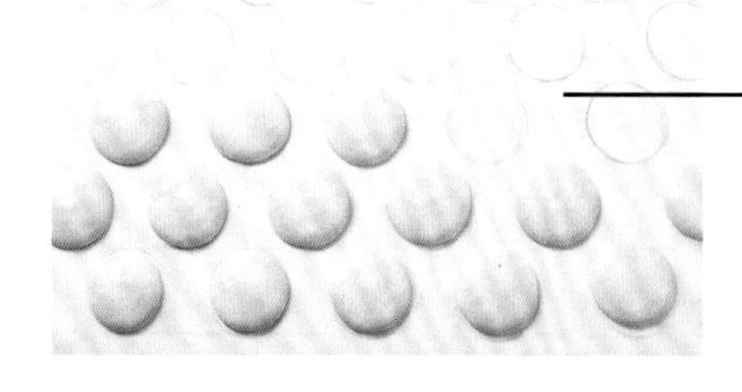

04.

将混合物装入配7号普通裱花嘴的裱花袋，然后在铺好烘焙纸的烤盘上挤出直径为3.5厘米的小圆饼，使其交错排列。在室温下放置30分钟左右，使马卡龙的外层变硬。

05.

将烤箱预热到160°C。放入烤箱烘烤14分钟。马卡龙烤好后，立刻垫着烘焙纸一起放在架子上冷却。小心地揭下烘焙纸。

入门食谱

可以制成40个马卡龙

准备：20分钟
烘烤：10分钟
静置：12小时

核心技法

用裱花袋挤

工具

电动搅拌机或厨师机、配8号普通裱花嘴的裱花袋、食物处理机

意式马卡龙杏仁软饼

225克细砂糖
50克糖渍橙子皮
135克杏仁粉
130克蛋清
5克杏仁酒
糖粉

这种味道微苦的小饼干来自意大利。配料中加入了糖渍橙子皮，凸显了杏仁的浓郁香气。

01.

提前一天，把175克细砂糖和糖渍橙子皮放入食物处理机内桶，然后搅碎。加入杏仁粉和65克蛋清。再次搅拌，做成均匀的面团。

用带打蛋网的厨师机或电动搅拌机把剩下的65克蛋清打发，然后慢慢加入剩下的50克细砂糖。用抹刀小心地搅拌蛋白霜和前面的混合物。

02.

03.

把混合物装入配8号普通裱花嘴的裱花袋。在铺好烘焙纸的烤盘上挤出直径为3.5厘米的小圆饼，使其交错排列。稍微撒上一些糖粉，然后干燥一夜。制作当天，将烤箱预热到180°C，然后用手指轻轻捏一下杏仁饼干以造型。

04.

从烤箱中取出后，在盘子和烘焙纸中间倒水，形成蒸汽，因此可以更容易地揭下马卡龙。

放入烤箱烘烤10分钟左右。出炉后，在烘焙纸和盘子中间倒少许水，以方便揭下马卡龙。杏仁饼干变软后，将其从烘焙纸上揭下，然后两个一对粘在一起。装进密封盒里存放，防止受潮。

专业食谱

克里斯托夫·米夏拉克

我一直想制作前所未有的东西。这款马卡龙有着桃子一般天鹅绒质地的外皮，这是让我满意的地方之一。奶油联合了梅尔芭所代表的一切：香草尚蒂伊奶油、百利来杏仁、桃子和醋栗果泥……一切都在一口之中。

蜜桃梅尔芭马卡龙

可以制作30个马卡龙

准备：40分钟
烘烤：20分钟
静置：2夜+20分钟

核心技法

马卡龙面糊制作技巧、用裱花袋挤、过筛

工具

喷气染色器或油刷、刮刀、手持搅拌机、裱花袋

蜜桃梅尔芭奶油

200克黄桃果泥
10克青柠汁
50克醋栗果泥
20克马铃薯淀粉
1.5片明胶（3克）
150克法芙娜牌Opalys系列调温白巧克力，可可含量为33%
100克黄油
10克桃子果酒
1滴桃子香精

马卡龙饼干

4份蛋清（120克）
50克细砂糖
½撮盐
125克杏仁粉
200克糖粉
1克红色水溶性色素
5克黄色水溶性色素

修整

红色食用色素
蓝色食用色素

蜜桃梅尔芭奶油

提前一天，把明胶放入冷水中浸泡。在平底锅中，把黄桃果泥、青柠汁、醋栗果泥和马铃薯淀粉混合。一起煮沸，沥干明胶，把前面的混合物浇在上面，混合均匀。

01.

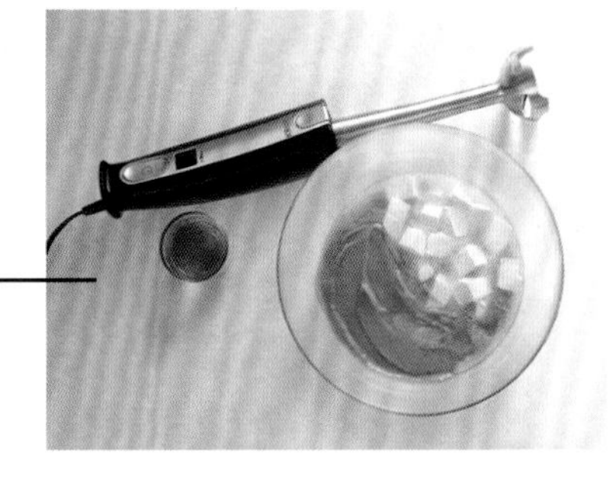

02.

白巧克力切碎，倒入上面的桃子混合物中。混合均匀，冷却至45°C。一边搅拌，一边加入黄油、桃子果酒和桃子香精。装入裱花袋中，放入冰箱冷藏一夜。

您可以自己制作桃子果泥：把3个桃子削皮、去核，然后搅碎。

03.

马卡龙饼干

提前一天，把蛋清、细砂糖和盐打发至稠厚起泡。

把杏仁粉和糖粉一起过筛，然后倒入蛋清中。把2种稀释过的色素滴入几滴水中，然后取出少量放入混合物中，用刮刀搅拌成马卡龙面糊。把混合物装入裱花袋。在烤盘上铺一张烘焙纸。挤出马卡龙面糊，放置20分钟，使表层结皮。将烤箱预热到150°C，然后放入烤箱烘烤16分钟。

修整

04.

用喷气染色器在马卡龙的一侧喷上红色蒸汽，再喷上蓝色蒸汽。撒上糖粉，然后把多余的部分吹走。

05.

在一半马卡龙壳上涂上厚厚的一层蜜桃梅尔芭奶油。组合在一起，然后放入冰箱冷藏一夜以上。趁新鲜品尝。

如果没有喷气染色器，您可以用刷子把色素刷在马卡龙上。

杧果西柚马卡龙

可以制作40个马卡龙

准备：35分钟
烘烤：20分钟

核心技法

用裱花袋挤、剥皮

工具

配7号和8号裱花嘴的裱花袋、温度计、剥皮器

马卡龙壳

法式或意式蛋白霜
黄色色素
红色色素

西柚奶油

1.5片明胶（3克）
65克西柚果汁
65克细砂糖
2个鸡蛋（100克）
1个西柚的果皮碎
75克黄油

杧果果酱

150克杧果果肉
35克细砂糖
6克NH果胶
25克柠檬汁

专业食谱

这种马卡龙风靡艾伦·杜卡斯烹饪学校。每咬一口，都能感觉到柚子的浓烈和杧果的温和互相撞击、互相平衡。

马卡龙壳

将烤箱预热到160°C。根据第120页或第136页的步骤制作一份马卡龙，但要加入黄色色素。取出一小部分面团，加入红色色素。把黄色混合物装入配7号普通裱花嘴的裱花袋，然后在烤盘上挤出直径3.5厘米的马卡龙。在每个外壳上用加入红色色素的面团挤出一个橙色的圆点，放入烤箱烘烤14分钟。冷却，然后密封保存。

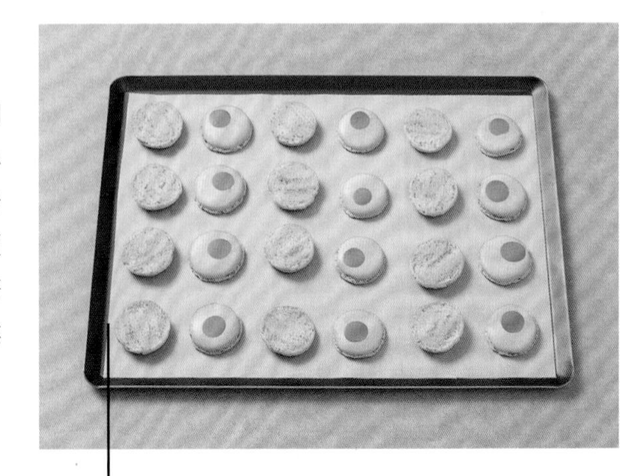

01.

02.

用温度计确认温度。等混合物冷却到40℃左右时再加入黄油。如果混合物过冷，黄油就会凝固，无法与奶油融合。如果混合物太热，黄油就会熔化，使奶油变浓稠，达不到预设的稀薄质地。

西柚奶油

把明胶放入盛有冷水的碗中泡软。在平底锅中放入西柚果汁、细砂糖、鸡蛋和西柚果皮碎，加热。用打蛋器搅拌，沸腾后继续煮1分钟。在沙拉碗中倒入煮好的奶油，把明胶沥干水，放进去。混合，然后把沙拉碗放入另外一个更大的装着冰块的沙拉碗。当混合物温度降到40°C左右时，加入黄油，用打蛋器搅拌。放入冰箱保存。

03.

杧果果酱

把杧果果肉放入平底锅中，加热到40°C左右。把细砂糖和果胶混合，然后放入果肉中。煮沸，然后一边搅拌，一边继续煮1分钟。加入柠檬汁，混合，然后放入冰箱保存。

果胶需要加一些酸性物质才会胶化，因此要在果酱中加入柠檬汁。

04.

摆盘

把低温的西柚奶油装入配8号普通裱花嘴的裱花袋。拿出一半的马卡龙壳，用西柚奶油在内侧挤上一个环形。把杧果果酱装入配8号普通裱花嘴的裱花袋，在西柚奶油中央挤出一个小果酱球。把另一片外壳盖在上面，轻轻按压。

巧克力薄荷马卡龙

可以制作40个马卡龙

准备：25分钟
烘烤：3小时+34分钟
静置：10分钟

核心技法

用裱花袋挤

工具

带滤布的小漏斗、配7号和9号普通裱花嘴的裱花袋

结晶薄荷

20片薄荷叶
30克蛋清
50克细砂糖

马卡龙壳

法式或意式蛋白霜马卡龙
15克可可粉
红色色素
巧克力碎

巧克力薄荷甘纳许

250克液体奶油
半束鲜薄荷
110克可可含量为70%的黑巧克力
25克黄油
4滴薄荷香精（Ricqlès®牌薄荷水或其他薄荷酒）

专业食谱

慢慢品尝这道经典马卡龙，巧克力味道醇正，薄荷新鲜提味，仿佛为这道甜点插上了翅膀。

01.

结晶薄荷

把薄荷叶放入微微搅拌过的蛋清中蘸一下，然后撒上细砂糖。摆在烘焙纸或Silpat®牌烘焙垫上，放入烤箱，以30°C加热3小时以上。叶子会变得很脆，但不会褪色。

提前把可可粉和杏仁粉放入烤箱，以75℃（温控器调到2挡）烘烤20分钟左右，因为这两种粉末会有点儿潮湿。

02.

马卡龙壳

将烤箱预热到160°C。把可可粉、糖粉和杏仁粉混合，加入色素，按照第120页或第136页的步骤制作一份马卡龙。装入配7号普通裱花嘴的裱花袋，然后在2个烤盘上挤出两种不同直径（2厘米和4厘米）的马卡龙。撒上巧克力碎，然后放入烤箱，小的烘烤10分钟，大的烘烤14分钟。冷却，然后密封保存。

03.

巧克力薄荷甘纳许

把奶油和一半薄荷放入平底锅，煮沸，然后浸泡10分钟。用带滤布的小漏斗过滤浸泡液，用力按压，尽可能地汲取味道。

04.

把巧克力切碎，然后放入沙拉碗中。把浸泡液重新加热，然后浇在黑巧克力上。

冷却1分钟。用打蛋器搅拌，然后放入黄油块。加入薄荷香精和余下的精心修剪过的薄荷叶。放入冰箱保存，直至甘纳许凝固，但不要冻得太硬。

05.

摆盘

把巧克力薄荷甘纳许装入配9号普通裱花嘴的裱花袋，在大马卡龙壳的内侧挤上一个漂亮的甘纳许球。摆上几片结晶的薄荷叶装饰，然后盖上小马卡龙壳，并轻轻按压。

基 础 食 谱

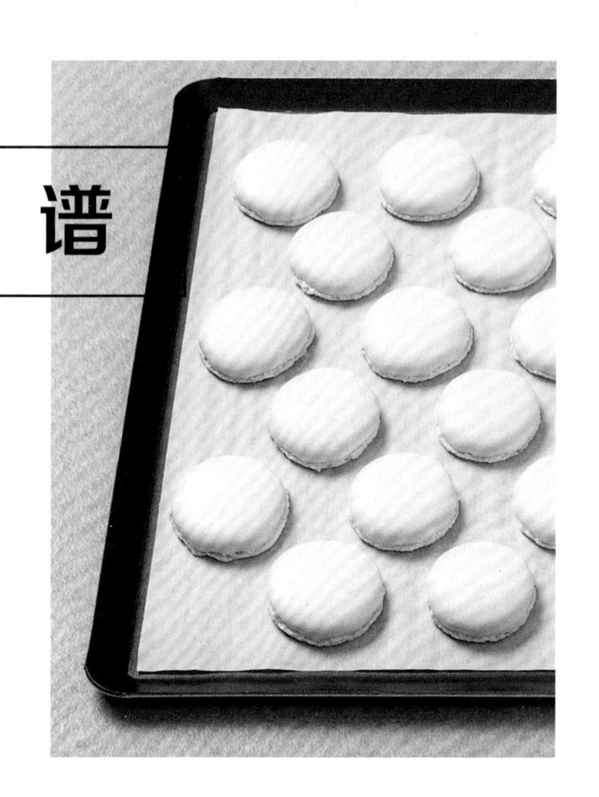

可以制作40个马卡龙

准备：30分钟
烘烤：14分钟
静置：1夜+30分钟

125克糖粉
125克杏仁粉
3份蛋清（90克）
125克细砂糖
35克水

意式蛋白霜马卡龙

这是什么
质地更紧实、甜度较高的马卡龙。食谱比法式蛋白霜马卡龙略复杂

特点及用途
与用法式蛋白霜做外壳的马卡龙相比，这种马卡龙可以保存更长时间

其他形式
皮埃尔·艾尔梅的马卡龙饼干

核心技法
表层结皮、马卡龙面糊制作技巧、用裱花袋挤、过筛

工具
电动搅拌机或厨师机、配7号普通裱花嘴的裱花袋、温度计

食谱
柔滑香草巴黎马卡龙
莫加多尔马卡龙，*皮埃尔·艾尔梅*
蒙特贝洛格拉格拉小姐马卡龙冰激凌，*皮埃尔·艾尔梅*
伊斯法罕，*皮埃尔·艾尔梅*
玫瑰冰激凌马卡龙佐红色莓果
椰子抹茶橙香手指马卡龙
紫罗兰莓果环形马卡龙
炉火，*皮埃尔·艾尔梅*

这道食谱更加专业，马卡龙的外壳受潮的速度更慢，因此可以保存更长时间。

01.

提前一天，把糖粉和杏仁粉过筛，从冰箱中取出蛋清。

制作当天，把糖粉、杏仁粉和45克蛋清倒入沙拉碗中混合。

把细砂糖和水放入平底锅，煮至118°C，用温度计确认温度。在此期间，用带打蛋器的厨师机或电动搅拌机把剩下的45克蛋清打发。把118°C的糖浆浇在微微打发的蛋清上，并不停搅拌。

02.

搅拌至蛋白霜变温热，然后小心地倒入盛有上述混合物的沙拉碗中。用抹刀或刮刀搅拌。用抹刀用力搅拌混合物，直至提起时如丝带般落下，即制成马卡龙面糊。

03.

把混合物装入配7号普通裱花嘴的裱花袋，然后在铺好烘焙纸的烤盘上挤出直径为3.5厘米的小圆饼，使其交错排列。

04.

在室温下放置30分钟左右，使马卡龙表层结皮。

将烤箱预热到160°C。放入烤箱烘烤14分钟左右。如果2个烤盘同时烘烤，在烤到一半时须调换一下位置。马卡龙烤好后，应垫着烘焙纸放置在架子上冷却，再将烘焙纸小心地揭下来。

入门食谱

可以制作40个马卡龙

准备：30分钟
烘烤：14分钟
静置：12小时

核心技法

马卡龙面糊制作技巧、用裱花袋挤、过筛

工具

电动搅拌机或厨师机、配7号普通裱花嘴的裱花袋、温度计

柔滑香草巴黎马卡龙

125克糖粉
125克杏仁粉
3份蛋清（90克）
半个香草荚
1克香草精
125克细砂糖
35克水

绝妙的巴黎马卡龙：精致、优雅、香味美妙。总之，是法式甜点中不可或缺的一道。

01.

提前一天，把糖粉和杏仁粉过筛，从冰箱中取出蛋清。

制作当天，将烤箱预热到160°C。把筛过的糖粉和杏仁粉、45克蛋清、½个香草荚的籽以及香草精放入沙拉碗中，搅拌成均匀的面团。

02.

把细砂糖和水放入平底锅中，煮至118°C。在此期间，用带打蛋器的厨师机或电动搅拌机把剩下的45克蛋清打发。把118°C的糖浆浇在微微打发的蛋清上。搅拌至蛋白霜变温热，然后小心地倒入盛有上述混合物的沙拉碗中。用抹刀搅拌，直至混合物提起时可如丝带般落下，即制成马卡龙面糊。

03.

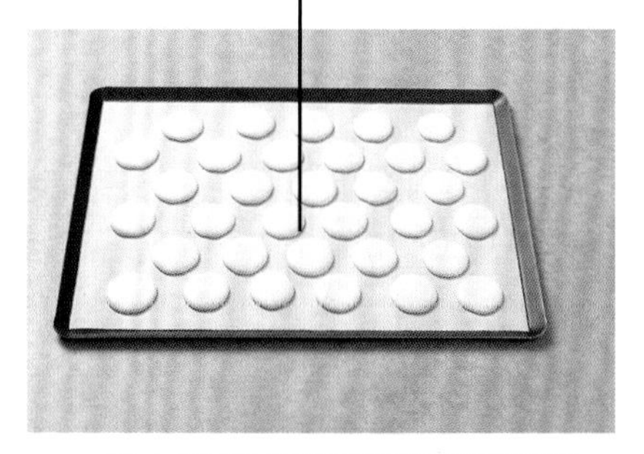

装入配7号普通裱花嘴的裱花袋，然后在铺好烘焙纸的烤盘上挤出直径为3.5厘米的小圆饼，使其交错排列。

04.

放入烤箱，用160°C的温度烘烤14分钟左右。从烤箱中取出后，在烘焙纸和烤盘中间倒少许水，方便揭下马卡龙。

05.

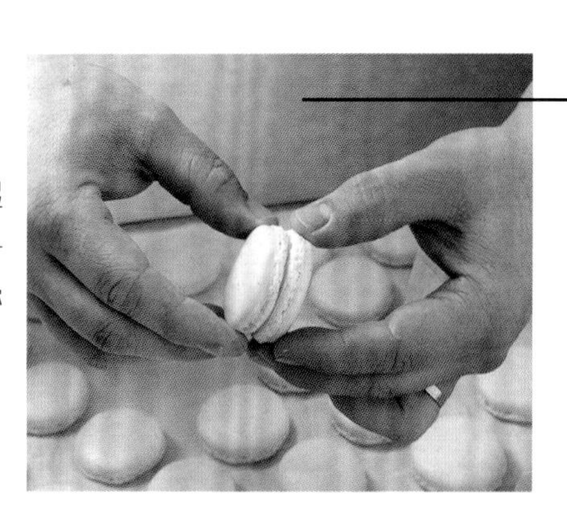

趁外壳还是柔软湿润的，两个一组粘在一起做成马卡龙。装进密封盒，放入冰箱保存。

专业食谱

皮埃尔·艾尔梅

一种外层酥脆、内里滑腻柔软的马卡龙。甘纳许中的牛奶巧克力中和了百香果的酸味，凸显了香味。

莫加多尔马卡龙

可以制作约72个马卡龙

准备：45分钟
烘烤：25分钟

核心技法

表层结皮、隔水炖、用保鲜膜覆盖严密、用裱花袋挤、过筛

工具

配11号圆口裱花嘴和11号普通裱花嘴的裱花袋、筛子、温度计

百香果和牛奶巧克力甘纳许

10个百香果（用于榨出250克果汁）
550克Jivara系列巧克力（法芙娜牌）或可可含量为40%的牛奶巧克力
100克常温黄油
可可粉

百香果马卡龙饼干

300克杏仁粉
300克糖粉
7份蛋清（220克）
5克柠檬黄色素
约0.5克红色色素（½茶匙）
300克细砂糖
75克矿泉水

百香果和牛奶巧克力甘纳许

01.

把黄油切块，巧克力用面包刀切碎。

把百香果切成两半，用小勺子挖出果肉，果肉过筛，挤出250克果汁，煮沸。把切碎的巧克力放入平底锅隔水炖至五成熔化。分3次把热果汁倒入巧克力中。

当混合物温度降到60°C时，慢慢加入黄油块。搅拌成柔滑的甘纳许。倒入烤盘，用食品保鲜膜裹紧。放入冰箱保存，直至变成乳状。

02.

百香果马卡龙饼干

糖粉和杏仁粉过筛。把色素加入一半量的蛋清中，搅拌。倒入糖粉、杏仁粉混合物中。矿泉水中加入细砂糖，煮至118°C。

当糖浆温度将至115°C时，开始打发另一半蛋清，直至稠厚起泡。把118°C的糖浆浇在打发的蛋清上。搅拌，冷却至50°C。

把蛋白霜加入糖粉、杏仁粉、蛋清和色素混合物中，搅拌并翻转。装入配11号圆口裱花嘴的裱花袋中。

03.

04.

在铺好烘焙纸或Silpat®牌烘焙垫的烤盘上，把面团挤成直径为3.5厘米的圆饼，中间间隔2厘米。在铺好台布的操作台上震一下烤盘。

用筛子在圆饼上筛薄薄的一层可可粉。在室温下放置30分钟以上，使表层结皮。将烤箱调到加热模式，预热到180°C。把烤盘平放进烤箱，烘烤12分钟，其间两次快速打开烤箱门换气。从烤箱中取出后，把马卡龙外壳平移到操作台上，冷却。

把马卡龙放入冰箱冷藏24小时，第二天会更美味。

05.

把甘纳许装入配11号圆口裱花嘴的裱花袋。在一半的外壳上挤上厚厚的一层甘纳许，把另外一半外壳盖在上面。品尝前2小时从冰箱中取出。

专业食谱

皮埃尔·艾尔梅

一种独特的长条形冰激凌，最先品尝到的是水果味。这道甜点凸显的是草莓冰激凌和烤开心果冰激凌的融合。

蒙特贝洛格拉格拉小姐马卡龙冰激凌

可以制作约18个马卡龙冰激凌

准备：1小时
烘烤：30分钟
静置：1夜+1小时45分钟

核心技法

过筛

工具

长方形57厘米×11厘米的甜点模具、小漏斗、带滤布的小漏斗、手持搅拌机、Silpat®牌烘焙垫、制冰机

草莓果汁冰激凌

650克草莓
90克矿泉水
190克细砂糖

开心果冰激凌

350克全脂牛奶
30克奶粉
100克淡奶油
55克开心果酱
100克细砂糖
2个蛋黄（50克）

开心果马卡龙饼干

300克杏仁粉
300克糖粉
7份蛋清（200克）
1滴开心果绿色素
1滴柠檬黄色素
300克细砂糖
75克矿泉水

混合制成“蒙特贝洛”

15克柠檬汁
35克去皮、烤熟的开心果

01.

草莓果汁冰激凌

在制作的前一天，把矿泉水烧开，倒入细砂糖中。趁热搅拌均匀，制成糖浆，放入冰箱保存。把草莓搅打成果泥，用小漏斗过滤。放入冰箱冷藏24小时，使其熟成。

02.

开心果冰激凌

把全脂牛奶、奶粉、开心果酱、淡奶油和细砂糖加热至35°C，然后加入蛋黄，打发，继续加热到40°C。

将混合物放入烤箱，以85°C烘烤，直至其质地类似英式奶油。将混合物放入冰箱24小时，使其熟成。

03.

用厚纸板剪出6个3.5厘米×12厘米的长方形，做成用于制作马卡龙的镂花模板。

开心果马卡龙饼干

制作当天，把糖粉和杏仁粉过筛。把色素放入一半量的蛋清中混合，再放入筛过的混合物中。矿泉水中加入细砂糖，煮至118°C。把剩下的蛋清打发至稠厚起泡。把煮好的糖浆浇在打发的蛋清上。搅拌，使其冷却到50°C，然后倒入前面的混合物中，搅拌并翻转面团。用镂花模板垫着，在铺好Silpat®牌烘焙垫的烤盘上挤出长方形的马卡龙。

取下镂花模板，准备烘烤。将长方形面块在室温下放置1小时以上，使表层结皮。放入风炉，以160°C烘烤8分钟，中间快速打开烤箱门换气。冷却。

04.

混合制成“蒙特贝洛”

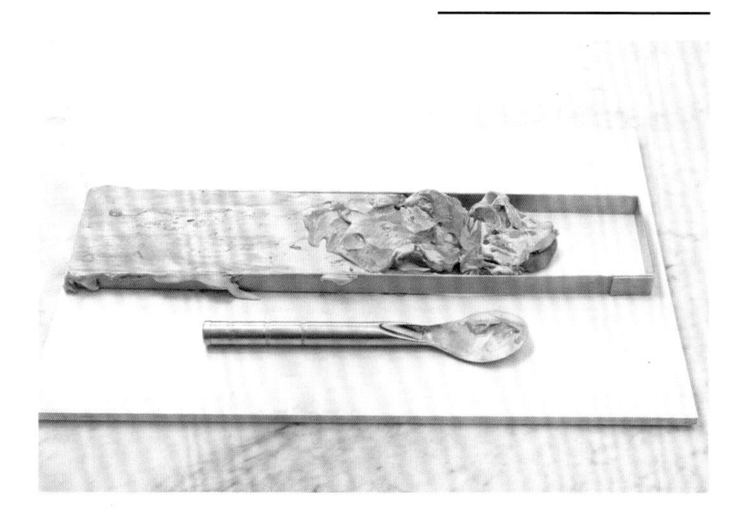

把草莓果泥和柠檬汁倒入糖浆中。在放入制冰机之前再搅拌一下。把开心果混合物用带滤布的小漏斗过滤一下，混合，开始制作冰激凌。做好后，加入去皮、烤熟的开心果。

把草莓冰激凌放入一个事先在冷冻柜里冰冻过的不锈钢容器中，上面再放上开心果冰激凌。

用挖冰激凌的勺子小心地搅拌混合物，使其达到预期的“彩条”效果。

把57厘米×11厘米×2.5厘米的长方形不锈钢模具放在铺好烘焙纸的烤盘上，装入混合口味冰激凌。置于冷冻柜内冰冻45分钟以上，使其凝固。

在品尝前30分钟从冷冻柜中取出。混合物在-18~-20℃的冷冻柜中可以保存8周。

05.

把冰冻的长方形冰激凌夹在两片长方形开心果马卡龙饼干中间。放入冷冻柜保存。

专业食谱

皮埃尔·艾尔梅

玫瑰花瓣奶油柔软甜蜜，荔枝酸涩浓烈，与玫瑰和覆盆子形成了鲜明对比，使其味道更加绵长，这一切都裹在了外脆内软的马卡龙中。

伊斯法罕

6～8人份

准备：1小时30分钟
烘烤：1小时
静置：1夜+30分钟

核心技法

打发至中性发泡（可以拉出小弯钩）、表层结皮、膨发、用裱花袋挤、过筛

工具

油刷、配12号和10号圆口裱花嘴的裱花袋、厨师机、Silpat®牌烘焙垫、温度计

粉红马卡龙圆饼

250克杏仁粉
250克糖粉
6份蛋清（180克）
3克胭脂红色素
250克细砂糖
65克矿泉水

意式蛋白霜

4份蛋清（120克）
250克细砂糖
75克矿泉水

玫瑰花瓣奶油

90克全脂鲜牛奶
3～4个蛋黄（70克）
45克细砂糖
450克常温黄油
4克玫瑰精油（药用）
30克玫瑰糖浆（在亚洲杂货店购买或者使用Monin®牌）

整合

200克沥干的罐头装荔枝
250克覆盆子
葡萄糖

01.

提前一天，根据个头大小，把荔枝果肉切成2～3片，沥干水后在冰箱里放置一夜。

粉红马卡龙圆饼

制作当天，把糖粉和杏仁粉过筛。把色素和3份蛋清混合。倒入糖粉和杏仁粉混合物中并搅拌。水中加糖，煮至118°C。当糖浆温度降到110°C时，开始打发剩下的蛋清，直至稠厚起泡。把糖浆浇在蛋清上。搅拌，然后冷却至50°C边搅拌边放入糖粉、杏仁粉、蛋清和色素混合物。

02.

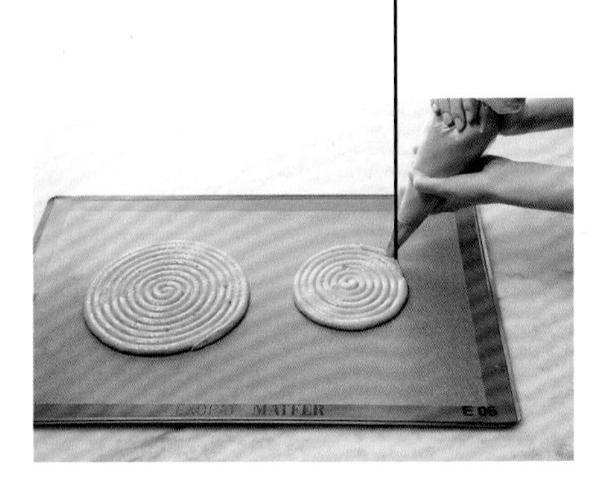

把面团装入配12号圆口裱花嘴的裱花袋中。在铺好Silpat®牌烘焙垫的烤盘上，画着圈挤出2个直径20厘米的圆饼。在常温下放置30分钟以上，使圆饼表层结皮。将烤箱调到循环加热模式，预热到180°C。把盘子平放进烤箱。烘烤20～25分钟，其间两次快速打开烤箱门换气。从烤箱中取出，冷却。

玫瑰花瓣奶油

蛋黄中加入细砂糖，搅拌。把牛奶煮沸，倒入前面的混合物中。加热至85°C，做成英式奶油，然后放入带打蛋网的厨师机搅拌桶中，用高速搅拌使其冷却。需要注意的是这种混合物在煮的过程中很容易粘在平底锅底部。

在厨师机搅拌桶中，先后用搅拌浆和打蛋网搅打黄油，将黄油打至膨发。加入冷却的英式奶油，搅拌，然后用手把意式蛋白霜抓进去，倒入玫瑰精油和玫瑰糖浆。立刻使用。

意式蛋白霜

在平底锅中，把水和糖煮沸。煮沸后，用油刷把平底锅湿润的边缘刷干。煮至118°C。把蛋清打发至中性发泡（可以拉出小弯钩），不要太紧实。把熬成丝状的糖浆浇在打发的蛋清上。继续搅拌使其冷却。本配方只需取用175克蛋白霜。

03.

最好使用在室温下存放数天的蛋清。

整合

04.

把第一个粉红马卡龙圆饼翻转过来，摆在盘子上。用配10号普通裱花嘴的裱花袋，画着圈挤上玫瑰花瓣奶油，在粉红马卡龙圆饼的外沿上摆上一圈覆盆子，使其从侧面可以看到，然后根据马卡龙的大小，在里面再摆上两圈覆盆子。

食用前一直放在冰箱里。这道甜点可以在冰箱里存放2天。

05.

把荔枝摆在几圈覆盆子中间，再挤上玫瑰花瓣奶油，其上覆盖第二个粉红马卡龙圆饼，轻轻按压。

06.

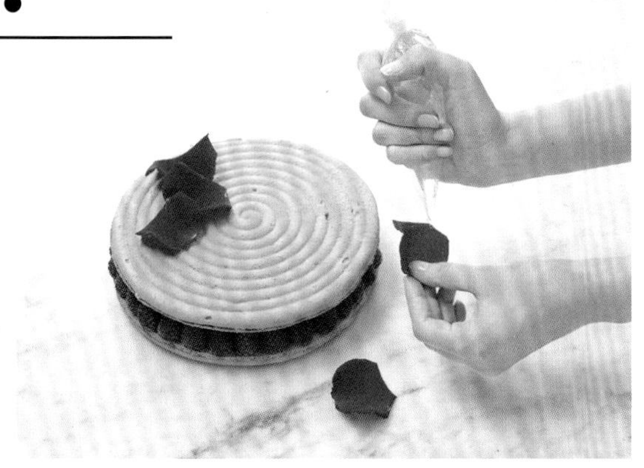

摆上3个覆盆子和5片红玫瑰花瓣装饰。把烘焙塑料纸或烘焙纸卷成圆锥形，在花瓣上滴上一滴葡萄糖露珠，以衬托花瓣。

建议提前一天制作伊斯法罕，这样成品质地会更松软。

玫瑰冰激凌马卡龙佐红色莓果

可以制作15个马卡龙

准备：2小时
烘烤：5小时30分钟

核心技法

隔水炖、煮至黏稠、做成椭圆形、浇一层、用裱花袋挤

工具

带滤布的小漏斗、配8号普通裱花嘴的裱花袋、温度计、制冰机或冰激凌机

结晶玫瑰

10片未处理的玫瑰花瓣
1份蛋清（30克）
50克细砂糖

草莓汁

375克草莓
60克细砂糖
3克NH果胶
1个香草荚的籽
15克柠檬汁

马卡龙壳

法式或意式蛋白霜马卡龙
红色色素

玫瑰冰激凌

10个蛋黄（100克）
50克细砂糖
300克牛奶
200克液体奶油
3滴玫瑰香精
60克玫瑰糖浆
红色色素

修整

100克草莓
50克树莓
100克覆盆子
50克醋栗果

是的，马卡龙可以作为一道盘式甜点，用餐盘呈上。

专业食谱

结晶玫瑰

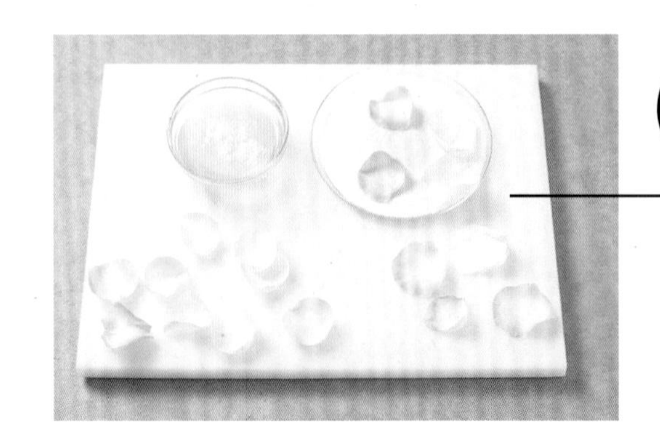

01.

把玫瑰花瓣浸入微微打发的蛋清中，然后撒上细砂糖。摆在烘焙纸或Silpat®牌烘焙垫上，放入烤箱以30°C烘烤1小时，使其变干燥。花瓣应该会变得很脆，但不会褪色。

02.

草莓汁

把草莓切成两半，与细砂糖、果胶、香草籽和柠檬汁一起放入沙拉碗中。加盖隔水炖2小时。

把得到的果汁用带滤布的漏斗过滤，放入冰箱保存。

您可以用冰冻草莓制作草莓汁。可以把多余的马卡龙面糊放入冷冻柜保存。

03.

马卡龙壳

将烤箱预热到160°C。根据第120页或第136页的步骤，加入色素制作一份马卡龙。装入配8号普通裱花嘴的裱花袋中。在铺好烘焙纸的两个烤盘上，分别挤出相同数量的直径6厘米的圆形和环形。放入烤箱，环形烘烤10分钟，圆形烘烤15分钟。冷却，然后密封保存。

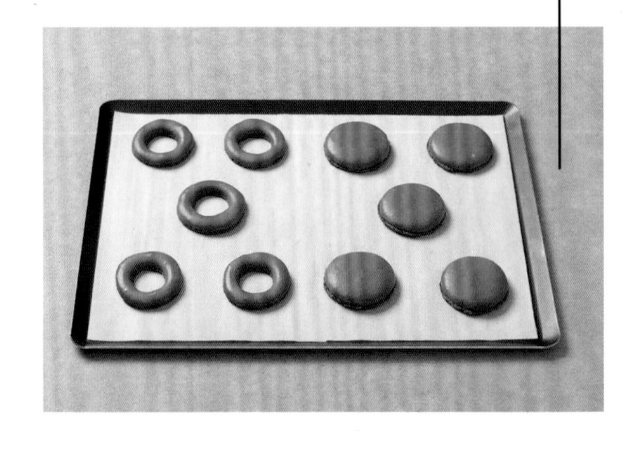

玫瑰冰激凌

把蛋黄和细砂糖放入沙拉碗中搅拌。把牛奶和液体奶油倒入平底锅中，然后煮沸。

加入蛋黄和细砂糖混合物，然后加热至84°C，煮至黏稠，做成英式奶油。用手指按压抹刀，奶油上应该会留下一道痕迹。

把混合物放在冰块上冷却，然后加入玫瑰香精、玫瑰糖浆和少许红色色素，略微加深一下颜色。搅拌。

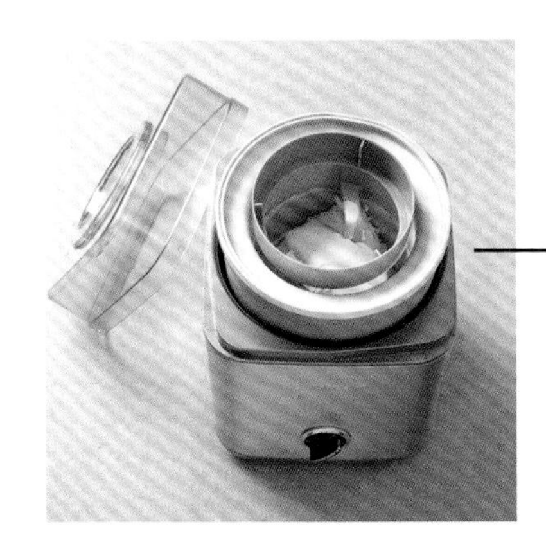

05.

当玫瑰奶油冷却后，放入制冰机或冰激凌机凝固。把冰激凌放入冷冻柜保存。

把马卡龙壳放入冷冻柜稍微动一下，使里面的冰更容易固定。

06.

修整

把草莓和覆盆子切成两半。在平底碟子中，均匀地摆上草莓、树莓、覆盆子和醋栗果，摆成一个环形模具，然后浇上一层草莓汁。

在中间摆上半个翻转过来的马卡龙壳。做一个漂亮的椭圆形玫瑰冰激凌，然后摆在外壳上。在上面放一个马卡龙环形模具，用结晶玫瑰花瓣装饰，然后立刻端上餐桌。

椰子抹茶橙香手指马卡龙

可以制作20个马卡龙

准备：40分钟
烘烤：1小时30分钟

核心技法

用裱花袋挤、取出果肉

工具

手持搅拌机、配7号普通裱花嘴的裱花袋

马卡龙壳

法式或意式蛋白霜马卡龙
50克椰子粉
绿色色素

柚子果酱

250克粉柚子
75克细砂糖
1个香草荚
6克NH果胶

抹茶甘纳许

180克液体奶油
170克白巧克力
1克盐
3克抹茶粉

填料

1个粉柚子
1个橙子
100克新鲜椰肉
5克抹茶粉
1个手指柠檬（可选）

这种形状不规则的美味马卡龙组合奇特，颜色鲜艳，是真正的袖珍珍品！

专业食谱

马卡龙壳

01.

将烤箱预热到160°C。在面团中加入30克椰子粉、糖粉和杏仁粉，根据第120页或第136页的步骤制作一份马卡龙面糊。加入色素。装入配7号普通裱花嘴的裱花袋，在铺好烘焙纸的烤盘上挤成长8厘米的手指形马卡龙。撒上剩下的椰子粉，然后放入烤箱烘烤15分钟。冷却，然后密封保存。

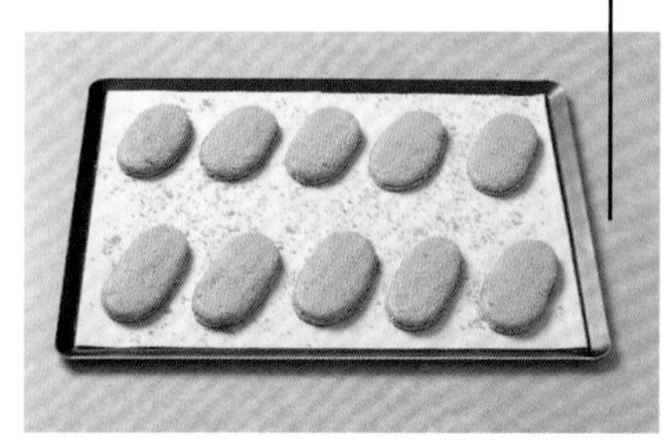

02.

柚子果酱

把柚子切成4份，取出中间部分，以便去籽。把切成4份的柚子在沸水中烫2下，然后切成薄片。放入平底锅中加热，然后加入一半的细砂糖和香草籽。

加盖用小火煮。当柚子外皮煮熟，变成半透明时，加入剩下的细砂糖和果胶，混合。拿下锅盖，用小火把水熬干。

熬到水分蒸发殆尽时，用手持搅拌机稍稍搅拌。倒入沙拉碗中，然后放入冰箱保存。

03.

如果您想让果酱的苦味更少一些，可以把切成4份的柚子放在沸水中多烫一两下。

在本食谱中，您可以用柠檬或橙子代替柚子。如果用橙子，要少放细砂糖：50克就够了。

抹茶甘纳许

在平底锅中倒入80克液体奶油，煮沸。在沙拉碗中加入白巧克力、盐和抹茶粉，然后从上面倒入一部分煮沸的奶油。搅拌，使白巧克力熔化。倒入剩下的奶油，用手持搅拌机搅拌。当甘纳许变得柔滑均匀时，放入冰箱保存。

搅拌剩下的100克液体奶油，直至做成打发奶油。

把甘纳许在常温下放置几分钟，然后用抹刀或刮刀小心地加入打好的奶油。在常温下保存。

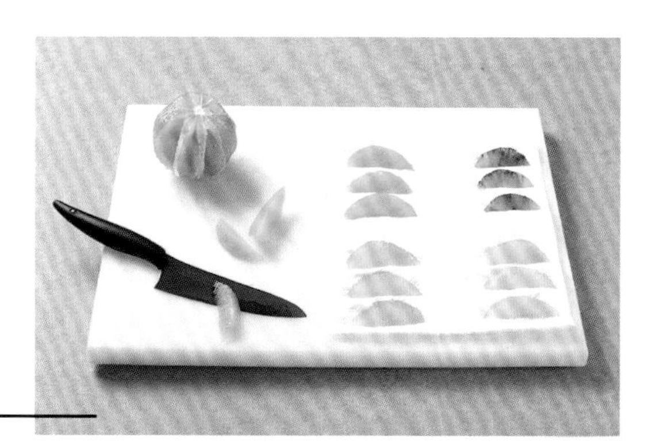

04.

填料

取出柚子和橙子的果肉，然后摆在厨房纸上，吸收掉一部分水分。用刨刀把椰肉刨成薄片。

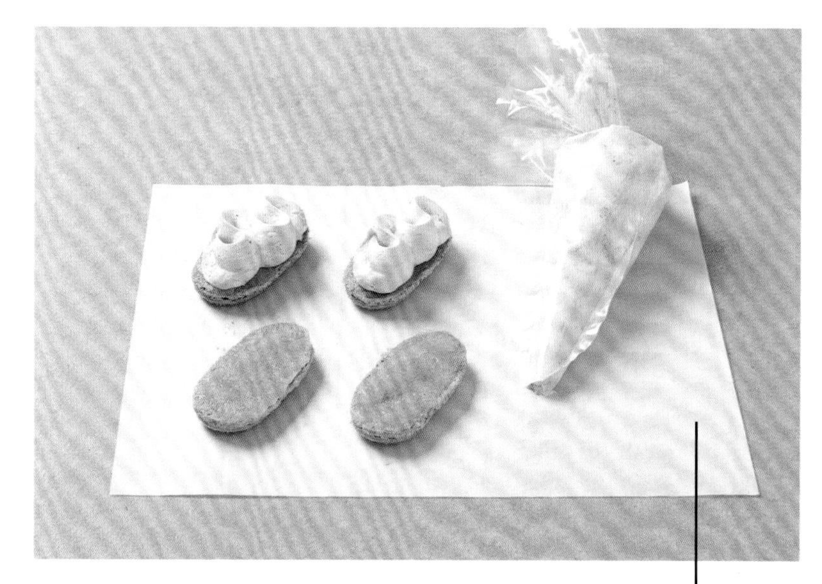

在马卡龙壳的内侧涂上薄薄的一层柚子果酱。

把抹茶甘纳许装入裱花袋中。沿横向把裱花袋的顶端切掉，然后切成一个斜面，做成一个开口。把甘纳许挤在柚子果酱上，挤成波浪形。

您可以把多余的马卡龙面糊放入冷冻柜保存。

05.

06.

用柑橘类水果的果肉和新鲜椰肉的薄片装饰马卡龙，最后稍微撒上少许抹茶粉。

在冬天，会更容易买到手指柠檬，您可以用里面多汁的小球来装饰这道马卡龙，这样会有少许酸。

紫罗兰莓果环形马卡龙

5人份

准备：40分钟
烘烤：30分钟

核心技法

用裱花袋挤

工具

5个配8号普通裱花嘴的裱花袋

马卡龙壳

法式或意式蛋白霜马卡龙
红色色素
紫色色素

白巧克力、天竺葵和紫罗兰奶油

40克玉米淀粉
275克牛奶（冷）
180克液体奶油
220克白巧克力
160克黄油
红色色素
紫色色素

糖渍覆盆子

200克覆盆子
75克糖粉
5克NH果胶
10克柠檬汁

糖渍黑加仑

200克黑加仑
75克细砂糖
5克NH果胶
10克柠檬汁

修整

50克结晶紫罗兰
5朵结晶的芳香天竺葵花瓣
3滴天竺葵香精
3滴紫罗兰香精

专业食谱

这道马卡龙如同花朵一般，可邀朋友一同欣赏并品尝。

马卡龙壳

01.

将烤箱预热到160°C。根据第120页或第136页的步骤制作一份马卡龙面糊。用色素将一半面团染成紫色，另一半染成红色。装入2个配8号普通裱花嘴的裱花袋中。在一张烘焙纸上画一个直径18厘米的圆和一些直径6厘米、粘在一起的环形模具。把两种颜色的马卡龙面糊交替挤上去。放入烤箱烘烤15分钟。

02.

白巧克力、天竺葵和紫罗兰奶油

在沙拉碗中，把玉米淀粉和冷牛奶混合。在平底锅中，把液体奶油煮沸，一边搅拌一边缓缓倒入前面的混合物。将奶油继续煮1分钟。

把白巧克力放入沙拉碗中，然后把热奶油浇在上面。静置1分钟。

用打蛋器搅拌，然后放入黄油块。把奶油放入冰箱使其凝固，然后切成大小相等的两块。

一开始可以先用小一号的裱花袋，这样可以更好地控制马卡龙面糊的量。

您可以先用封口夹把裱花袋的口封住。在往里面填料时，把裱花袋套在圆筒形容器上，开口向外翻，然后再放入面团。

糖渍覆盆子

03.

把覆盆子和一半糖粉倒入平底锅中，煮至温热。把（NH）果胶和剩下的糖粉混合。把混合物倒入平底锅中，然后煮沸。加入柠檬汁，一边搅拌一边继续煮30秒。倒入沙拉碗中，然后放入冰箱保存。

糖渍黑加仑

按照前面的步骤制作糖渍黑加仑。

可以把多余的马卡龙面糊放入冷冻柜保存。

04.

05.

修整

把一部分白巧克力奶油染成粉色，再加入天竺葵香精；另一部分染成紫色，再加入紫罗兰香精，装入两个配8号普通裱花嘴的裱花袋中。根据马卡龙的颜色，把甘纳许挤在对应的环形模具上，覆盖环形模具面积的一半。

把糖渍覆盆子装入配8号普通裱花嘴的裱花袋中，在每个天竺葵甘纳许圆饼中间挤上一个小球。

06.

把糖渍黑加仑装入配8号普通裱花嘴的裱花袋中，在每个紫罗兰甘纳许圆饼中间挤上一个小球。把另一片马卡龙圆饼盖在上面，然后用结晶的紫罗兰和结晶的芳香天竺葵花瓣装饰。

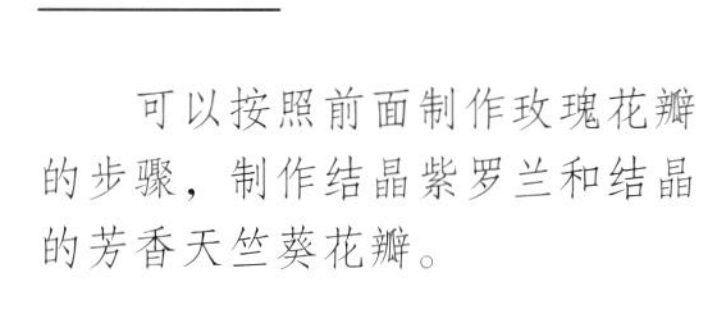

可以按照前面制作玫瑰花瓣的步骤，制作结晶紫罗兰和结晶的芳香天竺葵花瓣。

专业食谱

皮埃尔·艾尔梅

准备：30分钟
烘烤：1小时

100克完整的皮埃蒙特生榛子
210克皮埃蒙特榛子粉
230克糖粉
8份蛋清（230克）
75克细砂糖

达克瓦兹饼干

这是什么

一种以蛋白霜和杏仁粉或榛子为基础做成的面团

特点及用途
可以此为基础制作多种点心

其他形式
开心果达克瓦兹、克莱尔·海茨勒的达克瓦兹饼干、菲利普·孔蒂奇尼的达克瓦兹饼干

核心技法
捣碎、过筛、烤

工具
37厘米×28厘米×3（或4）厘米的方形甜点模具、弯曲铲刀

食谱
开心果和覆盆子达克瓦兹
爱情蛋糕，*克莱尔·海茨勒*
赛蓝蛋糕，*菲利普·孔蒂奇尼*
甜蜜乐趣，*皮埃尔·艾尔梅*

在铺好烘焙纸的烤盘上，摆上榛子，相互之间不要交叠，以160°C烘烤20分钟。用筛子筛去皮，然后捣碎。

把榛子粉放在盘子上，以150°C烘烤10分钟。把糖粉和榛子粉一起过筛。把蛋清打发至稠厚起泡，然后分3次加细砂糖。

用手放入筛过的混合物中，用抹刀微微翻转混合物。

01.

在铺好烘焙纸或Silpat®牌烘焙垫的烤盘上，摆上一个37厘米×28厘米、高3（或4）厘米的方形甜点模具。称出700克榛子达克瓦兹饼干，用弯曲铲刀均匀地铺涂在甜点框架内；均匀地撒上捣碎的榛子。

放入烤箱，以170°C（温控器调到6挡）烘烤30分钟左右，烤箱门微微打开，防止烤箱内水汽集中，造成达克瓦兹膨胀或陷落。烤好后，饼干质地应为硬中有软。冷却。

02.

入门食谱

4人份

准备：30分钟
烘烤：30分钟
静置：4小时至1夜

核心技法

捣碎（第616页）、剥皮（第619页）

工具

环形蛋糕模具、直径22厘米的深模具、厨师机、剥皮器

开心果和覆盆子达克瓦兹

开心果达克瓦兹

2份蛋清
15克细砂糖
50克糖粉
40克不加盐的开心果粉末
40克捣碎不加盐的开心果
1撮盐

填料

1汤匙牛奶（1.5毫升）
1片明胶（2克）
1个蛋黄（20克）
35克细砂糖
125克马斯卡彭奶酪
1个柠檬
2份蛋清（60克）
1汤匙油
150克覆盆子

开心果达克瓦兹

将烤箱预热到180°C。根据第164页的步骤制作一份达克瓦兹饼干，但食材及用量应根据本食谱调整。

在直径22厘米的深模具上涂上黄油，倒入混合物。撒上捣碎的开心果。放入烤箱烘烤30分钟。

01.

02.

填料

在此期间，把牛奶煮至温热。把明胶放入盛有冷水的碗中浸泡，沥干，然后放入温牛奶中溶化。密封保存。在蛋黄中加入30克细砂糖，用中速搅拌，直至混合物变白。放慢搅拌速度，然后加入马斯卡彭奶酪、泡明胶的牛奶、柠檬果皮和柠檬汁。速度加快一些，搅拌1分钟。

03.

把蛋清放入厨师机搅拌桶中。用最大速度搅拌，加入剩下的糖，继续搅拌1分钟。把蛋清小心地倒入前面的混合物中。

04.

把达克瓦兹脱模，用环形蛋糕模具切出4个圆饼。在4个环形蛋糕模具的内壁上涂上少许油。在每个环形蛋糕模具底部摆上一个达克瓦兹圆饼。

05.

摆上几个覆盆子，涂上柠檬奶油，使其与模具平齐。放入冰箱冷藏4小时至1夜。在端上餐桌前，脱模，用开心果或覆盆子装饰。

专业食谱

克莱尔·海茨勒

爱情蛋糕

可以制作60个小蛋糕

准备：1小时30分钟
烘烤：8分钟
静置：12小时+5小时

核心技法

打发至中性发泡（可以拉出小弯钩）、凝结（巧克力调温）、使表面平滑、用裱花袋挤、过筛、巧克力调温

工具

2个36厘米×26厘米的甜点框架或硅胶模具、手持搅拌机、弯曲铲刀、烘焙塑料纸、喷漆枪或即时喷雾器、裱花袋、厨师机、Silpat®牌烘焙垫

白巧克力方块

500克白巧克力（法芙娜牌Opalys系列）

奶油百香果

2片明胶（4克）
230克百香果泥
6个鸡蛋（300克）
135克细砂糖
190克黄油

达克瓦兹

5份蛋清（140克）
50克细砂糖
85克杏仁粉
100克糖粉
30克面粉

千层酥糖衣杏仁

300克糖衣杏仁
150克千层薄脆饼
75克白巧克力

百香果尚蒂伊奶油

100克液体奶油
25克百香果泥

组合和装饰

黄色色素
1个百香果

这道象征吉祥的百香果小蛋糕发源于日本，我喜欢与所爱的人分享它。尤其是与我的伴侣朱利安。它以百香果和糖衣杏仁之间味道的平衡为基础。只要咬上一小口，就会深深迷恋！

01.

白巧克力方块

提前一天，将白巧克力做调温处理，并均匀地涂在烘焙塑料纸上，然后切成边长3厘米的正方形。在使用前凝结12小时。

烘烤时间和温度仅供参考，需要根据您使用的烤箱功率进行调整。

可以在专门的商店或网上购买百香果泥。

02.

奶油百香果

把明胶放入盛有冷水的碗中浸泡。把百香果泥放入平底锅煮沸。把鸡蛋和细砂糖混合，倒入百香果泥中，一边搅拌一边煮至沸腾。

加入沥干的明胶和切成块的黄油。混合，然后用手持搅拌机搅拌柔滑。

在Silpat®牌烘焙垫上放上一个36厘米×26厘米的甜点框架或硅胶模具，把混合物浇进去，然后在冷冻柜内放置4小时。

03.

达克瓦兹

制作当天，将烤箱预热到180°C。在厨师机中，把蛋清和细砂糖打发至中性发泡，可以拉出一个小弯钩。把杏仁粉、糖粉和面粉一起过筛，然后倒入打发至浓稠的鸡蛋中。用抹刀小心地搅拌，注意不要上下翻转混合物。在烘焙纸或Silpat®牌烘焙垫上放上一个36厘米×26厘米的框架或硅胶模具，用弯曲铲刀把混合物涂在里面，然后放入烤箱烘烤8分钟。

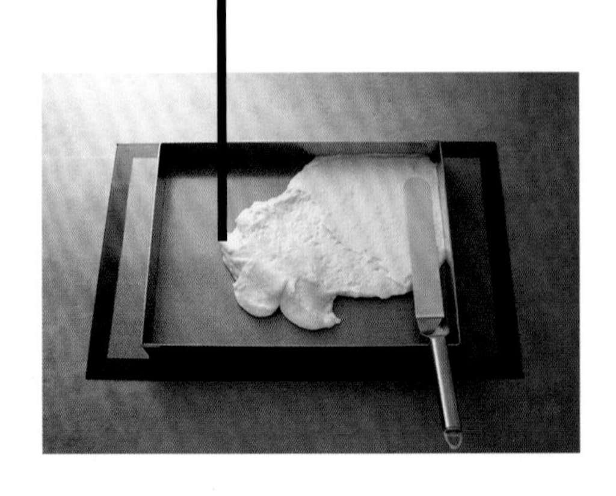

千层酥糖衣杏仁

在烘烤达克瓦兹的同时，把糖衣杏仁、千层薄脆饼和熔化的白巧克力混合。把千层薄脆饼夹在2张烘焙塑料纸或烘焙纸中间，压成36厘米×26厘米×0.3厘米的长方形。然后把千层薄脆饼摆在温热的达克瓦兹上，使两种基础材料粘在一起。放入冰箱冷藏1小时，然后切成边长为3厘米的正方形。

04.

05.

百香果尚蒂伊奶油

在厨师机中，把冷的液体奶油打成尚蒂伊奶油。加入百香果泥，然后小心地混合。把尚蒂伊奶油装入裱花袋。

06.

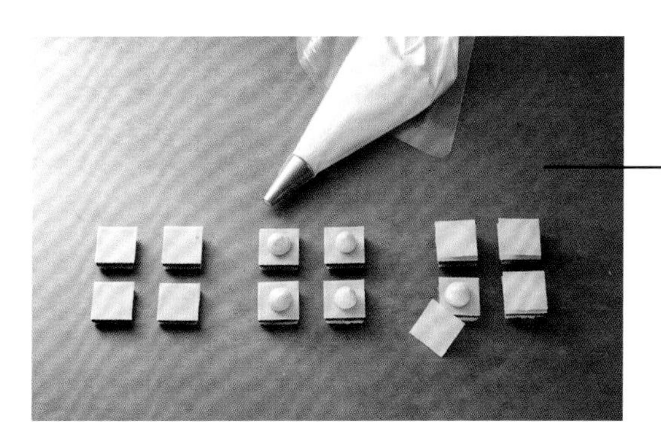

组合和装饰

把冷冻的奶油百香果切成边长为2.5厘米的正方形。喷上黄色色素。

取出百香果果肉，把种子收集起来。在铺有千层薄脆饼的达克瓦兹上放一片白巧克力方块。把百香果尚蒂伊奶油挤在上面。

07.

摆上另一片白巧克力方块，一片喷成黄色的正方形奶油百香果，再放上一粒百香果种子作为装饰。

使用喷漆枪或即时喷雾器喷涂正方形。

专业食谱

菲利普·孔蒂奇尼

对我来说，制作这道蛋糕，就像烹制一道菜肴一样。在制作时保持精确的平衡，只是为了从整体上把握味道，其中的精妙只需咬上一口便能感知。一切都建立在微妙的平衡之上：柠檬凸显了白巧克力的味道，茉莉花茶的香气统领着其他风味，奶油中的牛奶巧克力只需与其中的可可黄油用量相当，便可以使口中的余味更加绵长。

赛蓝蛋糕

6人份

准备：45分钟
烘烤：2小时
静置：3小时

核心技法

擀、打发至中性发泡（可以拉出小弯钩）、表层结皮、隔水炖、使表面平滑、浇一层、过筛、剥皮

工具

20厘米×30厘米的方形甜点模具、刮刀、食物处理机、擀面杖、筛子、剥皮器

白巧克力杏仁酥面团

600克完整的生杏仁
400克糖粉
40克杏仁面团
25克白巧克力（Chocolaterie de l'Opéra®牌“音乐会”系列调温巧克力）
15克千层薄脆饼
1撮盐之花

糖渍黄柠檬

100克柠檬皮
250克柠檬汁
150克细砂糖

黄柠檬赛蓝饼干

6个鸡蛋（300克）
1茶匙多花种蜂蜜
1茶匙糖渍柠檬
50克细砂糖
60克面粉
30克黄油
20克柠檬汁

达克瓦兹饼干

90克杏仁粉
4份蛋清（110克）
25克细砂糖
90克糖粉

茉莉花茶汤

100克水
20克茉莉花茶

奶油茶

65克茉莉花茶
1片明胶（2克）
1个大蛋黄（30克）
20克细砂糖
70克淡奶油
100克牛奶巧克力（最好用调温巧克力）

意式蛋白霜

145克糖粉
3份蛋清（80克）
40克水

白巧克力和佛手柑慕斯

240克液体奶油
2.5片明胶
100克（调温）白巧克力
1茶匙刮干净的佛手柑果皮（如果没有，可以用柠檬皮代替）
60克意式蛋白霜

如果没有千层薄脆饼，可以用带锯齿的薄饼代替，例如压碎的Gavottes®牌薄饼。

苦味集中在柠檬皮中。把果皮煮烫3次后，糖渍柠檬的香味会盖过苦味。注意：该混合物的酸味浓重突出。

01.

白巧克力杏仁酥面团

把完整的生杏仁摆在烤盘上，放入烤箱以140°C烘烤40分钟。和糖粉一起放入食物处理机，搅拌，直至揉成柔软的杏仁面团，取40g备用，其余留做他用。把白巧克力隔水炖化，倒在杏仁面团上，然后混合。加入千层薄脆饼和盐之花，再混合均匀。

用擀面杖把面团擀成5毫米厚的面饼，然后夹在两张烘焙纸中间。在冰箱内冷藏2小时，使其变硬。趁面饼较硬时，将其切成19.5厘米×9.5厘米的长方形。

02.

糖渍黄柠檬

把柠檬皮放入平底锅中，倒入一半高度的水，煮沸。将柠檬皮捞出沥干，然后换水，重复操作2次，然后用中火把柠檬皮、柠檬汁和细砂糖煮40～50分钟。把温热的混合物倒入厨师机。

03.

黄柠檬赛蓝饼干

将烤箱预热到170°C，熔化黄油。把鸡蛋、蜂蜜、糖渍柠檬和细砂糖放入厨师机中，然后用中速搅拌10分钟。混合物会变柔滑，提起打蛋器会出现一个小弯钩。加入筛过的面粉，混合。加入热黄油，然后倒入柠檬汁。倒在铺好烘焙纸的烤盘上，厚约1厘米，放入烤箱烘烤8分钟。轻轻按压，应能感觉到饼干变柔软。冷却，切成19.5厘米×9.5厘米的长方形。

04.

达克瓦兹饼干

按照第164页的步骤制作一份达克瓦兹饼干，但食材及用量应根据本食谱调整。

将烤箱预热到180°C。在铺好烘焙纸的烤盘上放一个20厘米×30厘米的方形模具，把面团铺涂在里面，厚5～6毫米。撒上糖粉，静置5分钟，使表层结皮。放入烤箱烘烤10分钟。在常温下冷却。

在制作这种蛋糕时，要使用优质、芳香的茉莉花茶。质量较差的茶味道苦涩，会影响味道的平衡。

05.

茉莉花茶汤

在小平底锅中加水煮沸，然后放入茉莉花茶。倒入碗中，然后裹上食品保鲜膜，最多浸泡4分钟，否则茶叶的苦味和涩味会变重，并且表层会凝固。立刻过滤，把茶汤收集起来，放在常温下保存。

奶油茶

06.

把明胶放在盛有冷水的碗中浸泡。在沙拉碗中，把蛋黄、细砂糖混合，再倒入液体奶油和65克茉莉花茶汤。混合，然后一边搅拌一边隔水加热。当混合物的体积变成原来的2倍时，加入沥干水的明胶，混合。把巧克力隔水熔化，然后加入。混合，然后把奶油茶浇在达克瓦兹饼干模具中，厚度7～8毫米。放入冰箱冷藏1小时左右。

意式蛋白霜

按照第114页的步骤制作一份意式蛋白霜，但要使用本食谱的比例。

07.

白巧克力和佛手柑慕斯

把200克液体奶油搅打至起泡，但不要太紧实，放入冰箱。把明胶浸泡。把白巧克力隔水熔化。在平底锅中，把剩下的液体奶油煮沸，然后加入沥干水的明胶。搅拌均匀，倒入白巧克力中。加入佛手柑果皮，再慢慢加入意式蛋白霜和打发的奶油并混合均匀。将做好的慕斯填满20厘米×10厘米的长方形模具的底部和边缘。

08.

把达克瓦兹饼干切成19.5厘米×9.5厘米的长方形，装入模具底部，铺在白巧克力慕斯上面。在上面铺上剩下的白巧克力慕斯。

在赛蓝饼干上浇薄薄的一层糖渍柠檬，然后在上面摆白巧克力杏仁酥。

把饼干摆在模具中的白巧克力慕斯上。放入冷冻柜，在装饰点心前脱模。

如果您有喷枪，用它喷上一层温热的（37°C或38°C）混合物，其中⅔为白巧克力，⅓为熔化的可可黄油。如果没有，就在甜点上撒一些白巧克力碎屑。

09.

专业食谱

皮埃尔·艾尔梅

甜蜜乐趣

可以制作30个蛋糕

准备：1小时30分钟
静置：1夜
烘烤：1小时

核心技法

捣碎、隔水炖、使表面平滑、用裱花袋挤、过筛、烤

工具

20厘米×30厘米的塑料薄膜、弯曲铲刀、配锯齿形裱花嘴的裱花袋和配12号不锈钢普通裱花嘴的塑料裱花袋、厨师机、筛子

烤熟、捣碎的榛子

100克完整的皮埃蒙特生榛子

榛子达克瓦兹饼干

千层糖衣榛子

150克60/40的糖衣榛子（法芙娜牌）
150克纯榛子酱（榛子泥）
75克法芙娜牌Jivara系列调温巧克力（可可含量为40%）
150克压碎的Gavottes®牌薄饼
30克黄油

牛奶巧克力薄片

160克法芙娜牌Jivara系列巧克力（可可含量为40%）

牛奶巧克力甘纳许

250克法芙娜牌Jivara系列巧克力（可可含量为40%）
230克液体奶油

牛奶巧克力尚蒂伊奶油

300克淡奶油
210克法芙娜牌Jivara系列巧克力（可可含量为40%）

这种蛋糕由牛奶巧克力、千层糖衣榛子和皮埃蒙特生榛子制成，在整体设计时突出牛奶巧克力的味道，突显酥、脆、柔软、易熔化等多种特点，因此也融合了多种口感。

提前一天，把制作牛奶巧克力尚蒂伊奶油所需的巧克力切碎。把奶油煮沸，浇在巧克力上。混合。倒在盘子里，放入冰箱冷藏12小时左右。

烤熟、捣碎的榛子

制作当天，在铺好烘焙纸的烤盘上，摆上榛子，相互之间不要交叠，以160°C烤20分钟。用筛子筛去皮，然后捣碎。

榛子达克瓦兹饼干

根据第164页的步骤制作一份达克瓦兹饼干。

02.

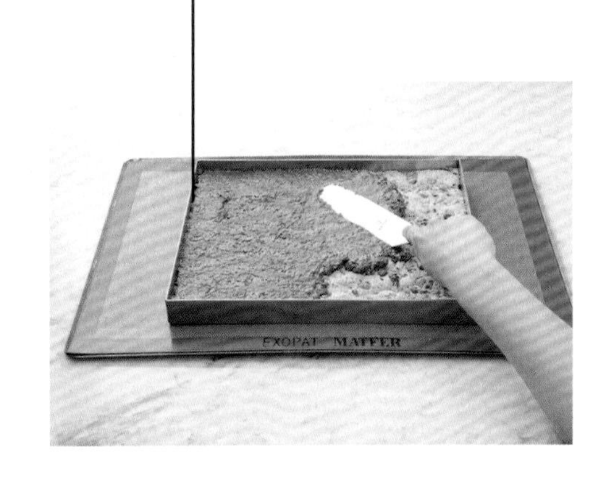

千层糖衣榛子

把黄油和调温巧克力分别以40～45°C隔水炖化。在带扇叶的厨师机搅拌桶或在搅拌碗中，用搅拌机把榛子糖衣杏仁、榛子酱、调温巧克力和黄油混合。加入Gavottes®牌薄饼碎片。

在装榛子达克瓦兹饼干的框架上方，称出550克千层糖衣榛子，放在上面用弯曲铲刀涂抹平滑。放入冰箱保存。把榛子达克瓦兹饼干和千层糖衣榛子切成10厘米×2.5厘米的长方形。放入冷冻柜保存。

03.

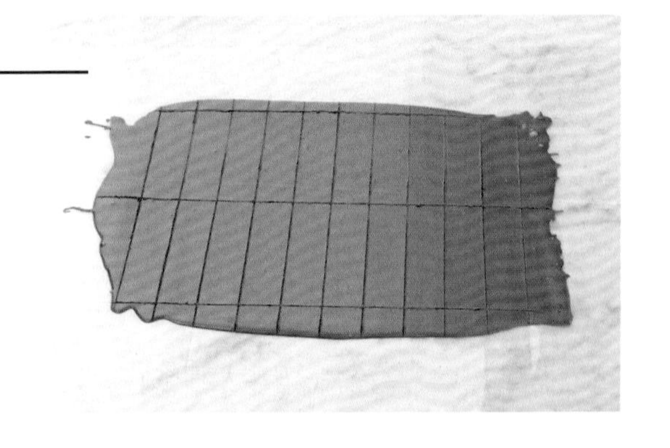

牛奶巧克力薄片

在20厘米×30厘米的塑料薄膜上，把软化的巧克力涂开。当巧克力凝固后，切成10厘米×2.5厘米的长方形。在上面铺一张薄膜和一块板子，然后平放进冰箱使其凝固。

04.

牛奶巧克力甘纳许

把巧克力切碎。把液体奶油煮沸，浇在巧克力上，然后混合。倒入盘子中，使其在常温下凝固。

05.

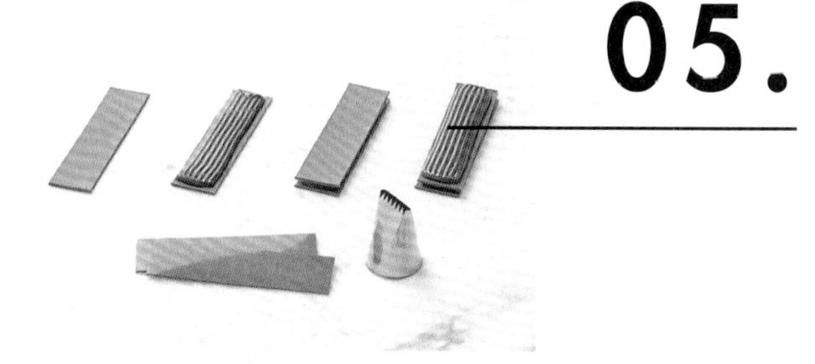

在铺好烘焙纸的烤盘上，摆上长方形的牛奶巧克力薄片（有光泽的一面朝上）。把牛奶巧克力甘纳许装入配锯齿形裱花嘴的裱花袋中，沿长边方向均匀地挤在长方形上。盖上另一个长方形，重复操作。不要在第二片长方形巧克力上挤甘纳许。放入冷冻柜保存。

在食用前，一直放在冰箱中。这道蛋糕要在凉的时候品尝。可以在冰箱中保存24小时。

06.

牛奶巧克力尚蒂伊奶油

在碗中将奶油打发。将牛奶巧克力尚蒂伊奶油装入配12号不锈钢普通裱花嘴的塑料裱花袋。在长方形榛子达克瓦兹饼干和酥脆榛子糖上，用尚蒂伊奶油挤出两个细条。放上一个长方形的牛奶巧克力和甘纳许薄片。用牛奶巧克力尚蒂伊奶油挤出两条并排的粗线条。最后放上一个长方形牛奶巧克力（有光泽的一面朝上）。

基　础　食　谱

8人份

准备：1小时30分钟
烘烤：30分钟

25克黄油
75克面粉
+25克用于防粘处理
25克玉米淀粉
25克可可粉
4个鸡蛋（200克）
125克细砂糖

海绵蛋糕

这是什么
一种柔软而轻盈的小蛋糕，可以此为基础制作多种蛋糕

特点及用途
作为蛋糕或点心的基础

其他形式
侯爵夫人海绵蛋糕

核心技法
防粘处理、打发至如丝带般落下、过筛

工具
漏勺、直径24厘米的模具、油刷

食谱
糖衣榛子甘纳许巧克力海绵蛋糕
巧克力侯爵夫人蛋糕
覆盆子巧克力无麸质软蛋糕
草莓蛋糕
摩卡蛋糕，*菲利普·孔蒂奇尼*

01.

为模具防粘处理：把黄油熔化，然后用油刷刷在直径24厘米的模具内壁上。在阴凉处放置几分钟使其凝固。把面粉倒入模具中，转动模具，并轻轻拍一下边缘，使面粉裹在上面。当模具粘上均匀的保护层后，倒扣模具，倒出多余的面粉，放在一边备用。

02.

将烤箱预热到180°C。把面粉、玉米淀粉和可可粉混合，过筛，放在一边。把沙拉碗放在装有热水的平底锅中，把鸡蛋和细砂糖放入碗中，缓慢地持续搅拌。

03.

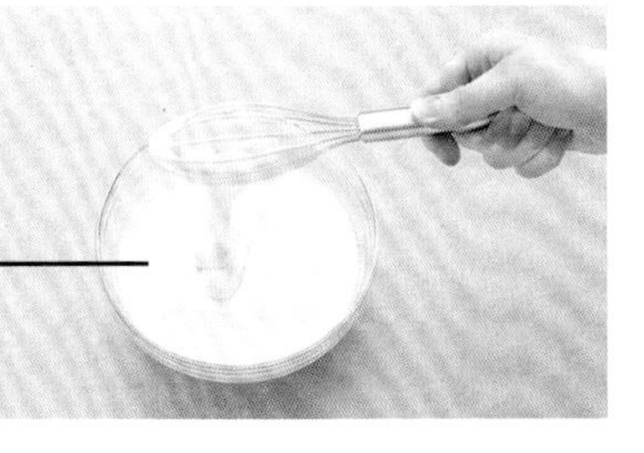

当混合物变温热，细砂糖充分溶化后，离火，用力搅拌，直到完全冷却。用打蛋器提起时，混合物如丝带般落下。

完全可以撒上一小撮泡打粉，使海绵蛋糕质地更轻盈。

04.

用漏勺小心地搅拌加入可可粉的面粉，同时微微提起混合物。

05.

把海绵蛋糕糊倒入模具中，避免中间隆起一个圆丘。放入烤箱，将温度降至160°C，烘烤30分钟左右。

开始烘烤海绵蛋糕的15分钟不要打开烤箱门，否则蛋糕会塌陷，无法复原。

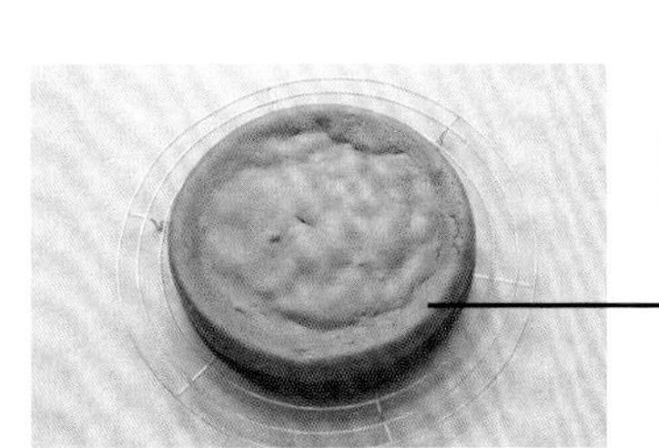

06.

用刀尖扎一下海绵蛋糕，如果拿出来后刀尖是干燥的，说明已经烤好。趁热脱模，然后冷却。

入门食谱

8人份

准备：1小时30分钟
烘烤：30分钟
静置：30分钟

核心技法

使表面平滑、使渗入

工具

油刷

糖衣榛子甘纳许巧克力海绵蛋糕

糖浆

100克细砂糖
20毫升水
½个香草荚
2毫升朗姆酒

糖衣榛子甘纳许

300克牛奶巧克力
150克糖衣榛子
1200克全脂液体奶油

摆盘

100克糖衣果仁

可可海绵蛋糕

（制法见第182页）

极为美味的组合，柔软，入口即化……巧克力和糖衣榛子结合在一起，乐趣无穷！请注意享用美食应有节制！

01.

糖浆

把细砂糖、水和香草荚煮沸，然后冷却。加入朗姆酒，放在阴凉处。

02.

可可海绵蛋糕

按照第182页的步骤制作一个海绵蛋糕。

03.

糖衣榛子甘纳许

把牛奶巧克力切碎，与糖衣榛子一起放入沙拉碗中。把奶油煮沸，浇在巧克力和糖衣榛子混合物上，放置一会儿使热气散发出来。

04.

用打蛋器搅拌，使混合物变得柔滑均匀。于室温下静置。

为了使成品更整齐，可以先把蛋糕放在环形模具中，再涂甘纳许。

摆盘

沿水平方向把海绵蛋糕切成3个圆饼。用刷子在最厚的一个圆饼上刷上糖浆。再均匀地涂上一层薄薄的甘纳许。把最薄的圆饼盖在上面。

05.

组合好后再刷上糖浆，涂上甘纳许，然后摆上最后一个海绵蛋糕圆饼，刷上糖浆。组合好之后放入冰箱冷藏20～30分钟，使其变紧实。

06.

可以把甘纳许隔水微微加热一下，这样做会使混合物的质地更加均匀。

07.

如果需要，把甘纳许抹平滑，使其涂满整个蛋糕。在边缘刷上糖衣果仁。用巧克力碎屑、细丝或松脆的小球在表面画上几道，或者直接撒在上面作为装饰。

巧克力侯爵夫人蛋糕

6人份

准备：1小时
烘烤：45分钟
静置：3小时

核心技法

捣碎、隔水炖、使表面平滑、打发至提起时如丝带般落下、浇一层、把黄油打成膏状、过筛

工具

直径20厘米的海绵蛋糕模具、弯曲铲刀

巧克力海绵蛋糕

60克黄油
105克面粉
35克淀粉
30克可可粉
6个鸡蛋（300克）
180克细砂糖

巧克力卡仕达酱

22毫升牛奶
2个蛋黄（40克）
25克细砂糖
10克淡奶油粉
90克调温黑巧克力
12克可可酱

组合

200克调温黑巧克力

巧克力糖霜

80克可可粉
6片明胶（12克）
180克细砂糖
140克水
100克液体奶油

巧克力奶油霜

4毫升水
150克细砂糖
1个鸡蛋（50克）
半个蛋黄（10克）
150克室温软化黄油
30克可可粉

专业食谱

巧克力海绵蛋糕

将烤箱预热到200°C。在直径20厘米的海绵蛋糕模具上刷上黄油和面粉。把黄油熔化。把面粉、淀粉和可可粉过筛。把蛋清和细砂糖放入隔水炖锅中一边加热一边打发。待混合物提起时可如丝带般落下，取出一部分面团，加入熔化的黄油。加入筛过的材料，然后与剩下的鸡蛋和细砂糖的混合物一起小心地搅拌好。把面团倒入模具中。放入烤箱烘烤30分钟。从烤箱中取出，放在桌布上脱模。

02.

巧克力糖霜

把明胶放入盛有冷水的碗中浸泡。在平底锅中放入糖和水，煮成糖浆，煮沸后加入可可粉。用小火继续煮3分钟。离火，加入沥干的明胶和液体奶油。放入冰箱冷藏2小时。

03.

巧克力卡仕达酱

在此期间，把12毫升牛奶加热。

把蛋黄和细砂糖打发至变白，加入淡奶油粉混合，然后倒入一部分牛奶混合均匀。倒入剩下的牛奶，一边搅拌一边继续煮，直至融合在一起。

把调温黑巧克力捣碎。把剩下的10毫升牛奶煮沸，倒在可可酱和捣碎的调温巧克力的混合物上。加入卡仕达酱，混合。

04.

巧克力奶油霜

把水和细砂糖放在小平底锅中混合，煮至116°C。把糖浆倒在鸡蛋和蛋黄上，快速打发，搅拌至完全冷却。然后加入黄油。把可可粉混入做好的350克奶油霜中，后者的质地应该为膏状。

05.

把巧克力奶油霜倒入卡仕达酱中。

06.

组合

把海绵蛋糕切成3个相同的圆饼。在第一个圆饼上涂上巧克力奶油，铺上第二个海绵蛋糕圆饼，浇上一层巧克力奶油，再放上第三个海绵蛋糕圆饼。在阴凉处放置1小时。

07.

把巧克力糖霜隔水微微炖化，避免过度加热。浇在点心的整个表面上。用曲柄铲刀涂抹平整。把调温黑巧克力做成扇子的形状，沿着侯爵夫人蛋糕的边缘粘一圈。放入冰箱保存。

基础食谱

可以制作60块饼干

准备：45分钟
烘烤：8分钟

5个中等大小的鸡蛋（分成125克蛋清和80克蛋黄）
50克面粉
50克玉米淀粉
100克细砂糖
50克糖粉

海绵手指饼干

这是什么
一种长条形的饼干，质地轻盈、柔软，是以法式蛋白霜为基础做成的

特点及用途
用于制作夏洛特或提拉米苏

其他形式
皮埃尔·艾尔梅的海绵手指饼干

核心技法
用裱花袋挤、过筛

工具
刮刀、配14毫米裱花嘴的裱花袋、厨师机

食谱
覆盆子夏洛特
无限香草挞，*皮埃尔·艾尔梅*
柑橘类水果夏洛特
勒蒙塔蛋糕，*菲利普·孔蒂奇尼*
苹果香草夏洛特
巧克力香蕉夏洛特

01.

将烤箱预热到190°C，如果可能，用旋转加热模式。把鸡蛋打破，分离蛋清和蛋黄。称重。把面粉和玉米淀粉过筛。

把这些粉末混合。把蛋清倒入带打蛋器的厨师机搅拌桶。用中速把蛋清打发至稠厚起泡。继续搅拌，并加入细砂糖。加快速度，使其变成蛋白霜。

02.

去除打蛋器，拿下碗。倒入蛋黄，小心地搅拌。加入筛过的粉末。用刮刀小心地搅拌，微微翻转面团，注意不要把蛋白霜打散。

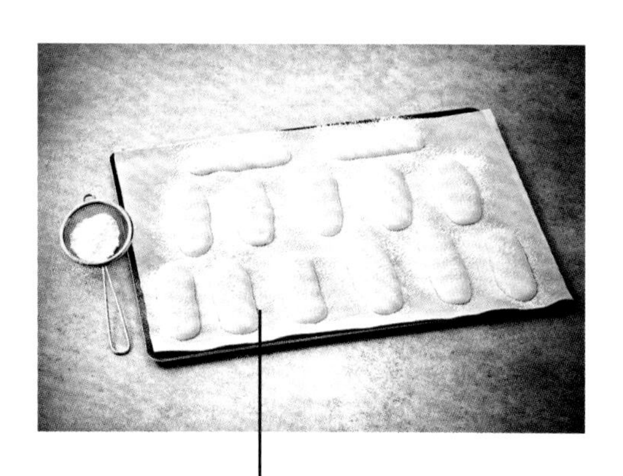

03.

把混合物装入配14毫米裱花嘴的裱花袋中。在铺好烘焙纸的烤盘上，挤出8～10厘米长的圆柱形面饼，之间留出足够的间隙。分两次沿面饼外形撒上糖粉，形成外层。

04.

放入烤箱，烘烤8分钟。取下来放在烤架上。

入门食谱

4～6人份

准备：40分钟
烘烤：5分钟
静置：2小时+12小时

核心技法

使表面平滑、用裱花袋挤、使渗入、过筛、铺满

工具

直径14厘米和16厘米的环形模具、刮刀、厨师机、吹风机

覆盆子夏洛特

覆盆子果冻

6.5片明胶（13克）
200克覆盆子果泥
300克覆盆子
+26个覆盆子
125克细砂糖

基础糖浆

600克水
250克糖

饼干

10块原味海绵手指饼干
500克基础糖浆
10克覆盆子酒

覆盆子慕斯

230克覆盆子果泥
4.5片明胶（9克）
20克细砂糖
6克覆盆子白酒
250克淡奶油（冷）
20块兰斯玫瑰饼干

01.

覆盆子果冻

提前一天，把明胶放在冷水中泡软。把覆盆子果泥倒在平底锅中。从300克覆盆子中挑出十几个放在一边，把剩下的和细砂糖一起放入平底锅中。用小火加热，并不停搅动，避免底部粘锅。把明胶沥干水，放在离火的平底锅中。用打蛋器搅拌均匀，使其熔化。在铺好食品保鲜膜的盘子上放一个直径14厘米的环形模具。把200克果冻倒进去。剩下的放入冰箱保存。在果冻上摆十几个覆盆子，使其垂直陷进去。放入冷冻柜凝固2小时。

02.

从冷冻柜中取出装在环形模具中的覆盆子果冻。移除塑料薄膜。为方便脱模，可以用吹风机把环形模具边缘吹热。把装在环形模具中的果冻放在碗上。让环形模具滑下来，完成脱模。密封保存。根据第192页的步骤制作一份海绵手指饼干。

03.

基础糖浆

把水和糖放入平底锅中，用中火加热，当糖浆开始沸腾时关火。

饼干

把烘焙纸剪成比直径14厘米的环形模具略大的正方形。把烘焙纸和环形模具一起放在烤盘上。把覆盆子酒和基础糖浆混合，准备制作浸泡饼干用的糖浆。把海绵手指饼干在糖浆里快速浸一下。在环形模具底部摆上一层饼干，有糖的一面朝上。密封保存。

04.

覆盆子慕斯

把明胶放在冷水中泡软。在平底锅中放少许覆盆子果泥，加热。关火，加入泡软的明胶、细砂糖和覆盆子白酒。混合均匀。

把平底锅中的材料与剩下的覆盆子果泥混合。把淡奶油打发，倒入混合物中。

小心地混合。取下原来装饼干的环形模具，装进直径16厘米的环形模具中。涂上厚厚的一层慕斯。用刮刀或勺子把慕斯中央往下压，形成凹陷，使慕斯集中到周围。

取下冰冻覆盆子的环形模具。将其翻转过来，将草莓置于底层。按压一下，使其浸入慕斯中。再涂上慕斯并填平，涂抹均匀。用刮刀或长刀的平面涂抹平整。裹上保鲜膜，放入冷冻柜。

05.

06.

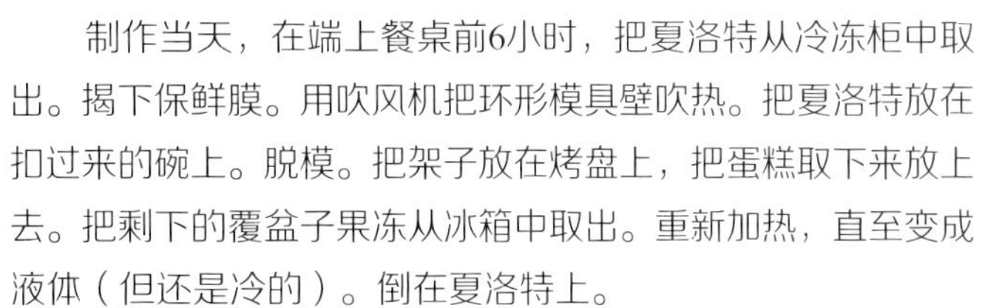

制作当天，在端上餐桌前6小时，把夏洛特从冷冻柜中取出。揭下保鲜膜。用吹风机把环形模具壁吹热。把夏洛特放在扣过来的碗上。脱模。把架子放在烤盘上，把蛋糕取下来放上去。把剩下的覆盆子果冻从冰箱中取出。重新加热，直至变成液体（但还是冷的）。倒在夏洛特上。

07.

把夏洛特摆在餐盘上。把剩下的糖浆从冰箱中取出。把兰斯玫瑰饼干无糖的一面在糖浆中迅速蘸一下，然后摆在平碟上。把玫瑰饼干切得和夏洛特一样高。沿着夏洛特摆一圈，有糖的一面朝外。冷却，果冻会使饼干粘在蛋糕四周。把剩下的覆盆子摆在中间作为装饰。等夏洛特完全解冻，就可以端上桌了。

专业食谱

皮埃尔·艾尔梅

这种挞是由涂有白巧克力和香草甘纳许的甜沙酥面团底，以及香草马斯卡彭奶酪构成的。皮埃尔·艾尔梅选择了把不同产地的香草荚组合在一起：塔希提香草奠定了浓烈的基调，墨西哥香草充满花香，马达加斯加香草则散发着草木的味道。通过这种组合，可以创造出想象中的香草味道。

无限香草挞

6～8人份

准备：2小时
烘烤：1小时30分钟
静置：30分钟

核心技法

擀、防粘处理、煮至黏稠、隔水炖、撒面粉、膨胀、垫底、使表面平滑、浇一层、用裱花袋挤、使渗入、过筛

工具

直径17厘米、高2厘米和直径20厘米、高1.5厘米的环形模具、小漏斗、手持搅拌机、弯曲铲刀、筛网、油刷、配7号普通裱花嘴的裱花袋、厨师机、擀面杖、温度计

甜沙酥面团挞底

75克黄油
15克白杏仁粉
50克糖粉
0.5克香草粉
半个鸡蛋（30克）
0.5克盖朗德盐之花
125克面粉

海绵手指饼干

2份蛋清（70克）
45克细砂糖
2个蛋黄（40克）
25克面粉
25克马铃薯淀粉

香草英式奶油

250克脂肪含量为32%～34%的液体奶油
1个剖开并刮出籽的马达加斯加香草荚
2个蛋黄（50克）
65克细砂糖
2片金牌明胶（200 Blooms，重约4克）

香草马斯卡彭奶酪奶油

225克英式香草奶油
150克马斯卡彭奶酪

香草甘纳许

125克白巧克力
115克脂肪含量为32%～34%的液体奶油
1.5个剖开并刮籽的马达加斯加香草荚
2克不加酒精的原味香草精
0.5克香草粉

香草糖霜

50克白巧克力
15克细砂糖
0.5克NH果胶
20克脂肪含量为32%～34%的液体奶油
30克矿泉水
¼个剖开并刮出籽的香草荚（连同香草籽）
2克二氧化钛粉末（药用）

香草糖浆

1.5个马达加斯加香草荚
100克矿泉水
50克细砂糖
2克不含酒精的原味香草精
5克陈年纯甘蔗汁棕色朗姆酒

组合

香草粉

01. 甜沙酥面团挞底

黄油揉至柔软，然后把材料依次放进去混合。垫上食品保鲜膜，放入冰箱保存。在撒好面粉的操作台上，把面团擀成2毫米厚，切成直径23厘米的圆饼。放入冰箱冷藏30分钟。在直径17厘米、高2厘米的环形模具内壁涂上黄油，把面团垫在底部和四周，多余的部分切掉。把环形模具放在铺好烘焙纸的烤盘上，裹上锡纸作为保护层。填上豌豆干，平放进烤箱用170°C烘烤25分钟。

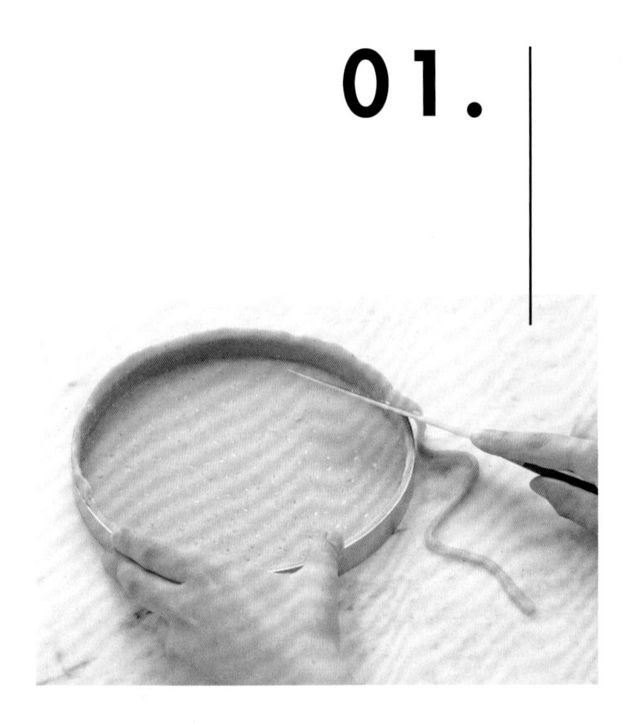

02. 海绵手指饼干

按照第192页的步骤制作一份海绵手指饼干面团，材料的用量和比例请根据本食谱调整。

用配7号裱花嘴的裱花袋，在烘焙纸上画一个直径13厘米的圆饼。放入风炉，230°C烘烤6分钟左右。从烤箱中取出，冷却。

03.

香草英式奶油

把明胶放入冷水中浸泡20分钟，把香草荚（皮和籽）放在煮沸的液体奶油中浸泡30分钟。用小漏斗过滤浸泡物。蛋黄与细砂糖混合，把液体奶油煮沸，倒在蛋黄和细砂糖上。搅拌，放入平底锅中，加热至85°C。用手指划一下沾满奶油的抹刀背部，如果奶油已经煮好，可以划出一条痕迹。加入沥干的明胶，用手持搅拌机搅拌，冷却，然后放入冰箱保存。

环形模具不能太热，也不能太冷。如果模具太热，奶油会液化；如果太冷，脱模的时候容易粘连。

香草马斯卡彭奶酪奶油

在带打蛋器的搅拌机内桶中，把马斯卡彭奶酪搅拌至微微膨胀，加入一部分香草英式奶油慢慢稀释，把剩下的奶油打发。立刻使用。

把直径20厘米、高1.5厘米的环形模具事先在热水中浸泡一下，然后沥干，用裱花袋把奶酪奶油挤进环形模具。用弯曲铲刀涂抹至表面平滑。立刻脱模，平放进冷冻柜。冷冻好至凝固，待用。

香草甘纳许

05.

白巧克力隔水熔化。将香草荚和液体奶油加热到50°C左右，然后浸泡30分钟。把液体奶油、香草精和香草粉煮沸，浇在温热的白巧克力上，混合。用手持搅拌机搅拌，立刻使用。

06.

香草糖霜

白巧克力隔水熔化。将细砂糖和果胶混合。把奶油、水和香草煮沸。取出香草荚，加入糖和果胶的混合物。煮沸，倒在白巧克力上，混合。加入二氧化钛粉末混合，立刻使用。

07.

香草糖浆

把1.5个香草荚剖开并刮出籽，放入水和细砂糖中，煮沸，然后浸泡30分钟以上。加入香草精和朗姆酒。装进密封盒，放入冰箱保存。香草荚可以留在糖浆中。

把香草甘纳许倒在甜沙酥面团底上，高度达到挞底的⅗。用刷子把香草糖浆刷在海绵手指饼干上，摆好并轻轻按压。

把香草甘纳许倒入模具中，把挞底填平，平放进冰箱。当甘纳许凝固后，把挞放在一个大小合适的盘子上。

这种挞可以在冰箱中保存2天。

08.

组合

以35°C加热香草糖霜。把马斯卡彭奶酪奶油圆饼从冷冻柜中取出，放在晾架子上冷却，用长柄大汤匙把香草糖霜撒在表面，用铲刀涂抹至表面平滑，香草糖霜薄而均匀。用弯曲铲刀把下面涂抹均匀，放在凝固的甘纳许上，注意中心要对准。用筛网在左侧撒上宽约2厘米的香草粉。

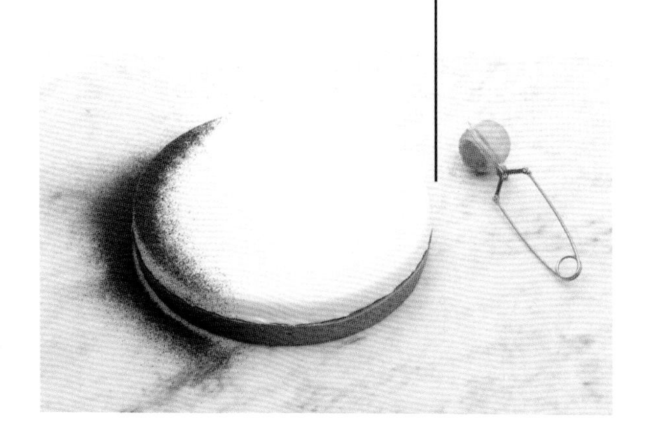

在食用之前，一直放在冰箱中。

柑橘类水果夏洛特

6人份

准备：30分钟
烘烤：3分钟
静置：1小时+12小时

核心技法

防粘处理、取出果肉、使渗入、剥皮

工具

电动搅拌机、刮刀、1个夏洛特模具和1个更小的圆形模具、油刷、刨刀、剥皮器

橙子果冻和饼干

30克原味海绵手指饼干
8个橙子
5片明胶（10克）
45克柠檬汁（约2个柠檬）
180克细砂糖

柠檬慕斯

1片明胶（2克）
1个柠檬
35克细砂糖
150克脂肪含量为40%的白奶酪
150克淡奶油（冷）
100克杏果冻或苹果果冻
1个青柠的果皮

专业食谱

01.

橙子果冻和饼干

提前一天，将2个橙子的果皮擦成碎屑，挤压5个橙子（挤出400克橙汁）。把明胶泡软。在平底锅中倒少许橙汁，用中火加热，使其变热但不要沸腾。把明胶沥干，放入已离火的平底锅中，用打蛋器搅拌。加入柠檬果皮、柠檬汁和糖，搅拌均匀。在室温下浸泡1小时。用小孔漏勺过滤橙子果冻液。

02.

用小刀把剩下的3个橙子的果肉挖出来，然后把每一瓣橙子切成两半。在比夏洛特模具略小的模具底部铺上保鲜膜。把一部分切成两半的果肉填进去，剩下的放入冰箱保存。铺上果冻，用食品保鲜膜裹起来，放入冷冻柜凝固1小时。

根据第192页的步骤制作一份海绵手指饼干。

03.

把饼干在剩下的果冻中快速浸一下。放在烤架上沥干。如果夏洛特模具有深陷下去的地方，调整一下浸湿的饼干，轻轻按压一下，使表面隆起。饼干沿模具内壁摆放，有糖的一面朝外，形成一层保护层。在底部填上饼干，有糖的一面朝里。用小块的饼干把所有的缝隙填满。

04.

柠檬慕斯

把明胶放入盛有冷水的碗中浸泡。柠檬去皮，挤出20克果汁。用中火加热，离火，加入泡软的明胶。用打蛋器搅拌，使其熔化。加入糖和柠檬果皮并混合。在沙拉碗中倒入白奶酪，加入平底锅中的材料，用刮刀搅拌。用搅拌机把淡奶油打发，放入沙拉碗中，小心地搅拌。

在果冻模具底部铺上食品保鲜膜，高度略高于模具边缘。脱模时将薄膜轻轻向上拉，就能把底部提起。

05.

在模具中涂一层柠檬慕斯。把橙子果冻从冷冻柜中取出，揭下食品保鲜膜，倒在慕斯上面，再涂上一层慕斯。如果需要，把饼干多余的部分切掉。

06.

最后再摆上一层饼干，无糖的一面朝上。把所有的缝隙填满。严密覆盖，放入冰箱冷藏12小时。

制作当天，把夏洛特脱模。在上面摆上剩下的切成两半的橙子。杏（或苹果）果冻放在平底锅中熔化。用油刷刷在果肉上。在夏洛特上方把青柠果皮擦成碎屑。

基础食谱

皮埃尔·艾尔梅

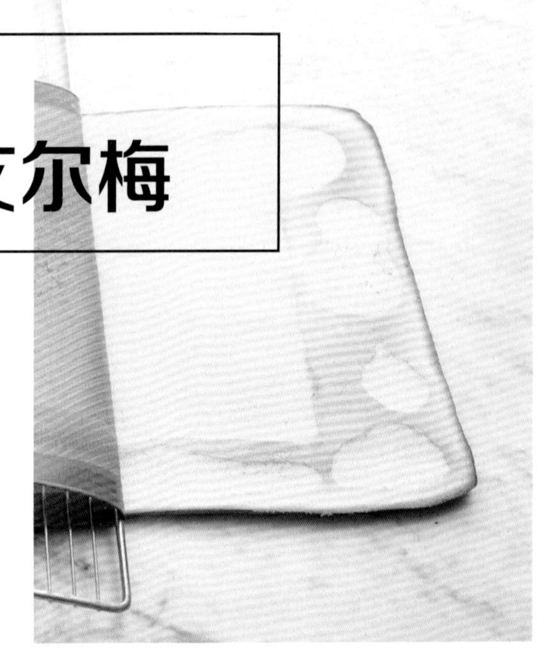

准备：35分钟
烘烤：5分钟

4个鸡蛋（200克）
150克杏仁粉
120克糖粉
40克T55面粉
30克黄油
4份蛋清（130克）
20克细砂糖

法式蛋糕底

这是什么
一种柔软的杏仁饼干，可以此为基础制作多种蛋糕

特点及用途
用于制作点心，尤其是歌剧院蛋糕，也可用于制作木柴蛋糕

其他形式
歌剧院蛋糕法式蛋糕底、皮埃尔·马克里尼的巧克力法式蛋糕底

核心技法
使表面平滑

工具
弯曲铲刀、厨师机

食谱
妒火，*皮埃尔·艾尔梅*
歌剧院蛋糕
飞翔，1995年，*皮埃尔·马克里尼*

把黄油熔化。将杏仁粉和糖粉，以及一半的鸡蛋放入搅拌桶，用打蛋网搅拌8分钟。分2次加入剩下的鸡蛋，搅拌10～12分钟。把一小部分混合物倒入熔化的黄油中，搅拌。

01.

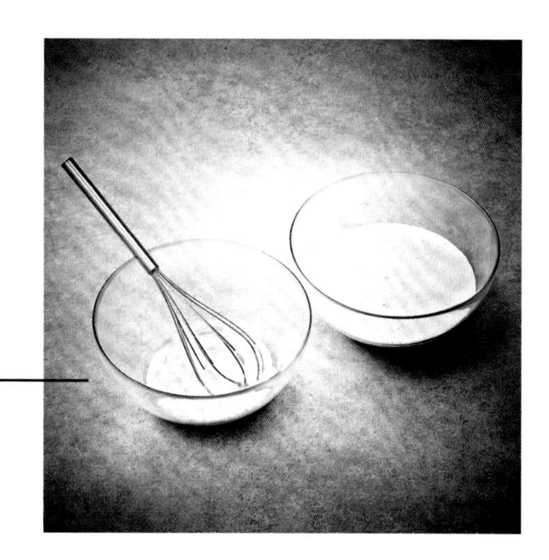

02.

在蛋清中加入细砂糖，打发至稠厚起泡，倒入前面的混合物中。将混合物快速倒入面粉中，小心地搅拌，再将黄油加入混合物中搅拌均匀。

03.

在Silpat®牌烘焙垫或烘焙纸上，用弯曲铲刀把法式蛋糕底铺涂开。放入烤箱（设定为热风循环模式），用230°C烘烤5分钟。注意不要让饼干过度上色。

专业食谱

皮埃尔·艾尔梅

妒火

可以制作10杯

准备：1小时30分钟
烘烤：3小时
静置：2夜+7小时30分钟

核心技法

表层结皮、使表面平滑、水煮/用裱花袋挤

工具

小漏斗、直径4.5厘米的饼干模、手持搅拌机、弯曲铲刀、裱花袋、厨师机、30厘米×40厘米的Silpat®牌烘焙垫、10个高杯。

水煮黑加仑籽

150克黑加仑籽（新鲜或冷冻均可）
150克矿泉水
80克细砂糖

黑加仑籽果泥

500克黑加仑果泥
90克醋栗果泥
115克细砂糖
5.5片金牌明胶
150克水煮黑加仑籽

法式蛋糕底
（制法见第208页）

紫罗兰香草焦糖奶油布丁

1千克全脂鲜牛奶
280克细砂糖
4克马达加斯加香草荚
12片金牌明胶（24克）
1千克脂肪含量为32%～34%的液体奶油
2克紫罗兰香料
24个蛋黄（480克）

紫罗兰香草英式奶油

250克脂肪含量为32%～34%的液体奶油
3克马达加斯加香草荚
2个蛋黄（50克）
60克细砂糖
6片金牌明胶（3克）
2克紫罗兰香料

紫罗兰香草马斯卡彭奶酪奶油

200克马斯卡彭奶酪

茉莉花马卡龙饼干和矢车菊花朵

300克杏仁粉
300克细砂糖
7份蛋清（220克）
300克细砂糖
75克矿泉水
风干矢车菊花瓣

修整

30个蓝莓
风干矢车菊花瓣

妒火是一种酥脆、果味重的新式甜点，由水煮黑加仑、焦糖奶油布丁和紫罗兰马斯卡彭奶酪奶油制成。紫罗兰的柔和凸显了黑加仑的酸味。

水煮黑加仑籽

提前两天，在水中加入糖，煮沸，倒在黑加仑籽上。装进密封盒，放入冰箱浸泡1夜。前一天把黑加仑籽沥干，放入冰箱保存。

01.

02.

黑加仑籽果泥

制作当天，把明胶放入冷水中浸泡20分钟。

把2种果泥和细砂糖混合。把明胶沥干，放在微波炉中加热，使其熔化。放入果泥中，搅拌均匀。加入煮过的黑加仑籽，密封保存。

03.

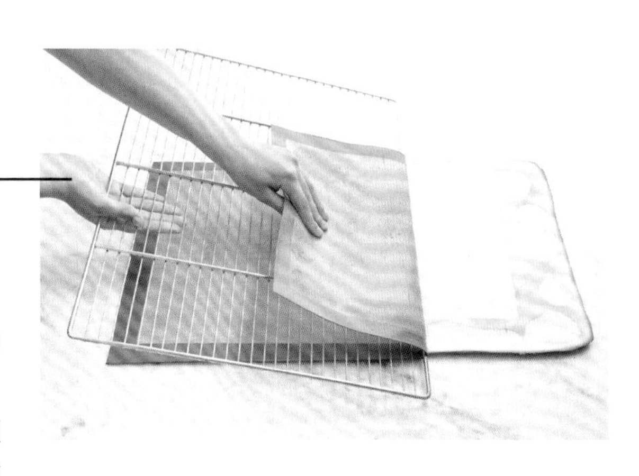

法式蛋糕底

根据第208页的步骤制作一份法式蛋糕底。

用钻孔器切出数个直径4.5厘米的圆饼。装进密封盒，放入冰箱保存。

紫罗兰香草焦糖奶油布丁

将烤箱预热到90°C。把明胶放入冷水中浸泡20分钟。把牛奶、糖和剖开并刮出籽的香草荚煮沸，浸泡20分钟。用小漏斗过滤，放入沥干的明胶。混合奶油、紫罗兰香料、蛋黄和加香料的牛奶，制成布丁液。在每个杯子中倒入40克紫罗兰香草焦糖奶油布丁液。放入烤箱烘烤30分钟左右。微微晃动杯子，检查中间部分是否凝固，若未凝固，应该再烘烤5分钟。把杯子从烤箱中取出，冷却，然后放在阴凉处保存。

04.

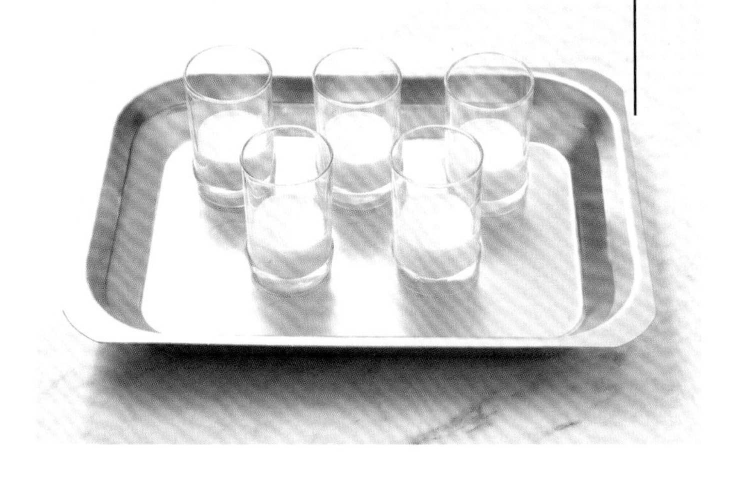

紫罗兰香草英式奶油

05.

把明胶放入冷水中浸泡20分钟。在平底锅中，把液体奶油加热，把剖开并刮出籽的香草荚放在里面浸泡30分钟，然后用小漏斗过滤。把蛋黄与糖混合，把奶油煮沸，倒在蛋黄上。搅拌，倒入平底锅中，加热至85°C，做成英式奶油。加入沥干的明胶、紫罗兰香料，然后混合，装进密封盒，放入冰箱冷却。

紫罗兰香草马斯卡彭奶酪奶油

在带打蛋器的搅拌机内桶中，把马斯卡彭奶酪搅拌均匀。分3次加入紫罗兰香草英式奶油，一起打发。立刻使用。

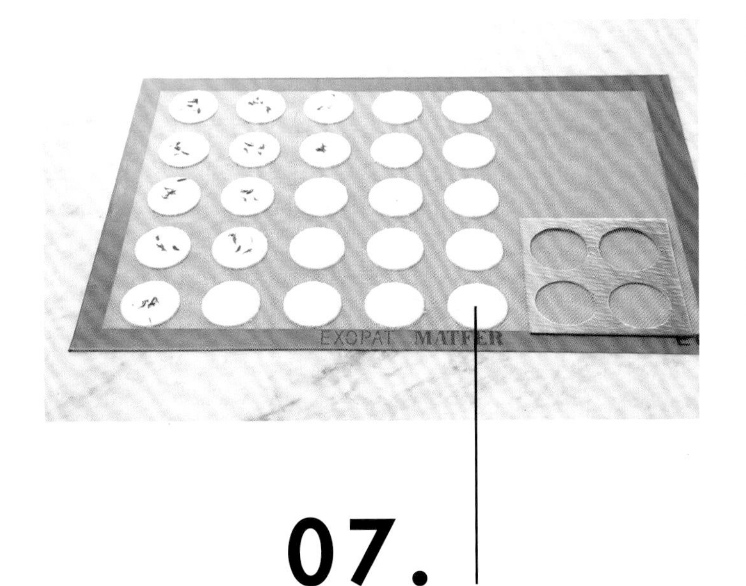

07.

茉莉花马卡龙饼干和矢车菊花朵

根据第120页的步骤制作一份马卡龙面糊。在铺好Silpat®牌烘焙垫的盘子上，垫上直径5.5厘米的镂花模板，挤出马卡龙圆饼，然后用弯曲铲刀把模板刮干净。立刻撒上风干的矢车菊花瓣，放置4小时，使表层结皮。放入风炉，以80°C烘烤2小时，把烤箱门微微打开。

08.

修整

在每个装着紫罗兰香草焦糖奶油布丁的杯子中，放入50克黑加仑籽果泥，再放上一块法式蛋糕底。放入冰箱凝固2小时。用裱花袋挤入25克紫罗兰香草马斯卡彭奶酪奶油。其上放3个蓝莓。在杯子上放1片茉莉花马卡龙圆饼和几朵矢车菊。

食用前应始终冷藏保存。这种布丁可以在冰箱中存放24小时。

歌剧院蛋糕

4～6人份

准备：1小时15分钟
烘烤：15分钟
静置：3小时

核心技法

使表面平滑、把黄油打成膏状

工具

12厘米×12厘米的甜点框架、刮刀、弯曲铲刀、厨师机、温度计

法式蛋糕底

150克杏仁粉
150克糖粉
20克面粉
2个蛋黄（40克）
2个鸡蛋（100克）
60克熔化的黄油
5份蛋清（150克）
20克细砂糖
浓缩咖啡

咖啡蛋白霜

2.5毫升水
100克细砂糖
半个鸡蛋（25克）
半个蛋黄（10克）
100克室温软化黄油
咖啡提取物

巧克力甘纳许

100克可可含量为60%的巧克力
90克液体奶油

巧克力糖霜

180克细砂糖
140克水
80克可可粉
6片明胶（12克）
100克液体奶油

专业食谱

01.

法式蛋糕底

将烤箱预热到200°C。根据第208页的步骤制作一份法式蛋糕底，依照本食谱调整材料的用量和比例。

02.

用弯曲铲刀把混合物铺涂在铺好烘焙纸的烤盘上，涂成5厘米厚。放入烤箱烘烤6～7分钟，这时饼干应该刚刚开始上色。

03.

咖啡蛋白霜

把水和糖放入小平底锅中，煮至116°C。把糖浆倒在半个鸡蛋和蛋黄中，快速打发，搅拌至冷却。然后放入黄油，制成蛋白霜。称出350克这种蛋白霜，然后倒入咖啡提取物，搅打至质地呈膏状。

04.

巧克力甘纳许

把液体奶油煮沸，倒在切碎的巧克力上，用刮刀搅拌均匀。

巧克力糖霜

把明胶放入冷水中浸泡。在平底锅中，把细砂糖和水混合成糖浆，煮沸，加入可可粉。继续用小火煮3分钟。离火，加入沥干的明胶和液体奶油。放入冰箱冷藏2小时。

05.

组合

在此期间，切出3块边长12厘米的正方形饼干。在框架底部放一片饼干，刷上足够多的咖啡使其浸湿。用弯曲铲刀在上面抹一层2毫米厚的巧克力甘纳许。

06.

放入冰箱冷藏5分钟使其凝固，然后涂上一层2毫米厚的咖啡蛋白霜。摆上第二片饼干，然后刷上足够多的咖啡浸湿。用甘纳许和咖啡蛋白霜重复前面的操作。最后摆上第三块刷了足够多咖啡的饼干，涂上巧克力甘纳许。放入冰箱冷藏1小时。

07.

歌剧院蛋糕彻底冷却之后，浇上同样温度的糖霜，把点心完全冷冻起来。把两边切开，展示歌剧院蛋糕的构造。

专业食谱

皮埃尔·马克里尼

这种蛋糕富有象征意义：它代表着业界的认可，因为它使我赢得了甜点冠军的称号，对一位甜点师来说，这的确是一件神圣的事！同时，它也是我最早发明的“多质地”甜点之一：我满怀欣喜地把松脆、柔软和奶油的酥脆结合在了一起。

飞翔，1995年

6人份

准备：1小时
烘烤：50分钟
静置：16小时

核心技法

搅打至发白、隔水炖、过筛、剥皮

工具

电动搅拌机、长方形大盘子、手持搅拌机、刨刀、筛子、温度计

橙子焦糖奶油布丁

2片明胶（4克）
28毫升液体奶油
10克橙子果皮
4个蛋黄（80克）
30克细砂糖

可可糖霜

100克水
25克葡萄糖
50克细砂糖
50克液体奶油
75克可可粉
2片明胶（4克）

巧克力法式蛋糕底

1.5个鸡蛋（75克）
35克糖粉
35克杏仁粉
8克熔化的黄油
10克面粉
5克可可粉
1份蛋清（30克）
5克细砂糖

榛子牛轧糖

50克牛奶
125克细砂糖
35克葡萄糖
100克黄油
3克明胶
100克烤熟、捣碎的榛子

快速巧克力慕斯

60克甜点专用黑巧克力
250克鲜奶油
10克细砂糖

01.

橙子焦糖奶油布丁

提前一天，将烤箱预热到100°C。把明胶放在冷水中泡软。

在此期间，把液体奶油煮沸，加入橙子果皮，浸泡10分钟。过滤。

把蛋黄和糖打发。把一部分热奶油倒在鸡蛋上，搅拌。倒回平底锅中，重新搅拌。当奶油温度达到82°C时，离火。放入沥干的明胶，混合。

把混合物倒在一个高1厘米的长方形烤盘上。隔水炖20分钟。冷却，然后在冷冻柜内放置一夜。

02.

可可糖霜

把明胶放在冷水中泡软。把水、葡萄糖、细砂糖和液体奶油放入平底锅中煮沸。然后加入可可和沥干的明胶，103°C煮2分钟左右。用手持搅拌机搅拌，然后放入冰箱冷藏一夜。

03.

巧克力法式蛋糕底

制作当天，将烤箱预热到180°C。用搅拌机把鸡蛋搅打至发白。加入糖粉和杏仁粉。然后加入熔化的黄油。把面粉和可可粉混合，然后过筛，倒入混合物中。

在蛋清中加糖，打发至稠厚起泡并变硬，然后用刮刀小心地加入混合物中。用弯曲铲刀把混合物均匀地涂抹在烘焙纸上。放入烤箱烘烤8～10分钟。从烤箱中取出后，立刻切成9厘米×3厘米的长方形，或者按照模具的大小切成合适的尺寸。

04.

榛子牛轧糖

将烤箱预热到170°C。把牛奶、90克细砂糖、葡萄糖和黄油放入平底锅中，煮沸。明胶与剩下的糖混合，放入平底锅。搅拌，然后加入烤熟的榛子碎。把混合物夹在2张烘焙纸中间，擀得越薄越好。放入烤箱烘烤12分钟。从烤箱中取出后，立刻切成与法式蛋糕底同样大小的长方形。

05.

快速巧克力慕斯

把巧克力隔水熔化。在此期间，在鲜奶油中加糖搅拌。打发后，把1/3的奶油小心地加入熔化的巧克力中。最后把剩下的巧克力放入打发奶油中。装入裱花袋，放入冰箱保存。

06.

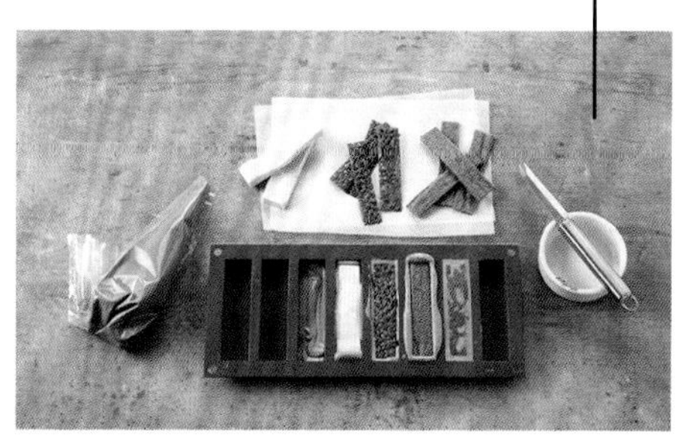

把焦糖奶油布丁切成与法式蛋糕底同样大小的长方形。把巧克力慕斯填进硅胶模具（凹槽尺寸与切好的奶油布丁相同）底部。加入焦糖奶油布丁，用巧克力慕斯画上一道细线，铺上一块榛子牛轧糖，用慕斯再画上一道细线，然后摆上法式蛋糕底。用铲刀把多余的慕斯刮掉，放入冷冻柜冷冻3～4小时。加热糖霜至40°C。在此期间，把蛋糕脱模，放在架子上，用长柄大汤匙把糖霜撒在上面。最后用小勺子在每个蛋糕上摆一小块椭圆形慕斯。

在浇糖霜之前，在架子下面放一个容器盛放落下的糖霜，防止弄脏操作台。

轻轻拍一下烤架，使糖霜更加伏贴，避免出现气泡。

基 础 食 谱

6 **人份**

准备：15分钟
烘烤：35～45分钟

175克糖粉
3个鸡蛋（150克）
2撮盐之花
10毫升牛奶
200克自发粉
80克熔化的黄油

蛋糕面糊

这是什么
一种可以由您随心发挥的经典蛋糕

其他形式
克莱尔·海茨勒的杏仁面团蛋糕、克里斯托夫·米夏拉克的枫糖蛋糕

工具
蛋糕模具、厨师机

食谱
柠檬/抹茶小蛋糕
覆盆子巧克力无麸质软蛋糕
柑橘类水果蛋糕，*克莱尔·海茨勒*
枫糖蛋糕，*克里斯托夫·米夏拉克*
可乐腰果立式蛋糕，*菲利普·孔蒂奇尼*

如果您没有自发粉，可以在面粉中加入5克泡打粉。也可以加入1个柠檬的果汁和果皮。

01.

将烤箱预热到175°C。把糖、鸡蛋和盐之花混合，搅拌1分钟30秒。之后放慢速度，加入牛奶。

02.

加入自发粉和熔化的黄油。搅拌2分钟，直至混合物变均匀。

03.

在蛋糕模具上涂抹一层薄薄的黄油和面粉，然后把混合物倒进去。放入烤箱烘烤35～45分钟。冷却几分钟，然后脱模。

入门食谱

可以制作8个蛋糕

准备：15分钟
烘烤：15分钟
静置：2小时

核心技法

浇一层、过筛、剥皮

工具

长柄薄刃刀、8个小蛋糕模具、厨师机、剥皮器

柠檬/抹茶小蛋糕

蛋糕

100克室温软化黄油
200克细砂糖
3个鸡蛋（150克）
120克杏仁粉
1个柠檬
120克玉米淀粉
5克泡打粉（半袋）
1.5茶匙烹调用抹茶

糖霜

150克糖粉
1个柠檬的果汁

01.

蛋糕

将烤箱调到热风循环模式，预热到160°C。在带打蛋网的厨师机搅拌桶中搅拌黄油和糖，直至混合物变得稀薄透亮。

把鸡蛋逐个打进去，加入杏仁粉、柠檬汁和果皮。

02.

在沙拉碗中，把玉米淀粉、泡打粉和抹茶粉过筛，然后把混合物倒入厨师机搅拌桶。搅拌2分钟，直至面糊变均匀。

03.

在8个小蛋糕模具内壁涂上黄油，填进面糊，至高度的$\frac{2}{3}$处。放入烤箱烘烤12分钟。

04.

糖霜

在此期间，把柠檬汁和糖粉少量多次地混合，做成糖霜。涂开后的糖霜应该是透明的，因此不要涂得太厚。如果需要，可以加入1～2茶匙水。蛋糕脱模，冷却。用长柄薄刃刀将糖霜涂在蛋糕上。放置2小时使其变干燥。

8 人份

准备：1小时30分钟
烘烤：15分钟

核心技法

搅打至发白、隔水炖、煮成小球形

工具

1个环形蛋糕模具和1个直径相同的圆形模具、小漏斗、刮刀、油刷、厨师机、温度计

覆盆子巧克力无麸质软蛋糕

覆盆子浆

250克覆盆子
12.5毫升水
125克细砂糖
2片明胶（4克）

无面粉饼干

100克可可含量为70%的甜点专用黑巧克力
8个鸡蛋（400克）
160克糖粉

巧克力慕斯

6个蛋黄
2个鸡蛋（100克）
150克细砂糖
5毫升水
350克可可含量为70%的甜点专用黑巧克力
½升全脂液体奶油

摆盘

100克可可含量为70%的黑巧克力
35克可可黄油
20克可可粉

献给所有美食热爱者的无麸质蛋糕！

酥脆的饼干，美妙的巧克力慕斯，可口的覆盆子浆汁，您可以尽情款待宾客……

覆盆子浆

水中加入细砂糖，煮沸。把煮沸的糖浆倒在覆盆子上，放置5分钟左右，使热气挥发出来。把明胶放在冰冷的水中浸泡。

把覆盆子用小漏斗过滤，按压出果浆，去除果核。把明胶沥干，放在热的覆盆子浆中溶化。密封保存。

01.

02.

无面粉饼干

将烤箱预热到180°C。把巧克力切碎，隔水熔化，或者放在微波炉加热，使其熔化。使巧克力保持温热，约45°C。蛋清与蛋黄分离。把蛋黄与80克糖粉混合搅拌，直至混合物变白并起泡。搅拌蛋清，缓慢地加入剩下的糖粉，把蛋清打发至稠厚起泡，变成蛋白霜。把蛋黄与⅓稠厚起泡的蛋清混合，成为柔滑的混合物。倒入剩下的蛋清，微微翻转搅拌混合物。

03.

加入熔化的巧克力。在Silpat®牌烘焙垫或烘焙纸上放一个圆形模具，把⅓的混合物填进去，铺至1.5～2厘米厚。烘烤10～15分钟，然后再重复操作2次，做出3个圆形饼干坯。

04.

巧克力慕斯

把巧克力切碎，用小火隔水熔化，或者放入微波炉用低挡加热，使其熔化，然后保持温热。在一个较小的碗中以118°C加热糖和水，制成糖浆。在带打蛋器的厨师机搅拌桶中混合蛋黄和鸡蛋，倒入糖浆，快速搅拌，直至完全冷却，做成意式蛋黄酱。

用刮刀把⅓的蛋黄酱加入熔化的巧克力中混合，然后小心地加入剩下的部分。把冷的液体奶油打发，打发后的奶油应保持稳定并起泡，但不要打得太紧实。小心地加入打发的奶油，上下翻拌。当混合物变均匀后，用力搅拌几秒钟，使其变稀薄。

如果加糖的巧克力慕斯的量再少一些，操作难度会加大。请按配方的量制作，把多余的冷冻起来，这种混合物可以保存很长时间。

05.

您可以用油代替可可黄油，混合物同样会是液体且容易铺涂开，但成品的质地可能没有那么脆。

摆盘

把巧克力和可可黄油切碎。用小火隔水熔化，或者放入微波炉用低挡加热，使其熔化。使混合物保持液体状态。把熔化的巧克力刷在每块圆形饼干的一个表面上。

06.

在环形蛋糕模具中放入一块圆形饼干，有巧克力的一层朝下。如果需要，浇上稍稍加热的覆盆子浆，把饼干溶化，再用足够多的覆盆子浆浸泡饼干。涂上一层巧克力慕斯。一共操作2次，使饼干、覆盆子浆和慕斯层层相叠。凉透后，脱模，撒上可可粉。

专业食谱

克莱尔·海茨勒

我很喜欢蛋糕的质地，但很多蛋糕质地都过干。我想制作一种滑腻的蛋糕，不搭配其他东西就可以很好吃。这款添加了柑橘类水果的果皮和果汁，散发着浓郁的香味。这样的蛋糕不需要放在茶里浸泡！

柑橘类水果蛋糕

可以制作2个蛋糕

准备：30分钟
烘烤：25分钟

核心技法

防粘处理、打发至提起时如丝带般落下、剥皮

工具

电动搅拌机或厨师机、刮刀、蛋糕模具、温度计、剥皮器

蛋糕体

75克70%的杏仁膏
200克细砂糖
+30克用于涂抹模具
20克转化糖浆
5个鸡蛋（250克）
160克面粉
400克依个人喜好选择的柑橘类水果（细皮小柑橘、香柠檬、佛手柑、香橙、柠檬、橙子等）
4克酵母
85克黄油+40克用于涂模具
60克液体奶油

装饰

糖渍水果

01.

如果没有厨师机，可以用打蛋器制作该混合物。烘烤时间和温度仅供参考；需要根据您使用的烤箱功率进行调整。

蛋糕体

将烤箱预热到145°C。在带搅拌桨的厨师机搅拌桶中，把杏仁膏、细砂糖和转化糖浆混合。

把鸡蛋逐个打进去，以稀释混合物。

沿厨师机搅拌桶的底部刮拌混合物，把混合物搅拌均匀，直至没有结块。

将鸡蛋都打入混合物，把搅拌桨换成打蛋网。将混合物打发，提起打蛋网时，混合物应如丝带般落下，质地类似海绵蛋糕糊。

02.

在2个蛋糕模具上涂上室温软化黄油，再撒上细砂糖，形成保护层。取出柑橘类水果的果肉，挤压出果汁，称出80克果汁。将面粉和酵母过筛。

03.

把黄油加热至60°C左右，使其熔化（这时应该开始起泡），倒入液体奶油，然后加入果皮和80克柑橘类水果的果汁。

当前面的混合物打发到位时，将食材依黄油—奶油—果皮—柑橘类果汁混合物的顺序倒入混合物中，再加入面粉和酵母，用刮刀慢慢搅拌，但不要翻拌转混合物。

04.

装饰

把混合物倒入模具中，然后放入烤箱烘烤25分钟。从烤箱中取出，脱模。蛋糕冷却后，用糖渍水果装饰。

专业食谱

克里斯托夫·米夏拉克

注意！这是道极为美味的甜点！只要尝上一小片，您就会忍不住全部吃掉……我的爱人为之疯狂！

枫糖蛋糕

可以制作5个蛋糕

准备：45分钟
烘烤：40分钟

厨师机

打发至提起时如丝带般落下、用裱花袋挤、使渗入、过筛、剥皮

工具

手持搅拌机、5个22厘米×4厘米×4厘米的模具、配齿形裱花嘴的裱花袋、厨师机、温度计

枫糖蛋糕

210克65%的杏仁膏
5个鸡蛋（255克）
95克枫糖粉
85克粗红糖
170克T45面粉
5克泡打粉
180克半盐黄油
95克枫糖浆

枫糖浆潘趣酒

150克水
150克枫糖浆

黑砂糖糖霜

70克脂肪含量为35%的UHT奶油
45克黄油
70克筛过的糖粉
145克黑砂糖

枫糖浆乳脂软糖

10克枫糖浆
120克赤砂糖
5克T45面粉
30克半盐黄油
60克不加糖的浓缩牛奶
1撮酵母

修整

糖粉
枫糖颗粒
方块软糖

枫糖蛋糕

将烤箱预热到170°C，熔化黄油。

鸡蛋打入沙拉碗中，用餐叉快速搅拌。在带搅拌桨的厨师机搅拌桶中，把鸡蛋慢慢倒入杏仁膏中，搅拌。把搅拌桨换成打蛋网，然后加入枫糖和粗红糖，加入面粉和泡打粉，然后再加入熔化的黄油和枫糖浆。

在5个22厘米×4厘米×4厘米的模具内壁涂上黄油和面粉。在每个模具中倒入200克混合物。放入烤箱，烘烤20分钟。当蛋糕变温后，脱模。

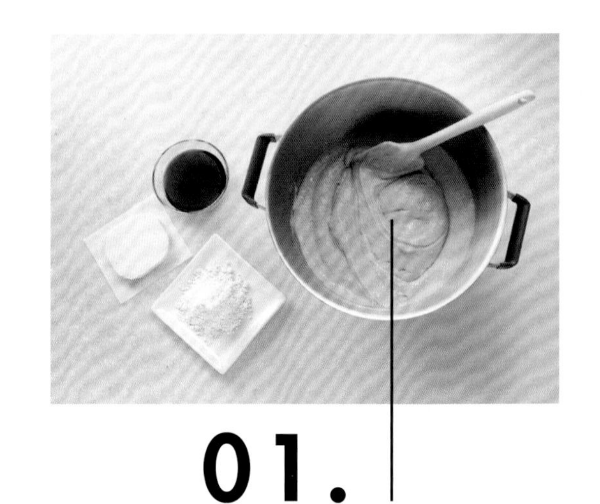

01.

趁热将蛋糕浸入温热的糖浆，更容易浸透。否则糖浆只能裹在表面，无法渗入中间。

02.

枫糖浆潘趣酒

将水和枫糖浆煮沸，静置使其变温，把蛋糕浸入糖浆中，浸泡一次后取出。放在架子上沥干。

03.

黑砂糖糖霜

把奶油和黄油煮沸，然后冷却。当混合物温度降到50°C时，加入筛过的糖粉和黑砂糖。用手持搅拌机搅拌，然后冷却。用带打蛋网的搅拌机把奶油微微打发，装入配齿形裱花嘴的裱花袋中。

04.

枫糖浆乳脂软糖

在平底锅中，把枫糖浆、赤砂糖、面粉、半盐黄油、浓缩牛奶和酵母煮沸。混合物煮至112°C，用抹刀搅拌。在Silpat®牌烘焙垫或烘焙纸上铺至5毫米厚。冷却，然后切成小方块。

05.

修整

把糖霜挤在蛋糕上，撒上糖粉和枫糖颗粒，再在顶部摆几块方块软糖。在室温下品尝。

专业食谱

菲利普·孔蒂奇尼

可乐腰果立式蛋糕

6人份

准备：1小时10分钟
烘烤：1小时20分钟
静置：4小时30分钟

核心技法

搅打至发白、捣碎、膨发、用裱花袋挤、取出果肉、过筛、烤、剥皮

工具

苏打水气弹、直径20厘米高2厘米的环形蛋糕模具、小漏斗、刮刀、搅拌机、手持搅拌机、漏勺、配普通裱花嘴的裱花袋、虹吸瓶、筛子、制冰机、6个杯子和6个同样直径的环形模具、剥皮器

调味水果饼底

85克室温软化黄油
85克加香红糖
30克烤熟的榛子粉
2个香草荚
1个鸡蛋（50克）
1个蛋黄（20克）
60克新鲜的浓奶油
40克液体奶油
55克筛过的T45面粉
4克做香料面包用的香料
1个橙子的果皮
3克盐之花
30克加糖、切成薄片的糖渍生姜
250克炖水果
4小份蛋清（110克）

可口可乐®果冻

2片明胶（4克）
半个柠檬的果汁
2汤匙细砂糖
160克可口可乐®

可口可乐®乳剂

3.5片明胶（7克）
4汤匙细砂糖
1个柠檬的果汁
240克可口可乐®
2罐苏打水

椰子果汁冰糕

1个椰子的果肉
1个香草荚
150克椰果泥
245克椰奶
70克不加糖的浓缩牛奶
1汤匙青柠汁
1段桂皮
500克水
100克白朗姆酒
60克细砂糖

这是一种极为均衡的甜点，其中每种材料都为口味的大厦增砖添瓦。调味水果饼底为基础味道加入了必需的酸味；腰果泥较为香浓，为这道甜点的整体味道提供了框架；收口则是椰子的柔润。此外，可口可乐®（果冻状和闪耀的乳剂）也完美地发挥了作用，完全融入，达到了味道的整体平衡。

加朗姆酒或威士忌的香草果汁

100克朗姆酒或威士忌
1个已刮籽的香草荚
1汤匙细砂糖
50克蜂蜜（用于调朗姆酒）或50克液体焦糖（用于调威士忌）
1个小柠檬的果汁
1个橙子的果汁
1茶匙香草精
1平茶匙玉米淀粉（芡糊）
3个粉葡萄柚

焦糖腰果

100克原味腰果
65克细砂糖
15克水
10克膏状半盐黄油

椰子薄脆饼

50克擦成碎末的椰果
50克黄油
1汤匙蜂蜜
2汤匙红糖
半份蛋清（15克）

腰果泥

120克去壳、不加盐的腰果
4汤匙水
3汤匙脂肪含量为35%的液体奶油
2汤匙红糖

浓椰汁

200克椰奶
10克细砂糖
2茶匙玉米淀粉
3滴烤椰果提取物（中式调料）

摆盘

01.

调味水果饼底

用打蛋器把室温软化黄油、70克红糖、烤熟的榛子粉和香草籽混合搅拌，直至混合物变白。加入鸡蛋和蛋黄，混合，然后加入浓奶油和液体奶油，继续搅拌。把筛过的面粉、香料、橙子果皮和盐之花混合，然后分2次加入前面的混合物中。用打蛋器打发，加入糖渍生姜薄片和炖水果，然后混合均匀，制成饼底面糊。

将烤箱预热到170°C。把蛋清和剩下的红糖放入沙拉碗中。打发至稠厚起泡，但不要太紧实。用刮刀小心地把打发至稠厚起泡的蛋清刮入饼干面糊中。用配普通裱花嘴的裱花袋把饼干面糊填入直径20厘米、高2厘米的环形模具，然后用刮刀涂抹平整。烘烤15分钟左右，时间和温度可根据您的烤箱功率进行调整。饼底应烤至呈金黄色，保持柔软，容易溶化。按照杯底的尺寸，切成6个圆饼。

在开始制作之前，确保所有的材料达到室温。

如果有的材料太凉（例如黄油或奶油），混合物可能分层，也就是说油脂类材料会与其他材料分离，无法保持均匀。

02.

可口可乐®果冻

把明胶放入冷水中。把柠檬汁和糖煮至温热，然后加入沥干的明胶和30克可口可乐®。倒入密封盒中，加入剩下的可口可乐®并混合。盖起来，放入冰箱。

03.

可口可乐®乳剂

按照前面的步骤制作一份相同的混合物。倒入虹吸瓶中，加入剩下的可口可乐®。拧紧虹吸瓶，放入第一个苏打水气弹。在冷冻柜内放置20分钟，然后放入第二个苏打水气弹，放入冰箱冷藏2小时以上。

04.

椰子果汁冰糕

椰子果肉切块，取出香草荚中的香草籽。在平底锅中，把所有材料煮沸，同时搅拌，煮沸后立即离火。浸泡30分钟，然后用手持搅拌机搅碎。用小漏斗过滤，然后裹上食品保鲜膜。放入冰箱储存4小时。上桌前20分钟，放入制冰机做成果汁冰糕。

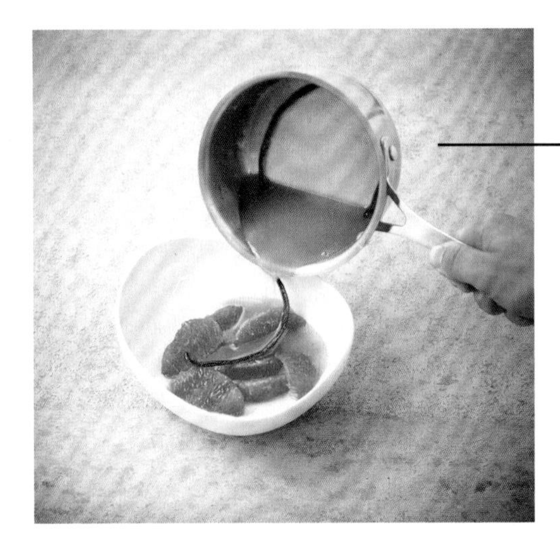

05.

加朗姆酒或威士忌的香草果汁

在平底锅中，把除玉米淀粉（芡糊）和葡萄柚外的所有材料放入平底锅中煮沸，然后继续煮1分钟，使味道更浓。把葡萄柚的厚皮从上到下切开，剥去外皮，取出果肉。注意去除丝络。将果肉放在沙拉碗底部，然后倒入加入了朗姆酒或威士忌的果汁。裹上食品保鲜膜，然后放入冰箱腌制。

加入朗姆酒或威士忌的果汁应该是微酸且浓烈的。朗姆酒的味道若隐若现，酒精已经完全消失。如果葡萄柚有苦味，最好用威士忌，不苦则用朗姆酒。

06.

焦糖腰果

把腰果放入烤箱，以150°C烤25分钟。在平底锅中，把细砂糖和水煮沸，然后加热至116°C。加入冷却的腰果，裹上糖浆，然后煮20分钟左右，用木勺不停地搅拌。加入膏状的半盐黄油并搅拌。倒在烘焙纸上，用抹刀涂抹开，加速冷却。用手或大刀把干果捣碎。

腰果泥

在平底锅中加热水、奶油和红糖，然后浇在捣碎的腰果上。用厨师机将混合物搅打成浓稠柔软的糊状。过筛，使其更加细腻。

椰子薄脆饼

混合黄油、蜂蜜、红糖和椰果，加热使之熔化。加入半份蛋清，搅拌。夹在2张烘焙纸中间擀薄。放入烤箱，以160°C烘烤6分钟。

07.

浓椰汁

在平底锅中，把椰奶和细砂糖煮沸。立刻加入玉米淀粉（芡糊），混合，然后用漏勺过滤。加入烤椰果提取物。制成的椰汁应十分浓稠。

制作玉米淀粉（芡糊）时，在碗中放1茶匙冷水，把2茶匙玉米淀粉调开即可。

08.

摆盘

在杯子底部，放入一片调味水果饼底，然后加入一茶匙腰果泥。放上3~4块腌制好的粉葡萄柚果肉。倒入2~3汤匙加威士忌或朗姆酒的果汁，然后放入50克可口可乐®果冻。放入一块椭圆形的椰子果汁冰糕，浇上一汤匙浓椰汁。喷上可口可乐®乳剂，最后摆上一块椰子薄脆饼。撒上3~4个焦糖腰果，滴上几滴浓椰汁。

基 础 食 谱

小蛋糕和麦芬

食谱

做好小蛋糕的几个小诀窍

●

确保所使用的材料回温至室温：
这样材料之间才可以更好地融合。

●

制作面团时最好使用厨师机。厨师机混合制成的面团更柔软，没有结块。

●

模具：可以使用硅胶模具，以提升便利度。如果使用金属模具，注意在内壁涂上黄油。为了使蛋糕外表口感更加松脆，可以在涂过黄油的模具内壁上撒一些细砂糖。

●

您可能会注意到，面团（或面糊）混合完成后，在烘烤前，应在冰箱内静置一段时间。这样可以使面团更加均匀。这是使甜点形成一个漂亮的“隆起”的秘诀所在。

入门食谱

克莱尔·海茨勒

这种经典的小蛋糕适合在家中制作，也适合中午在拉塞尔咖啡馆与咖啡一起享用，柔软，松脆，焦黄……可谓人见人爱。经典甜点如果做得好，没有人能抵挡它的魅力。

柠檬果皮玛德琳

可以制作30个大玛德琳或60个迷你玛德琳

准备：30分钟
烘烤：15分钟
静置：24小时

核心技法

打发至提起时如丝带般落下、过筛、剥皮

工具

做玛德琳或迷你玛德琳的模具、裱花袋、刨刀、厨师机、温度计

2个鸡蛋（100克）
85克细砂糖
40克牛奶
20克蜂蜜
130克面粉
6克泡打粉
130克黄油
半个柠檬的果皮

节省时间，并使玛德琳在上桌时保持最佳状态的秘诀在于在品尝前几小时将其做好，放在烤盘中盖好铝箔保存。食用前盖着铝箔放入烤箱，以180°C加热2分钟。

制作前一天，用厨师机打发鸡蛋和细砂糖，提起打蛋网，蛋糊应如丝带般落下。大约需要15分钟。

02.

在平底锅中，把牛奶和蜂蜜加热至60°C。

把面粉和泡打粉过筛。用刨刀将半个柠檬的果皮擦成碎屑。把黄油加热至60°C，使之熔化（这时会开始起泡）。

03.

鸡蛋和糖打发至提起时如丝带般落下时，加入热的牛奶和蜂蜜混合物、筛过的粉类和果皮碎屑。混合，然后加入熔化的热黄油。再次混合均匀，静置24小时。制作当天，将烤箱预热到180°C，同时翻拌面糊。

04.

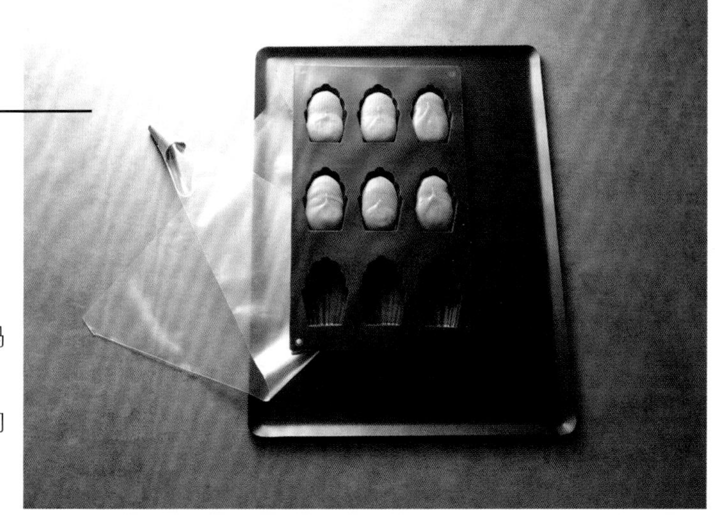

把面糊填进做玛德琳或迷你玛德琳的模具，然后放入烤箱烘烤，迷你玛德琳烘烤8分钟，大一点的烘烤12分钟。

入门食谱

8人份

准备：15分钟
烘烤：20分钟
静置：30分钟

核心技法

隔水炖

工具

刮刀、麦芬模具

巧克力块麦芬

320克面粉
11克酵母
3克盐
100克细砂糖
50克黑巧克力
75克黄油
2个鸡蛋（100克）
25毫升牛奶

填料

240克黑巧克力珍珠

可以用方块状、水滴状或任何市售的其他形状的黑巧克力代替巧克力珍珠。您还可以自己把巧克力熔化，用裱花袋或圆锥形纸袋挤出小水滴状。

这是一道美妙的英式蛋糕，可以与茶一起端上餐桌，或者在各种场合的茶歇时品尝！口感如想象般柔软，顶级美味可谓无法抵挡！

将烤箱预热到180°C。在大号沙拉碗中放入面粉、酵母、盐和糖。搅拌均匀，中间挖出一个洞。

01.

02.

把黄油和巧克力隔水熔化或者放入微波炉中熔化，但不要加热太热。在另一个沙拉碗中打入鸡蛋，倒入牛奶，再倒入熔化的黄油和巧克力。把液体材料倒入中间的洞里。

03.

填料

用刮刀搅拌面团，但不要太用力，混合物里应该还有些小结块。加入巧克力珍珠。

04.

填入麦芬模具，至⅔处。放入烤箱，根据模具大小烘烤20～25分钟。用刀尖向麦芬中间扎进去，如果拔出来之后刀尖上没有沾上面团，说明已经烤好。静置冷却，然后品尝。

专业食谱

菲利普·孔蒂奇尼

这款蛋糕所用的饼干面团口感软糯、味道浓郁、入口即溶，令人难以置信。重点在于，只要咬一口就能感受到饼干和炖水果之间质地的平衡，其柔软与芳香大大满足了味觉。炖水果浓郁的香气，加之调料和香料，构成了这款蛋糕的整体味道。

炖水果小蛋糕

可以制作18个小蛋糕

准备：30分钟
烘烤：45分钟
静置：1小时

核心技法

搅打至发白、糖渍、切成薄片、去核、膨发、取出果肉、软化黄油、过筛

工具

直径4～5厘米、高4厘米的圆筒形硅胶模具、厨师机

炖水果

2个黄香蕉苹果（350克果肉）
10克糖渍生姜薄片
30克黄油
90克粗红糖
1个塔希提香草荚
35克柠檬汁
65克黄色葡萄干
25克完整的白杏仁
3个橙子（175克果肉）
3个粉葡萄柚（175克果肉）
1个柚子的果汁（115克）
2个橙子的果汁（115克）
1茶匙香草液（5克）
一大撮桂皮粉末（1.5克）
1撮做香料面包用的香料（1克）
10片薄荷叶
糖粉

蛋糕糊

110克朗姆酒
140克香料红糖
170克室温软化黄油
60克杏仁粉
2个香草荚
2个鸡蛋（100克）
2个蛋黄（35克）
25克低脂牛奶
75克液体奶油
110克T45面粉
90克炖水果
60克黄色葡萄干

炖水果

01.

把糖渍生姜切成薄片。苹果削皮、去核，然后切成小方块。柑橘类水果去皮，注意不要留下白色丝络，取出果肉（每种柑橘类水果取175克）。在平底锅中，用中火把黄油熔化，直至开始冒泡，然后加入50克粗红糖和香草籽。加入柠檬汁，把锅底的糖浆溶化，然后用抹刀小心地搅拌均匀。

您可以用剩下的炖水果制作可乐腰果立式蛋糕。

02.

加入苹果块、葡萄干和完整的杏仁。用中火煮3分钟，然后加入柑橘类水果的果肉。继续煮2分钟，再加入一半的柚子汁和橙汁、香草液、糖渍生姜、剩下的粗红糖、桂皮粉和做香料面包用的香料。把火调小，用小火煮20分钟左右，不断搅拌，避免混合物粘在锅上。缓缓地把剩下的橙汁和柚子汁倒进去。离火，加入薄荷叶。密封保存。

03.

蛋糕糊

在小号沙拉碗中，把葡萄干、朗姆酒和40克香料红糖混合。裹上食品保鲜膜，在室温下腌制1小时以上。将烤箱预热到170°C。在厨师机中，用打蛋网搅拌室温软化黄油、100克香料红糖、杏仁粉和香草籽，直至混合物颜色发白。加入全蛋和蛋黄，混合，然后倒入牛奶和液体奶油。分两次加入筛过的面粉，最后加入香料红糖葡萄干朗姆酒腌泡汁。打发15秒左右，使其膨胀。

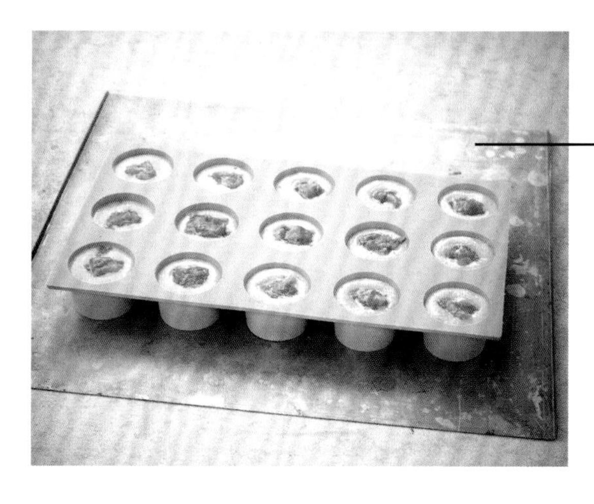

04.

用裱花袋或汤匙把混合物装入直径4～5厘米、高4厘米的圆筒形柔软硅胶模具，填装至高度的¾处。在每个小凹槽的面糊表面放1茶匙炖水果，使其陷入面糊中。

把葡萄干泡一整夜，这样会更好。这道甜点中的面糊可以作为油脂类食材、水和膨胀产生的气体之间的乳剂。要想做好这种面糊，所有的材料都要保持温度一致，这一点很重要。黄油一定要打成膏状，避免油脂类食材与湿气融合。

放入烤箱烘烤12分钟左右。蛋糕表面应呈金黄色的，刚刚脱模，蛋糕还保持温热时，颜色应该很浅，几乎是白色的，这样就会入口即溶。食用前撒上少许糖粉。

05.

入门食谱

10人份

准备：30分钟
烘烤：15分钟
静置：1小时+1夜

核心技法

防粘处理、隔水炖、包裹、用裱花袋挤、过筛

工具

直径7厘米的小干酪蛋糕模具、直径3厘米的硅胶模具、油刷、裱花袋

杏仁巧克力岩浆蛋糕

杏仁巧克力夹心

180克杏仁巧克力
100克调温牛奶巧克力

蛋糕糊

180克可可含量为66%的黑巧克力
180克黄油
+40克用于涂抹模具
8个鸡蛋（400克）
125克细砂糖
90克面粉
+40克用于涂抹模具

不容错过的巧克力美食……糖衣杏仁巧克力岩浆夹心，包裹在美味的巧克力蛋糕中，也适合与香草冰激凌球一起享用，感受温度的反差！

01.

杏仁巧克力夹心

提前一天，把杏仁巧克力用小火隔水熔化，或者放入微波炉用低挡加热，使其熔化。装入直径3厘米的硅胶模具，在阴凉处放置1小时以上，使其变硬。

02.

将牛奶巧克力熔化，把杏仁巧克力夹心浸入其中，或将熔化的牛奶巧克力用刷子刷在夹心上，使其裹上一层巧克力糖衣。在阴凉处放置至少一夜。

为节约时间，可以用一块Leonidas®牌糖衣杏仁巧克力代替杏仁巧克力夹心。

03.

蛋糕糊

熔化40克黄油，用油刷蘸取，刷在直径7厘米的小干酪蛋糕模具内壁。静置使其凝固。在每个小干酪蛋糕模具内壁涂面粉做防粘处理，然后去掉多余的面粉。放在阴凉处保存。

04.

把黑巧克力捣碎。加入黄油，用小火隔水熔化，或者放入微波炉用低挡加热，使其熔化。

在搅拌碗中隔水加热鸡蛋和糖，轻轻搅拌使糖溶化。当混合物变温热后，离火，用力搅拌，直至完全冷却。面粉过筛，放入混合物中搅拌。加入熔化的巧克力。

05.

06.

摆盘

将烤箱预热到200°C。蛋糕糊装入裱花袋，挤入模具中，至高度的½处。在蛋糕糊中间放入杏仁巧克力夹心。放入烤箱，烘烤10分钟左右。静置30秒，然后脱模。

在烘烤前，杏仁巧克力夹心可以在阴凉处放置最长达48小时，甚至可以冷冻，但烘烤时间也要相应延长。

根据所用模具的容积和质量，调整烘烤时间。建议事先进行测试，以保证成品品质。

专业食谱

让-保尔·埃万

密封保存，在结束了一天的辛苦后享用，是最适合用来犒劳自己的甜点。

开心果金砖小蛋糕

8人份

准备：15分钟
烘烤：10分钟
静置：12小时

核心技法

制作焦化黄油、过筛

工具

做金砖小蛋糕的模具

60克黄油
110克糖粉
40克杏仁粉
40克面粉
2克泡打粉
30克黑巧克力（可可含量为70%）
10克熔化的蜂蜜
4份蛋清（130克）
10克纯开心果酱

01.

提前一天，将黄油放在平底锅中，微微加热使其熔化，熬成像榛子一样的棕色（焦化黄油）。

把平底锅的底部浸在装有冷水的沙拉碗中，停止加热。密封保存。

熬黄油时应密切观察，避免煳锅。

02.

在沙拉碗中，小心地搅拌糖粉和杏仁粉。加入筛过的面粉和酵母。再次搅拌。

把巧克力切碎。在沙拉碗中放入蜂蜜、蛋清和开心果酱。用抹刀小心地混合。加入焦化的黄油和切碎的巧克力。搅拌均匀，然后放入冰箱冷藏12小时。

03.

像制作玛德琳一样，静置一段时间是成功制作金砖小蛋糕的秘诀所在！

04.

制作当天，将烤箱预热到200°C。在金砖小蛋糕模具内壁涂抹黄油并撒面粉，然后用面团将模具填满。放入烤箱烘烤5～6分钟即可。

入门食谱

可以制作8～10个小蛋糕

准备：15分钟
烘烤：12分钟

核心技法

过筛、剥皮

工具

12连蛋糕模具、窄边的弯曲铲刀、剥皮器

胡萝卜蛋糕

蛋糕糊

300克擦成碎末的胡萝卜
150克红糖
10毫升葵花子油或菜籽油
2个鸡蛋（100克）
220克T55面粉
1袋泡打粉
2茶匙桂皮粉
半茶匙肉豆蔻粉
1个未处理的橙子
50克粗粗捣碎的坚果

糖霜

半个橙子的果汁
200克糖粉
50克粗粗捣碎的坚果

01.

蛋糕糊

将烤箱调到热风循环模式，预热到160°C。在沙拉碗中，把糖、油和鸡蛋一起搅拌。面粉、酵母和调料分别过筛。全部倒入碗中，混合成面糊，但不要太用力。最后依次加入橙子果皮、橙汁、胡萝卜和坚果。

02.

把面糊装入12连蛋糕模具中，烘烤12分钟。烤好后，静置几分钟，脱模，然后放在架子上冷却。

03.

糖霜

在此期间，把橙汁与细砂糖混合。糖霜应该足够浓稠，质地类似鲜奶油。用窄边的弯曲铲刀涂抹在蛋糕上，撒上捣碎的坚果。

如果要制作一个大蛋糕，可以将蛋糕糊装入直径22厘米的高边模具中，烘烤30分钟。

基础食谱

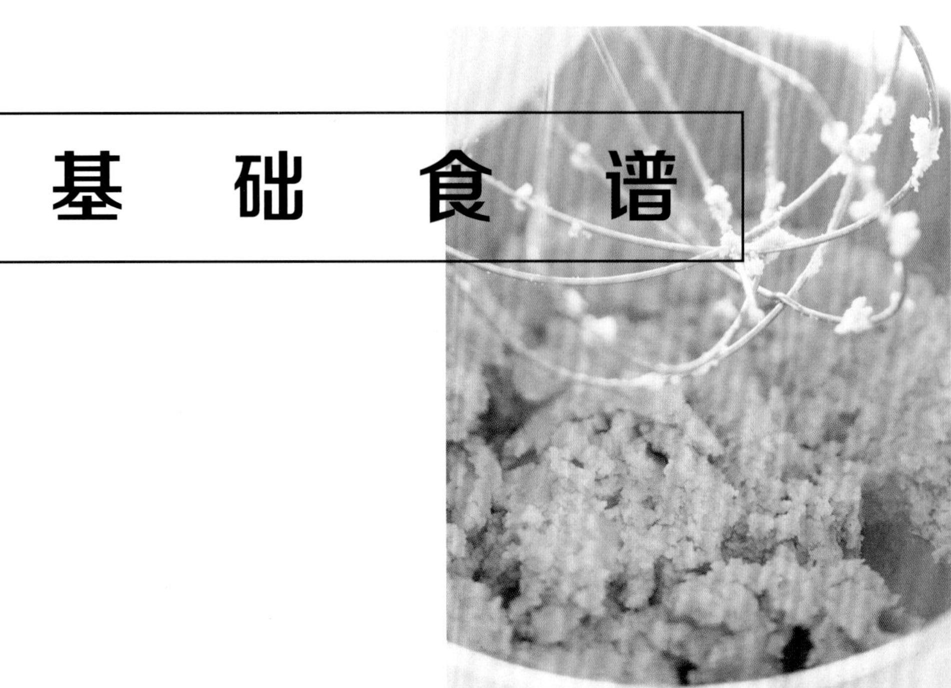

准备：10分钟
烘烤：30分钟

250克面粉
125克细砂糖
125克黄油
1个鸡蛋（50克）
1撮盐
香草粉（可选）

饼干

这是什么
直接嚼食的美味小食品

核心技法
擀、撒面粉

工具
厨师机、擀面杖

食谱
巧克力山核桃饼干
甜沙酥饼干
果酱甜沙酥饼干
黄油小花曲奇、杏仁桂皮曲奇

把面粉、细砂糖、盐和黄油放入厨师机的搅拌桶中，混合。加入鸡蛋，搅拌成球形面团。

01.

用食品保鲜膜包好，放入冰箱冷藏30分钟。

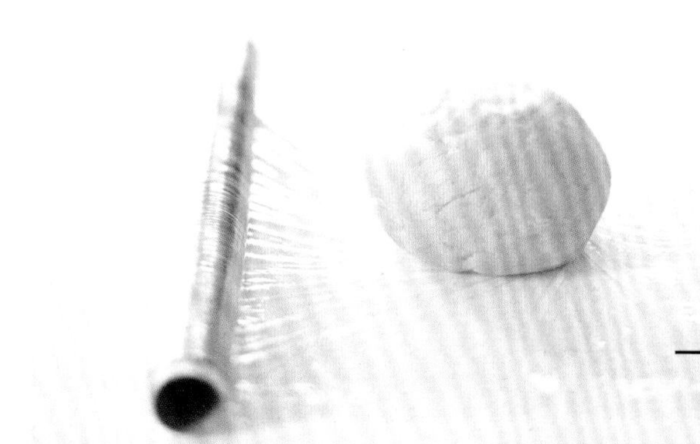

02.

03.

把面团放在撒好面粉的操作台上，擀至需要的厚度。

入门食谱

可以制作30片饼干

准备：10分钟
烘烤：10分钟
静置：10分钟

核心技法

过筛

巧克力山核桃饼干

200克室温软化黄油
100克细砂糖
150克红糖
2个鸡蛋（100克）
370克面粉
1茶匙食用小苏打
1.5茶匙酵母
100克切成碎块的优质黑巧克力
100克切成大块的山核桃

01.

将烤箱设定为热风循环模式，预热至160°C。在沙拉碗中，用打蛋器搅拌黄油和红糖，持续搅拌4分钟。打入鸡蛋，继续搅拌1分钟。

02.

把面粉、小苏打和酵母过筛，全部倒入沙拉碗中。持续搅拌，直至充分混合。加入坚果和巧克力，再次搅拌，直至分布均匀。

03.

把面团分成30份。使其膨胀成球形，摆在铺好烘焙纸的烤盘上，间隔4厘米。用手掌将面团微微压扁。

04.

放入烤箱烘烤9～10分钟。密切观察，饼干达到微微上色的阶段即可。注意，如果烘烤时间过长，饼干就会太干，这不是想要的效果。冷却10分钟使其变硬，然后把饼干从烘焙纸上揭下来。

入门食谱

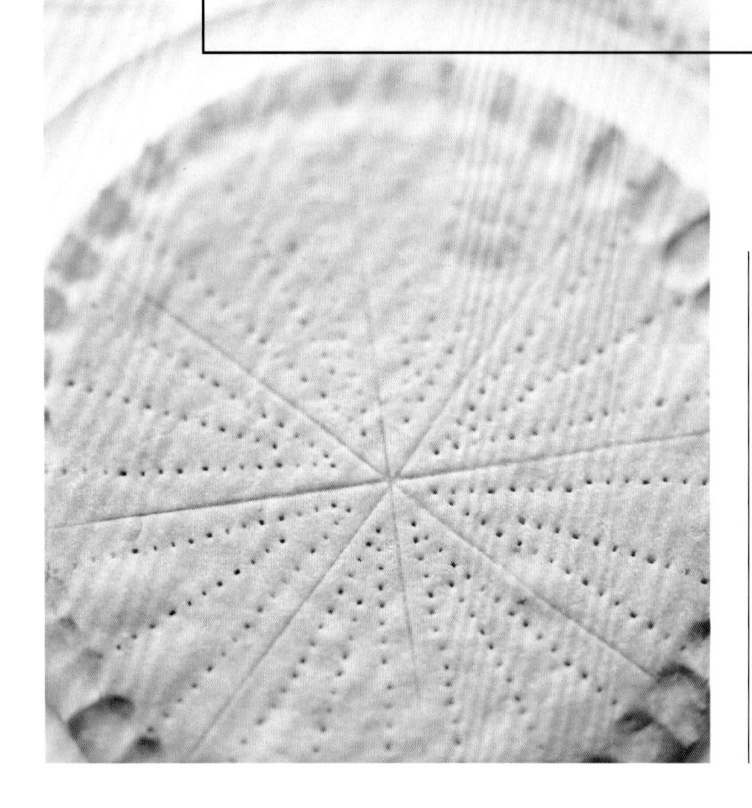

可以制作2个大号甜沙酥饼干

准备：20分钟
烘烤：25分钟
静置：30分钟

核心技法

擀、搅打至发白、捏花边、过筛、剥皮

工具

擀面杖、刨刀

甜沙酥饼干

230克放置到室温的黄油
110克细砂糖
+3汤匙用于修整
1个有机橙子的果皮，擦成碎屑
230克面粉
110克米粉

01.

搅拌黄油和细砂糖，直至混合物变稀薄并开始发白。加入橙子果皮碎屑和筛过的面粉，然后继续搅拌，直至面团变成柔软的球形。

02.

把面团分成两等份，快速压成2个厚圆饼。放入冰箱冷藏30分钟。

03.

将带有热风循环功能的烤箱预热到160°C。把两块面团分别摆在一张烘焙纸上。用擀面杖把面团擀成8毫米厚，做成2个直径20厘米的均匀圆饼。用拇指和食指按捏边缘，捏出一圈花边。用长刀的刀刃在每个甜沙酥饼上画线，将其分为8份。用餐叉的齿尖在面团上扎孔，然后撒上细砂糖。放入烤箱烘烤25～30分钟。甜沙酥饼干烤至微微上色即可。放在架子上冷却几分钟，然后切开。

入门食谱

可以制作500克甜沙酥饼干

准备：15分钟
烘烤：10分钟
静置：2小时

核心技法

擀

工具

圆口裱花嘴、长约8厘米的椭圆形齿边饼干模、厨师机、擀面杖

果酱甜沙酥饼干

185克面粉
100克室温软化黄油
100克糖粉
+50克用于修整
90克杏仁粉
半袋酵母
1个鸡蛋（50克）
覆盆子或橙子果酱

把面粉倒入厨师机搅拌桶。加入黄油、糖粉、杏仁粉和酵母。厨师机装好揉面钩，低速运行。混合均匀后，加入鸡蛋，继续揉面。当混合物变成球形面团后，关闭设备。放入冰箱冷藏2小时以上。

01.

02.

将烤箱预热到210°C。用擀面杖把面团擀成3毫米厚。用长约8厘米、带齿边的椭圆形饼干模将其切开。

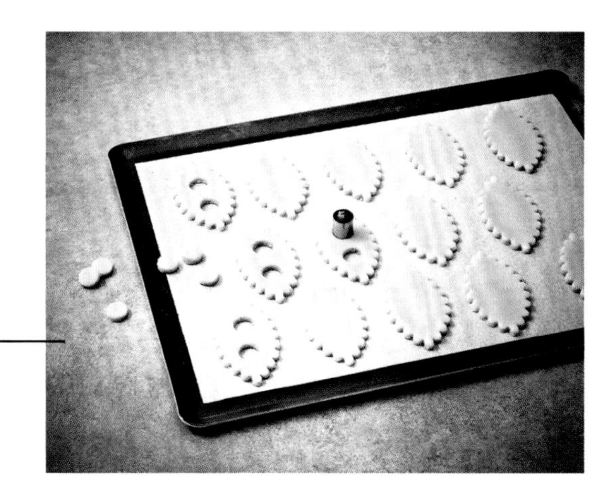

03.

然后在一半的椭圆形面团内部，用裱花嘴挖2个圆洞，去除圆洞中的面团。把椭圆形面团摆在有不粘涂层的或铺好烘焙纸的烤盘上。放入烤箱烘烤10分钟。取出甜沙酥饼干，冷却。

04.

在无洞的甜沙酥饼干上刷满果酱，在上面叠放一块有洞的饼干，但不要用力按压。撒上少许糖粉。

入门食谱

可以制作75块曲奇

准备：15+30分钟
烘烤：12+10分钟
静置：15+40分钟

核心技法

用保鲜膜覆盖严密、用裱花袋挤

工具

配10号6齿裱花嘴的裱花袋

黄油小花曲奇
杏仁桂皮曲奇

黄油小花曲奇

110克室温软化黄油
50克糖粉
150克面粉
1撮盐
1份蛋清（30克）

杏仁桂皮曲奇

180克室温软化黄油
1个稍微搅拌过的鸡蛋（50克）
1茶匙原味香草精
100克糖粉
300～320克面粉

装饰

80克捣碎的杏仁
1茶匙桂皮粉
4汤匙红糖
+2汤匙用于修整
1个稍微搅拌过的鸡蛋（50克）

01.

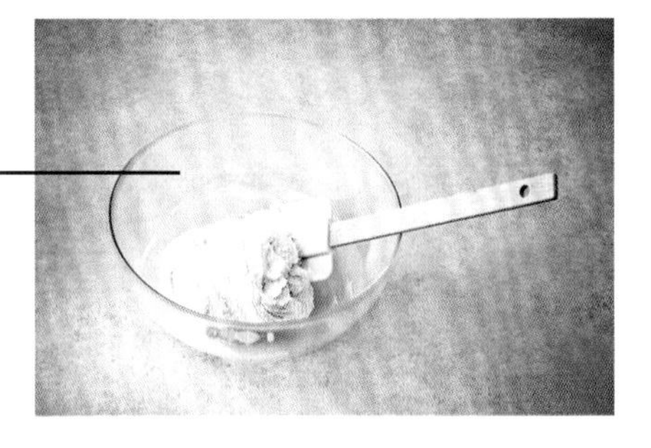

黄油小花曲奇

放入热风循环烤箱，预热到180°C。混合黄油和糖粉，充分搅拌直至混合物变成奶油状。加入面粉、盐和蛋清，继续轻轻搅拌，制成柔软的甜沙酥面团。

02.

用配6齿裱花嘴的裱花袋，把面团挤在铺好烘焙纸的烤盘上，挤成环形模具形。在冷冻柜内放置15分钟，然后烘烤12分钟。烤好的曲奇应呈漂亮的浅黄色。

03.

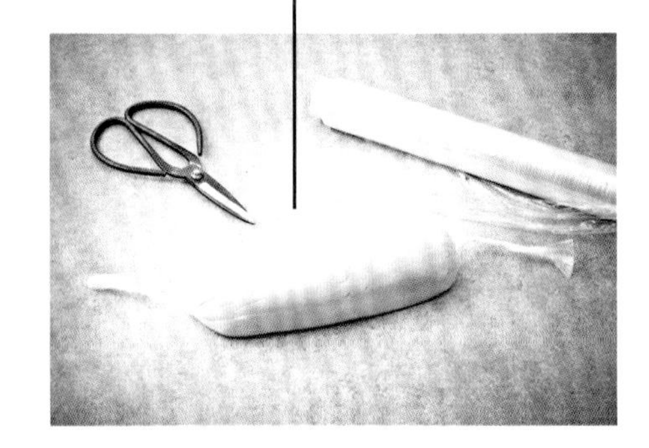

杏仁桂皮曲奇

把黄油、搅拌过的鸡蛋、香草和糖粉混合搅拌，直至混合物变成奶油状。加入面粉，继续轻轻搅拌。做成很柔软而紧实的甜沙酥面团，以方便塑形。把面团揉成直径为5厘米的长圆柱形，用食品保鲜膜紧紧包裹起来，在冷冻柜内放置20分钟。

04.

装饰

杏仁、桂皮粉和4汤匙红糖在搅拌碗中混合。把面团从冷冻柜中取出，刷上搅拌过的鸡蛋，涂上杏仁混合物。再次用保鲜膜裹起来，在冷冻柜内放置20分钟。

05.

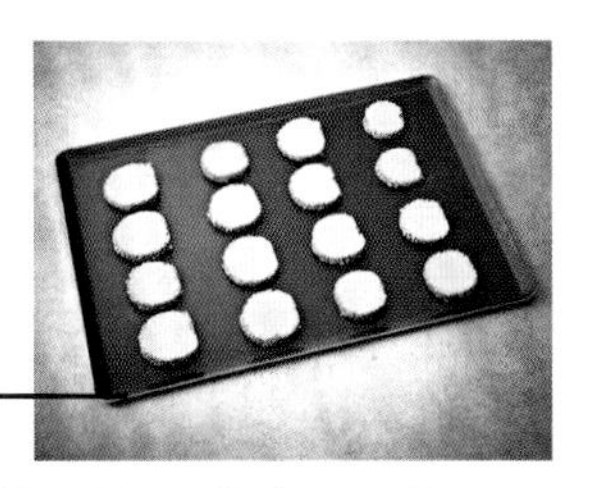

将烤箱设定为热风循环模式，预热至160°C。把面团切成7毫米厚的薄片。摆在铺好烘焙纸的烤盘上，撒上剩下的红糖。放入烤箱烘烤10～12分钟。烤好的曲奇边缘会变成漂亮的浅黄色。

专业食谱

克里斯托夫·米夏拉克

可以制作25个泡芙

准备：15分钟
烘烤：25分钟
静置：1小时10分钟

脆皮面团

50克黄油
62克粗红糖
62克面粉
色素（可选）

泡芙

50克牛奶
50克水
2克细砂糖
2克盐
44克黄油
55克面粉
2个鸡蛋（100克）

泡芙面团

这是什么

一种简单快捷的面团，可以按照您的想法制作各种轻盈、酥脆、圆滚滚的泡芙

特点及用途

用于制作奶油泡芙、闪电泡芙、双球形包奶油蛋糕、珍珠糖粒小泡芙、巴黎布雷斯特泡芙

其他形式

克里斯托夫·亚当的泡芙面团、菲利普·孔蒂奇尼的泡芙面团

核心技法

擀、把黄油打成膏状、用裱花袋挤、过筛、烤

工具

直径3厘米的饼干模、配10号圆口裱花嘴的裱花袋、擀面杖

食谱

克里斯托夫·米夏拉克：热巧克力爆浆泡芙、咸黄油焦糖奶油泡芙、提拉米苏脆皮泡芙、茉莉花茶杧果花朵泡芙、百香果香蕉栗子泡芙、占督雅橙子榛子蘑菇形泡芙、回忆萨朗波反烤泡芙、东方情谊红色泡芙、橙香泡芙（橙香柠檬派的变形）、莫吉托式绿色泡芙、焦糖香草顿加豆泡芙棒棒糖
克里斯托夫·亚当：马达加斯加香草和焦糖山核桃闪电泡芙、香草酸橙花闪电泡芙、夹心巧克力酥球
巴黎布雷斯特泡芙，*菲利普·孔蒂奇尼*
圣奥诺雷蛋糕

01.

脆皮面团

把黄油打成膏状。放入沙拉碗中，加入粗红糖。混合。把面粉过筛，加入前面的混合物中。如果需要可以再加入色素。把面团夹在两张烘焙纸中间，用擀面杖擀至2毫米厚。放入冰箱，静置1小时。面团质地变硬后，用饼干模切成25个直径为3厘米的小圆饼。放在阴凉处保存。

02.

注意，如果面团已经足够柔滑，没有必要加入全部的鸡蛋：如果面团变得太软，就没办法补救了。相反，如果加入全部的鸡蛋之后面团依然过硬，可以加少许牛奶。

泡芙

在平底锅中倒入牛奶和水。加入糖、盐和切成块的黄油。一起煮沸。把面粉过筛，一次性倒进去。离火，用力搅拌，使其混合均匀。

03.

将锅重新放在火上，用抹刀用力搅拌1～2分钟，使其变干，持续搅拌直到面团质地均匀并脱离平底锅的内壁。将面团放入搅拌碗中。在另一个搅拌碗中，用打蛋器把鸡蛋打发。分几次把面团加进去，每次加入后都要用抹刀搅拌均匀。面团应该会变得很柔滑。

04.

用抹刀划开面团，如果缝隙慢慢消失，说明泡芙面团已经准备好。装入配10号圆口裱花嘴的裱花袋。

把烤箱调到静态加热模式烘烤泡芙。

05.

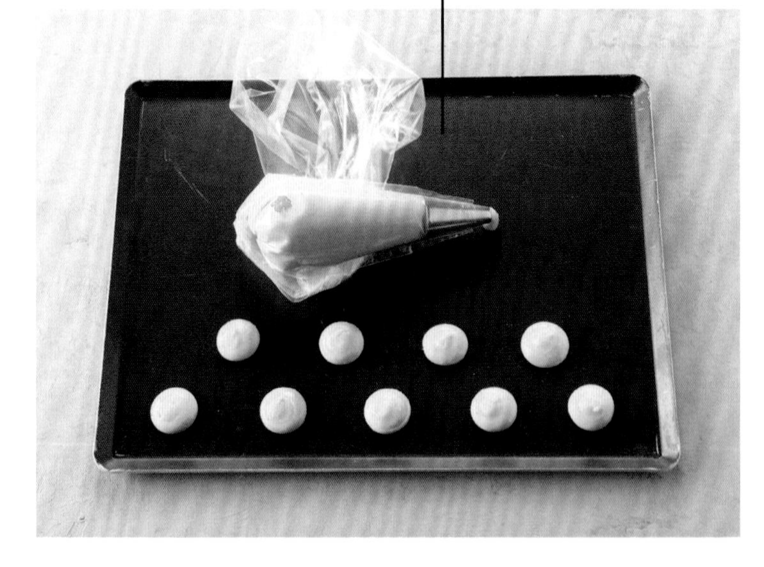

将烤箱预热到210°C。在有不粘涂层或铺好烘焙纸的烤盘上，挤出25个直径为2.5厘米的泡芙面团，使其交错排列，注意留出足够的间距。

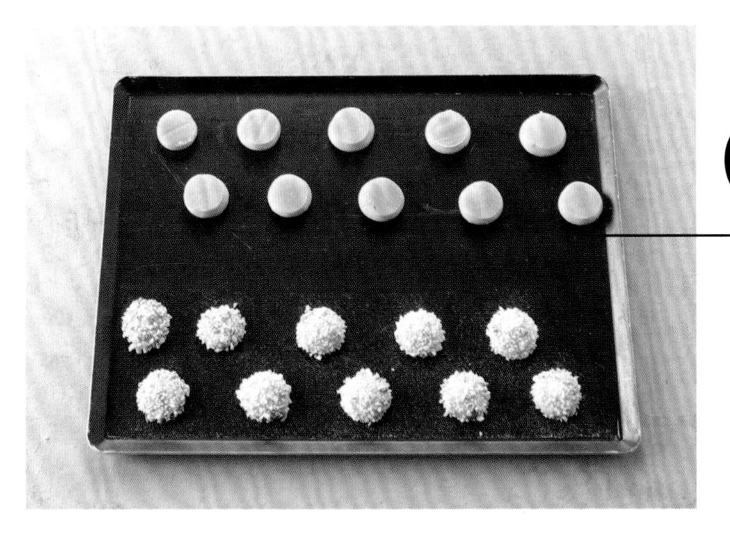

06.

在每个泡芙顶部摆上一块脆皮面团，也可以把糖粉与切碎烤熟的杏仁或烤好的可可粒混合，然后撒在表面。

07.

烤箱关火，然后把泡芙放进去，放置10分钟使其膨胀。重新打开烤箱，调到165°C。将泡芙烘烤10分钟。烤好后，直径会变成4厘米左右。

入门食谱

克里斯托夫·米夏拉克

向甜点天才菲利普·孔蒂奇尼致敬，十几年前他曾把炸丸子改造成岩浆巧克力球。这一次，我如法炮制，在泡芙中填入美味的巧克力奶油，趁热端上餐桌，准备好大快朵颐！

热巧克力爆浆泡芙

可以制作25个泡芙

准备：20分钟
烘烤：25分钟
静置：1小时

核心技法

搅打至发白、隔水炖、用裱花袋挤

工具

配10号普通裱花嘴的裱花袋

泡芙

可以制作25个泡芙的泡芙面团
50克颗粒状的糖
50克烤好的巧克力碎

巧克力奶油

160克可可含量为70%的调温巧克力
100克半盐黄油
1个鸡蛋（50克）
2个蛋黄（40克）
20克粗红糖

组合

泡芙

将烤箱预热到210°C。按照第278页的步骤制作一份泡芙面团，在铺好烘焙纸的烤盘上挤出25个小面团。撒上颗粒状的糖和巧克力碎，然后在关闭的热烤箱中放置10分钟。重新开启烤箱，调到165°C，烘烤10分钟。

01.

巧克力奶油

把调温巧克力和半盐黄油隔水熔化。

02.

03.

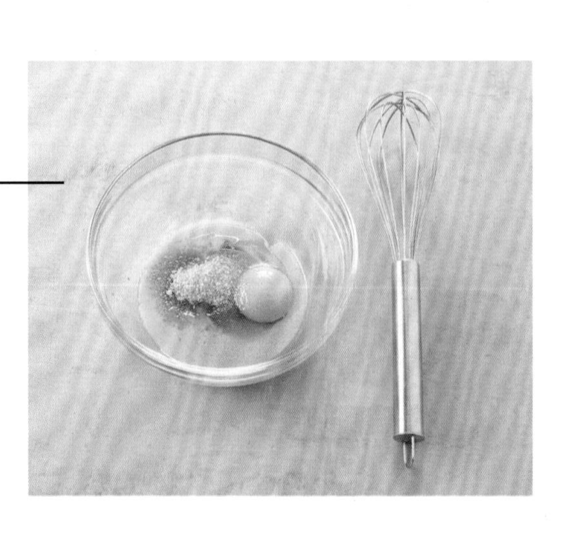

把鸡蛋、蛋黄和粗红糖放入沙拉碗中，用打蛋器用力搅拌。

蛋糊搅打至发白后，立刻放入熔化的巧克力，搅拌，直至形成质地柔滑的巧克力奶油。把混合物装入配10号普通裱花嘴的裱花袋中。

04.

组合

用小裱花嘴的尖头在泡芙的下方挖一个洞，然后填入巧克力奶油。放入冰箱，静置1小时以上。

将烤箱预热到180°C。把泡芙从冰箱中取出，摆在铺好烘焙纸的烤盘上。放入烤箱，烘烤2分钟。

趁温热品尝。

专业食谱

克里斯托夫·亚当

这款闪电泡芙绝对是明星产品。朴实、精细、美妙，这种闪电泡芙提供的组合可以发挥到完美：香草奶油的柔软，与精心裹上焦糖的山核桃仁的松脆形成鲜明对比。简单，有效。

马达加斯加香草和焦糖山核桃闪电泡芙

可以制作10个闪电泡芙

准备：40分钟
烘烤：1小时
静置：6小时40分钟

核心技法

捣碎、使表面平滑、用裱花袋挤

工具

搅拌碗、手持搅拌机、配18齿裱花嘴的裱花袋、硅胶垫、温度计

白色糖霜

3克明胶粉末
73克脂肪含量为35%的液体奶油
28克葡萄糖
2个马达加斯加香草荚
85克白巧克力
85克裹糖霜用的棕色面团
0.4克二氧化钛

马达加斯加香草奶油

1克明胶粉末
255克低脂牛奶
1个马达加斯加香草荚
1个大蛋黄（30克）
50克细砂糖
15克淡奶油粉
80克黄油

闪电泡芙

80克水
80克低脂牛奶
80克黄油
2克盐
3克细砂糖
4克香草液
80克T55面粉
3个鸡蛋（140克）

焦糖山核桃仁

80克山核桃仁
40克糖粉

组合和修整

您可以用350克白巧克力和150克45~50℃的巧克力黄油，自己动手制作裹糖霜用的面团。在里面加入45克葡萄籽油，然后混合。放置使其凝结。也可以在专门的商店购买成品。

二氧化钛的作用是为混合物增白，使其颜色更漂亮。

01.

白色糖霜

明胶放入奶油中浸泡5分钟以上，将其泡软。倒入平底锅中，加入葡萄糖，一起煮沸。加入剖开并刮出籽的香草荚，浸泡20分钟。取出香草荚，稍稍搅动，重新放在火上。把白巧克力捣碎，再用刀把裹糖霜用的棕色面团切碎。一起放入搅拌碗中，把热奶油慢慢浇在上面。

加入二氧化钛，同时用手持搅拌机搅拌。当混合物变得很均匀时，用保鲜膜裹起来，放入冰箱。冷冻4小时，使糖霜变硬。

马达加斯加香草奶油

把明胶粉末放在碗中，使其浸满水，密封保存。把牛奶放在平底锅中加热，直至沸腾，然后加入剖开并刮出籽的香草荚。用保鲜膜裹起来，将香草浸泡20分钟。

在沙拉碗中，把蛋黄、细砂糖和淡奶油粉搅拌混合。取出香草荚，把平底锅中的液体倒在打发至变白的鸡蛋液上。混合，然后全部倒回平底锅中，再放到火上加热几分钟。放入明胶，搅动使其溶化。

我用的是明胶粉，若您更喜欢用明胶片，请注意1片明胶的重量为2克。放入装有冷水的碗中浸泡，沥干后再使用。

02.

把香草奶油冷却至室温，直至达到40°C。把黄油切成小块，放在奶油上。用手持搅拌机搅拌，直至奶油变得柔滑均匀，然后放入冰箱冷藏2小时以上。

03.

用烘焙专用温度计确认奶油的温度。

04.

闪电泡芙

将烤箱以热风循环模式预热到250°C。按照第278页的步骤制作一份泡芙面团，但食材及用量应根据本食谱调整。

把泡芙面团装入配18齿裱花嘴的裱花袋，在铺好烘焙纸或硅胶垫的盘子上挤出10个长约11厘米的闪电泡芙。关闭烤箱，放入烤盘。放置12～16分钟使其膨胀，然后重新打开烤箱，调到160°C，烘烤25分钟。当闪电泡芙变成金黄色后，关闭烤箱。

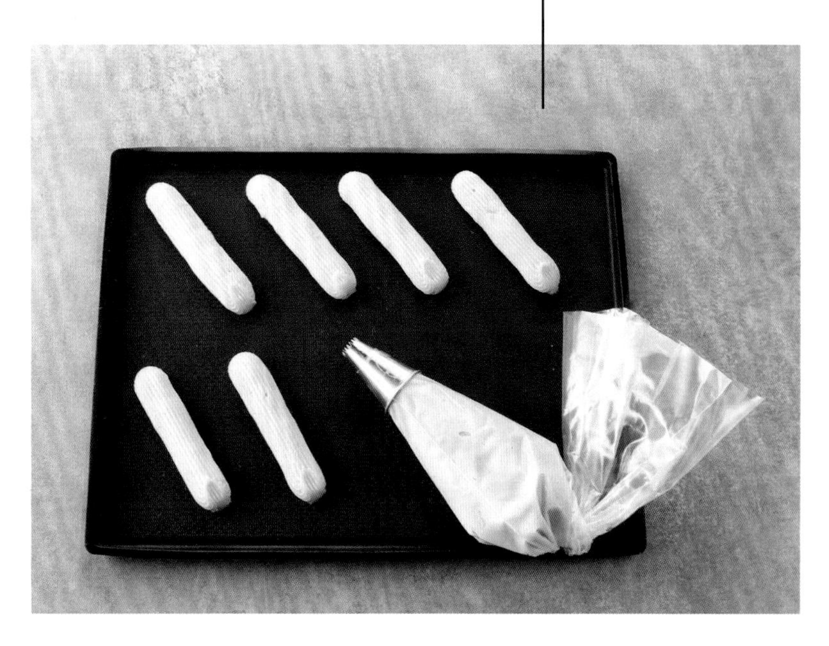

05.

焦糖山核桃仁

用刀把山核桃仁切碎，加入糖粉放进平底锅中。用中火加热，用木勺搅动，直至山核桃仁变得酥脆并裹上焦糖。冷却片刻，然后铺涂在硅胶垫上，把山核桃仁一个个分开。密封保存。

注意，不要让山核桃仁完全冷却，否则会很难分开。

06.

组合和修整

在每个闪电泡芙的下表面挖3个小洞。把冰凉的香草奶油装进裱花袋，裱花袋顶端斜着切开一个小口。在闪电泡芙的每个洞里填上足够多的奶油。

把白色糖霜放入微波炉中加热几秒钟，加热到22°C，使其质地变得又滑又软。把每个闪电泡芙的上表面在糖霜中浸一下，在糖霜变干之前用食指把多余的部分刮下来。

07.

可以用小刀、小裱花嘴在闪电泡芙上挖洞。若奶油从洞中溢出来，说明闪电泡芙已经填满。

您可以用烘焙专用温度计测量糖霜的温度，或者根据质地判断。

08.

不时用刮刀搅拌一下糖霜，这样可以防止表层变硬。

等待几秒钟，然后小心地把闪电泡芙裹好糖霜的一侧在焦糖山核桃仁上蘸一下。

专业食谱

克里斯托夫·亚当

在制作这款闪电泡芙时，常见的甘纳许被替换成了新鲜微酸的小水果丁。草莓、覆盆子与味重的猕猴桃和富有异国情调的百香果完美地结合在了一起，可以唤醒所有的味蕾。尚蒂伊奶油和占督雅巧克力碎屑也为这幅味觉和视觉的美景增添了一笔。

香草酸橙花闪电泡芙

可以制作10个闪电泡芙

准备：40分钟
烘烤：50分钟
静置：2小时20分钟

核心技法

使表面平滑、用裱花袋挤、剥皮

工具

刮刀、配18齿裱花嘴的裱花袋、刨刀、厨师机、硅胶垫

香草、酸橙花奶油

400克脂肪含量为35%的液体奶油
4克明胶粉
2个马达加斯加香草荚
90克白巧克力
5克酸橙花泡的水

闪电泡芙

80克水
80个低脂牛奶
80克黄油
2克盐
3克细砂糖
4克香草液
80克T55面粉
3个鸡蛋（140克）

占督雅巧克力碎屑

25克室温软化黄油
25克细砂糖
50克面粉
45克占督雅榛果巧克力（法芙娜牌Gianduja系列）

水果丁

1盒草莓
2个猕猴桃
1个百香果

组合和修整

1盒覆盆子
1盒三色堇的花朵
1个青柠的果皮

01.

香草、酸橙花奶油

把液体奶油倒入平底锅中，放入明胶。浸泡5分钟左右，然后把奶油煮沸。离火，然后放入剖开并刮出籽的香草荚（连同香草籽）。用保鲜膜把平底锅裹起来，浸泡20分钟。白巧克力粗粗捣碎，放在沙拉碗中。从牛奶中取出香草荚，将牛奶倒在白巧克力上。用打蛋器搅拌使其乳化。

一边用手持搅拌机搅拌混合物，一边倒入浸泡酸橙花的水。放入冰箱，静置2小时。

可以根据喜好，用明胶片代替明胶粉。请注意，4克明胶粉等于2张明胶片。先将明胶片放在盛有冷水的碗中浸泡，沥干后再放入香草奶油中。

也可以在无热风循环模式的烤箱中烘烤闪电泡芙，以175℃烘烤35分钟左右。

闪电泡芙

按照第278页的步骤制作一份泡芙面团，但食材及用量应根据本食谱调整。将热风循环烤箱预热到250°C。

把泡芙面团装入配18齿裱花嘴的裱花袋中，然后在铺好烘焙纸的烤盘或硅胶垫上挤出10个长11厘米的闪电泡芙面团。当烤箱预热到250°C后关闭，放入闪电泡芙面团。在烤箱中放置12～16分钟，直至泡芙面团膨胀。重新打开烤箱，调到160°C，继续烘烤25分钟左右。

02.

03.

占督雅巧克力碎屑

将烤箱预热到160°C。

在沙拉碗中用刮刀或抹刀混合黄油、糖和面粉，直至搅拌成面团。

用手指把面团捏碎。

把面团碎块摆在硅胶垫或铺好烘焙纸的烤盘上，烘烤8分钟左右，直至变成漂亮的金黄色。烤好后冷却。

可以用牛奶巧克力代替占督雅。

04.

把占督雅放在微波炉中加热，使之熔化。把冷却的面团碎块放在沙拉碗中，在上面倒上熔化的占督雅。用刮刀搅拌，使巧克力裹住面团碎块。

重新摆在硅胶垫或铺好烘焙纸的烤盘上。放在阴凉处保存。

水果丁

草莓洗净后去梗，猕猴桃削皮，均切成小方块。留出几个猕猴桃丁用于最后的装饰时用，把剩下的与草莓丁一起放入沙拉碗中。放入百香果果肉并混合。

05.

06.

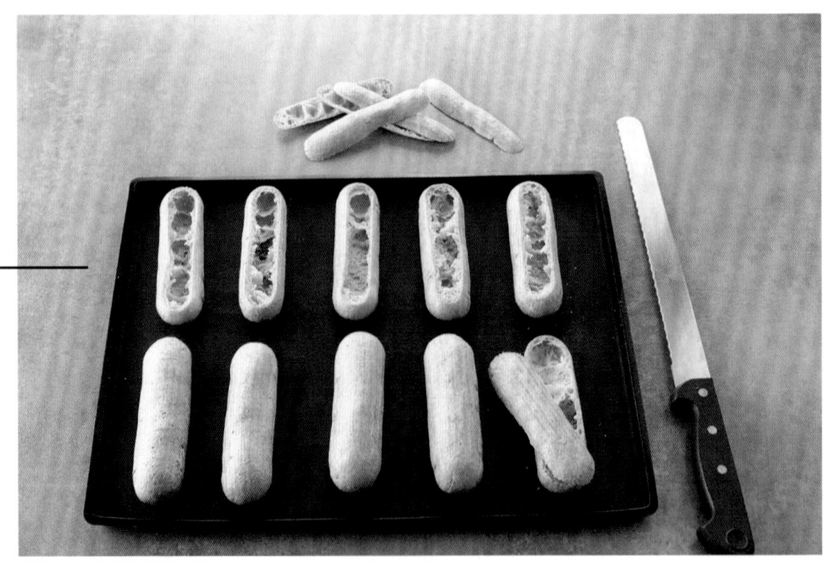

组合和修整

用面包刀沿长边把闪电泡芙上部的¼处切开，取下顶部。

把水果丁均匀地填入10个闪电泡芙中，每个都要填满。把冷的香草酸橙花奶油放入带打蛋器的厨师机搅拌桶并打发。

将打发的奶油装入配18齿裱花嘴的裱花袋，然后像填水果丁一样，在每个闪电泡芙上挤上奶油花饰。

07.

用切成两半的覆盆子和切成丁的猕猴桃装饰闪电泡芙。放上几块占督雅巧克力碎屑和几朵三色堇。用刨刀把青柠果皮擦成碎末，撒在上面。

08.

专业食谱

克里斯托夫·米夏拉克

咸黄油焦糖奶油泡芙

可以制作15个泡芙

准备：1小时
烘烤：1小时15分钟
静置：1夜+2小时

核心技法

捣碎、乳化、用裱花袋挤、过筛

工具

电动打蛋器、刮刀、手持搅拌机、15个直径6厘米和15个直径3厘米的半球形硅胶模具、硅胶垫、3个配直径1厘米普通裱花嘴和1个配圣奥诺雷蛋糕小裱花嘴的裱花袋、温度计

奶油焦糖

2个蛋黄（40克）
105克细砂糖
20克玉米淀粉
270克全脂牛奶
150克室温软化的半盐黄油

脆皮面团

50克半盐黄油
60克粗红糖
60克T45面粉

泡芙面团

90克水
80克半盐黄油
1撮细砂糖
100克T45面粉
5个鸡蛋（230克）

香草奶油霜

350克半盐黄油
80克水
200克细砂糖
2个鸡蛋（100克）
1个香草荚

组合

250克翻糖
1茶匙葡萄糖
10克焦糖色素
乳脂软糖

这是我的第一道也是最漂亮的一道甜点，真正的童年回忆，做法快速而高效，成品外观格外优雅！这道甜品进而被纳入传统，并为多位大师提供了灵感，这尤令我自豪。

奶油焦糖

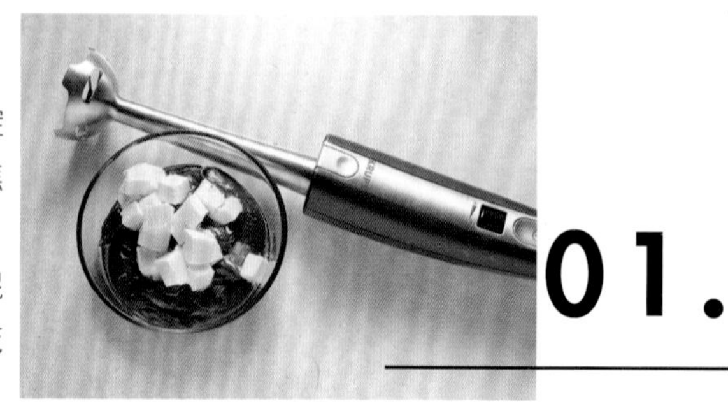

01.

前一天，在沙拉碗中把蛋黄、150克细砂糖和玉米淀粉混合。加热牛奶。把剩下的糖倒入平底锅中，熬成焦糖。倒入热牛奶，然后将混合物倒进沙拉碗中混合均匀，再倒回平底锅中煮沸。冷却至50°C，然后用手持搅拌机混合，同时一点点地加入打成膏状的半盐黄油。装入无裱花嘴的裱花袋中，放入冰箱冷藏一夜。

02.

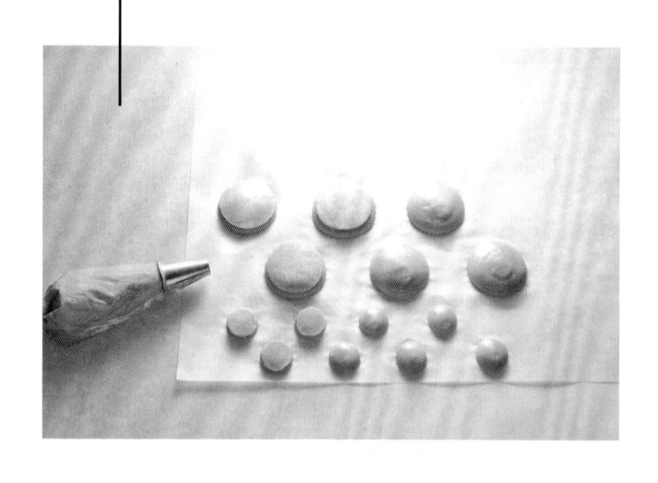

脆皮面团和泡芙面团

按照第278页的步骤制作一份脆皮面团和一份泡芙面团，但食材及用量应根据本食谱调整。脆皮面团擀平，切出大、小各15片圆饼，泡芙面团装入配直径1厘米普通裱花嘴的裱花袋中。在铺好烘焙纸的两个烤盘上分别挤出15个小球和15个大球，把两种脆皮分别摆在两种球表面。将烤箱预热到260°C。关闭烤箱，把两个烤盘入烤箱静置25分钟。重新打开烤箱，调到160°C，然后把小泡芙烘烤10分钟，大泡芙烘烤20分钟。

当平底锅边缘开始起泡，并且冒烟时，说明焦糖已经熬好。这时的温度约为170℃。

香草奶油霜

03.

黄油恢复到室温。在平底锅中将水和糖煮至121°C。把鸡蛋打入平底锅中，用餐叉搅拌几分钟。把糖浆倒回沙拉碗中，用电动搅拌机将混合物打发。当温度降至45°C后，慢慢加入黄油。把香草荚剖开，把籽刮下来放进去。

组合

把奶油焦糖涂在泡芙有脆皮的一侧。在平底锅中将翻糖与葡萄糖、焦糖色素一起加热至40°C。分别倒进2个直径6厘米和直径3厘米的15连半球形硅胶模具中，填至5毫米厚，然后把泡芙放进去，微微按压。在冷冻柜内放置10分钟，然后脱模。

把烤箱调到静态加热模式，切忌用烧烤模式烘烤泡芙。如果您的烤箱温度无法达到260℃，就多烘烤一会儿，使泡芙充分膨胀。

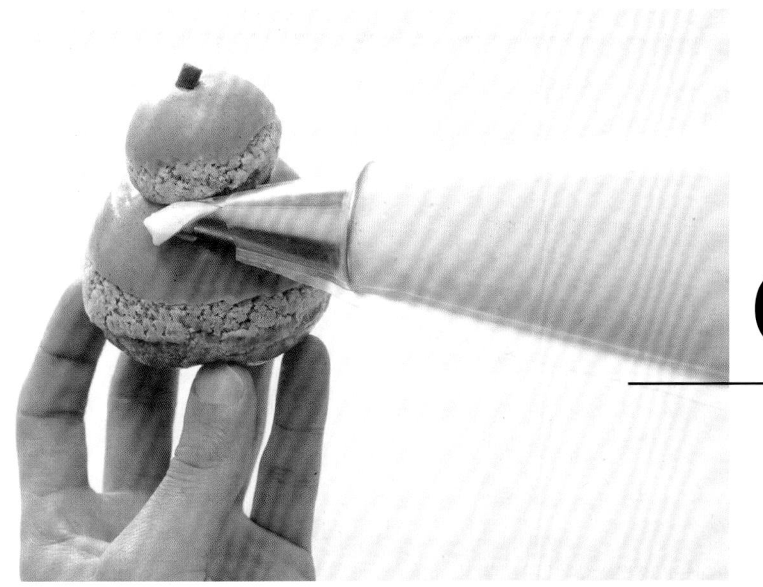

05.

将小泡芙摆在大泡芙上，用配圣奥诺雷蛋糕裱花嘴的裱花袋将奶油霜绕小泡芙挤一周，再在小泡芙顶上放一块方块形的乳脂软糖。

专业食谱
菲利普·孔蒂奇尼

巴黎布雷斯特泡芙不是我发明的，因此我很谨慎地尊重这道甜点的材料：泡芙面团，奶油霜，糖衣杏仁。同时我又扩大范围，把奶油做成乳状的质地，并加入纯糖衣杏仁，明显突出了烤得很熟的糖衣杏仁的味道，并将这种味道锁在小球中。决定巴黎布雷斯特风格的，正是其口味的构成。

巴黎布雷斯特泡芙

6～8人份

准备：40分钟
烘烤：2小时
静置：1小时

核心技法

擀、乳化、用裱花袋挤、把黄油打成膏状、过筛、烤

工具

直径3厘米的饼干模、手持搅拌机、直径2～3厘米的半球形模具、裱花袋、厨师机

冷冻糖衣坚果

100克糖衣坚果（参见第528页）

奶酥面团

50克T45面粉
50克加香料的红糖
1撮盐之花
40克室温软化黄油

泡芙面团

125克低脂牛奶
125克水
110克黄油
140克面粉
1平茶匙盐
1大茶匙细砂糖
5个鸡蛋（250克）

糖衣杏仁奶油

1片明胶（2克）
155克低脂牛奶
2个蛋黄（40克）
30克细砂糖
15克玉米淀粉
80克糖衣杏仁
70克黄油

摆盘

01.

冷冻糖衣坚果

按照第528页的步骤制作一份糖衣坚果。将其倒入直径2～3厘米的半球形模具。放入冷冻柜。

奶酥面团

把面粉、红糖、盐之花和室温软化黄油混合，然后揉成面团。夹在两张烘焙纸中间，擀成2毫米厚。

泡芙面团

将烤箱预热到170°C。按照第278页的步骤制作一份泡芙面团，但要使用本食谱的材料和比例。

为了验证泡芙面团的湿度，需把食指伸进去划一道几厘米深的沟，缝隙应慢慢消失。如果没有或几乎没有消失，说明泡芙面团不够湿润，这时应该慢慢倒入搅拌好的鸡蛋（包括蛋清和蛋黄）。

02.

用裱花袋将泡芙面团挤成8个直径为4厘米的球形，先于上、下、左、右四个方向分别挤出一个圆形，再于每2个圆形间挤出一个圆形，连成环状。用饼干模将奶酥面团切出8个直径为3厘米的圆饼，摆在8个球形泡芙面团上面，放入烤箱烘烤45分钟。烤好后，将环形模具冷却至室温。

糖衣杏仁奶油

把明胶放在盛有冷水的碗中浸泡。在平底锅中煮沸牛奶。在沙拉碗中将蛋黄和糖打发，然后倒入玉米淀粉，再倒入一半热牛奶混合后倒回平底锅。煮沸，然后边搅拌边继续煮1分钟。当奶油变得足够浓稠后，离火，加入沥干水的明胶和糖衣杏仁，再放入切成块的冷黄油。混合，然后用手持搅拌机搅拌。倒入盘中，用食品保鲜膜盖起来，放冰箱静置1小时。把奶油倒进搅拌机的搅拌桶中，用中速搅拌3分钟。

03.

如果没有裱花袋，可以用汤匙做8个面团球。

应以高速长时间搅拌加糖衣杏仁的奶油，尽可能多地混入气泡。气泡会使奶油格外柔软、入口即溶。

04.

摆盘

泡芙面团环形模具放置到室温后，从中间横向剖开。用裱花袋挤出少许糖衣杏仁奶油，填进8个凹槽中。其上摆放一个半球形的冷冻糖衣坚果，再挤出一个糖衣杏仁奶油的大球。把剩下的“小帽子”盖在泡芙面团环形模具上，根据口味撒适量糖粉。

专业食谱

克里斯托夫·米夏拉克

几年前，当我在迈阿密度假时，我发现了裹着巧克力的咖啡冰激凌小球。这种甜点是在电影院里的吧台售卖。当我发现这种简单而绝妙的现成甜点后，便决定有一天要用别的形式来制作它。

提拉米苏脆皮泡芙

可以制作25个泡芙

准备：30分钟
烘烤：30分钟
静置：30分钟

核心技法

捣碎、隔水炖、用裱花袋挤、烤

工具

刮刀、配10号普通裱花嘴的裱花袋、厨师机、温度计

泡芙

25个泡芙
50克装饰糖粒
50克切碎烤好的杏仁

咖啡马斯卡彭奶酪冰激凌

5个蛋黄（100克）
40克浓缩咖啡
100克细砂糖
100克液体奶油
100克马斯卡彭奶酪

黑色杏仁糖衣

300克可可含量为65%的调温黑巧克力
35克可可黄油
35克葡萄籽油
70克切碎烤好的杏仁
2克速溶咖啡

泡芙

将烤箱预热到210°C。按照第278页的步骤制作一份泡芙面团，在铺好烘焙纸的烤盘上挤出25个泡芙。在每个泡芙上撒上装饰糖粒和切碎烤好的杏仁，然后立刻放入关闭的热烤箱，放置10分钟。重新打开烤箱，调到165°C，将泡芙烘烤10分钟。

01.

用烘焙专用温度计确认奶油的温度。

02.

咖啡马斯卡彭奶酪冰激凌

把蛋黄放入沙拉碗中。加入咖啡和细砂糖，用打蛋器搅拌。

隔水炖至85°C，并不停搅拌。放在室温下保存。

在带打蛋器的厨师机搅拌桶中，将液体奶油和马斯卡彭奶酪一起打发。用刮刀把咖啡混合物慢慢刮入打发的奶油中，轻轻搅拌均匀。把混合物装入配10号普通裱花嘴的裱花袋中。

03.

在每个泡芙下面挖一个小洞，然后把咖啡马斯卡彭奶酪冰激凌填进去，填满。放入冷冻柜静置30分钟。

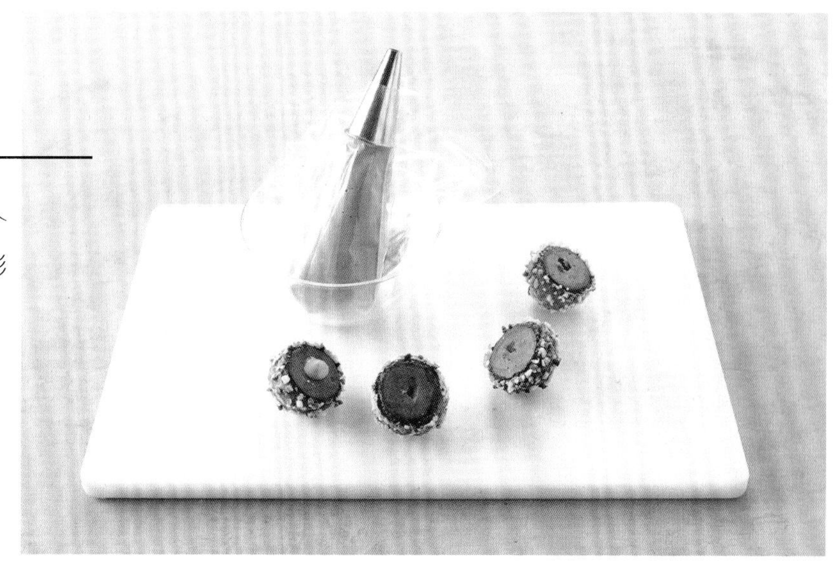

04.

可以用小裱花嘴在泡芙扁平的一面挖洞。也可以把混合物放入微波炉加热2分钟，每隔30秒停下搅拌一次。

黑色杏仁糖衣

把巧克力粗粗捣碎，放在沙拉碗中。加入可可黄油、葡萄籽油、切碎烤好的杏仁和咖啡，然后一起隔水炖化，中间有规律地搅拌一下。巧克力和黄油熔化后，混合物的温度应该在40°C左右。

用餐叉插着，把冰泡芙浸入黑色的杏仁糖衣中，再放在烘焙纸上干燥几秒钟，再端上餐桌。

专业食谱

克里斯托夫·米夏拉克

茉莉花茶杧果花朵泡芙

可以制作25个泡芙

准备：30分钟
烘烤：30分钟
静置：4小时10分钟

核心技法

捣碎、切丁、用保鲜膜覆盖严密、用裱花袋挤、剥皮

工具

小漏斗或漏勺、搅拌机、手持搅拌机、3个配10号圆口裱花嘴的裱花袋、直径4厘米的半球形花式硅胶模具、刨刀、温度计

茉莉花茶奶油

1片明胶（2克）
80克水
80克脂肪含量为35%的液体奶油
10克茉莉花茶
1个蛋黄（20克）
10克蜂蜜
150克调温象牙白巧克力
10克可可黄油

泡芙

泡芙面团（可制作25个泡芙）
脆皮面团（可制作25片圆形脆皮）

杧果丁

1个杧果

组合和修整

200克翻糖膏
40克葡萄糖
1～2滴食用橙色色素
25克三色堇的花朵

一种花朵形状的泡芙，茉莉花茶散发着醉人的芳香。感谢皮埃尔·艾尔梅和让-米歇尔·杜里埃让我发现了这种不可思议的花茶。

茉莉花茶奶油

把明胶放在盛有水的碗中，使其浸满水。

把水和奶油倒入平底锅，混合并煮沸。放入茶叶并混合，离火，浸泡3分钟。用小漏斗或漏勺过滤混合物，用力按压茶叶。过滤后倒回平底锅。

01.

茶叶会“吃掉”很多奶油。用小漏斗过滤后，可以再加入20克左右的液体奶油。

02.

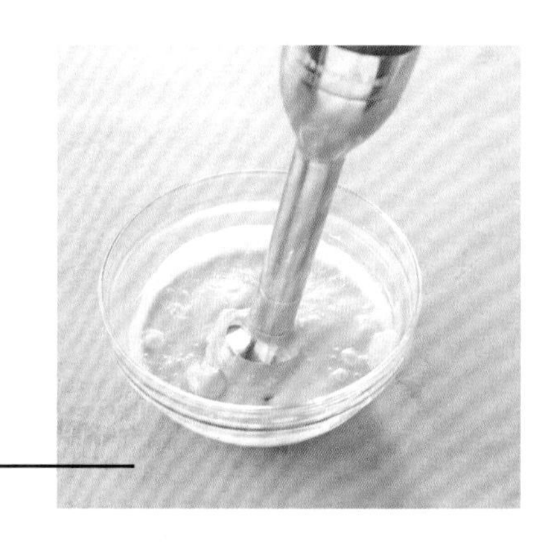

用烘焙专用温度计确认奶油的温度。

加入蛋黄和蜂蜜，然后混合。

煮至85°C，然后离火并加入明胶，搅拌1分钟使其溶化。

把白巧克力粗粗捣碎，与可可黄油一同放入沙拉碗中。倒入热奶油，然后用手持搅拌机混合均匀。用保鲜膜密封，于冰箱内冷藏4小时以上。

泡芙

将烤箱预热到210°C。按照第278页的步骤制作一份脆皮面团和一份泡芙面团，在铺好烘焙纸的烤盘上挤出25个泡芙。在每个泡芙上面摆一片圆形脆皮，然后立刻放入关闭的热烤箱静置10分钟。重新打开烤箱，调到165°C，将泡芙烘烤10分钟。

03.

先在泡芙中填入杧果丁，然后再填奶油；这样可以避免杧果丁流出来。不要过度加热翻糖，只要变温变软即可。

杧果丁

杧果削皮，切下果肉。将果肉切成极小的小丁。把剩下的碎果肉放在厨师机搅拌桶中，搅成均匀的果泥。

小心地搅拌果泥和杧果丁，然后一起装入配10号圆口裱花嘴的裱花袋中。

04.

在杧果丁中放入果汁和切碎的柠檬皮调味。

05.

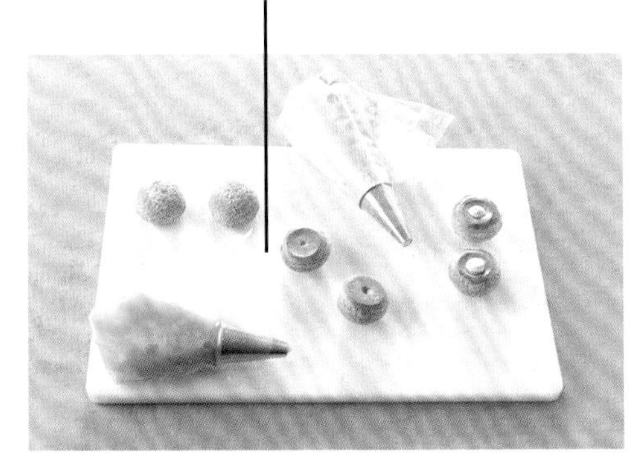

组合和修整

把冷的茉莉花茶奶油装入配10号圆口裱花嘴的裱花袋中。在泡芙的底部挖一个洞。在每个泡芙中填入一半杧果丁，一半茉莉花茶奶油。

将翻糖膏和葡萄糖放入平底锅中。加入1～2滴食用橙色色素，然后一边搅拌一边用小火煮至温热。

本食谱中所使用的Silikomart®牌模具，在专门的烹调用品店有售。

从冷冻柜取出后要立刻脱模，此时操作难度较低，这一点很重要。

06.

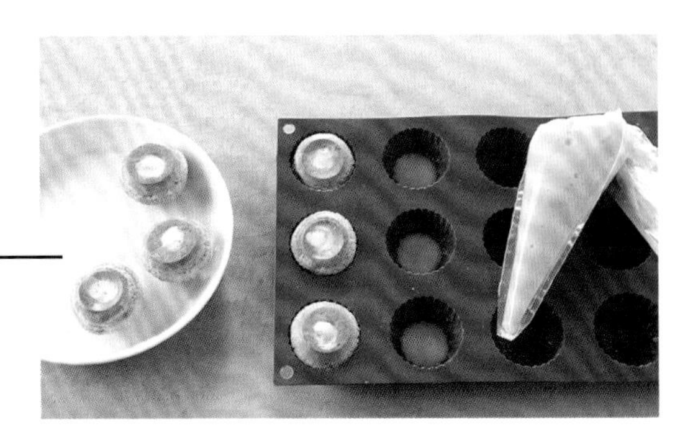

煮到40°C后，把翻糖装入无裱花嘴的裱花袋中，然后在直径4厘米的半球形花式硅胶模具凹槽中挤入一大滴（6～8克）。在凹槽中放入泡芙，按压使糖霜裹均匀。

在冷冻柜内放置5分钟，然后小心地脱模。

在每个泡芙顶上摆一朵漂亮的三色堇花朵。

专业食谱

克里斯托夫·米夏拉克

百香果香蕉栗子泡芙

可以制作25个泡芙

准备：30分钟
烘烤：30分钟
静置：4小时20分钟

核心技法

用保鲜膜覆盖严密、使表面平滑、用裱花袋挤、剥皮

工具

小漏斗或漏勺、搅拌机、手持搅拌机、25个直径4厘米的半球形硅胶模具、配鸟巢状裱花嘴和10号普通裱花嘴的裱花袋、温度计、剥皮器

百香果香蕉奶油

4片明胶（8克）
65克香蕉（半根）
160克百香果泥
1个青柠的果汁（40克）和果皮
2个鸡蛋（100克）
4个蛋黄（80克）
80克细砂糖
160克黄油

栗子奶油

2片明胶（4克）
120克栗子酱
60克栗子奶油
40克栗子泥
10克棕色朗姆酒
250克液体奶油

泡芙

泡芙面团（可制作25个泡芙）
脆皮面团（可制作25片圆形脆皮）

组合

25小片卷心菜叶

卷心菜上的泡芙，这是我以前发明的一道甜点。百香果和栗子完美地融合在了一起，没有些许浪费。

用烘焙专用温度计确认奶油的温度。

01.

百香果香蕉奶油

把明胶放在盛有水的碗中浸泡。

用餐叉把香蕉捣碎，放入平底锅中。加入百香果泥、青柠果汁和果皮、完整的鸡蛋、蛋黄和细砂糖。

混合，然后煮至85°C。离火，放入沥干的明胶，搅拌1分钟使其溶化。用小漏勺或漏斗过滤混合物。

慢慢加入切成块的黄油，用手持搅拌机用力搅拌。用保鲜膜密封，于冰箱内静置2小时。

栗子奶油

把明胶放在盛有水的碗中浸泡。在搅拌机中混合栗子酱、奶油和栗子泥。用平底锅加热棕色朗姆酒，然后加入沥干的明胶。将凝胶状的朗姆酒倒入搅拌机，加入液体奶油。混合，然后倒在盘中，冷却。用食品保鲜膜密封，放入冰箱冷藏2小时以上。

02.

03.

泡芙

将烤箱预热到210°C。按照第278页的步骤制作25个泡芙和相同数量的脆皮面饼。在停止加热的热烤箱中放置10分钟。重新打开烤箱，调到165°C，烘烤10分钟。

组合

04.

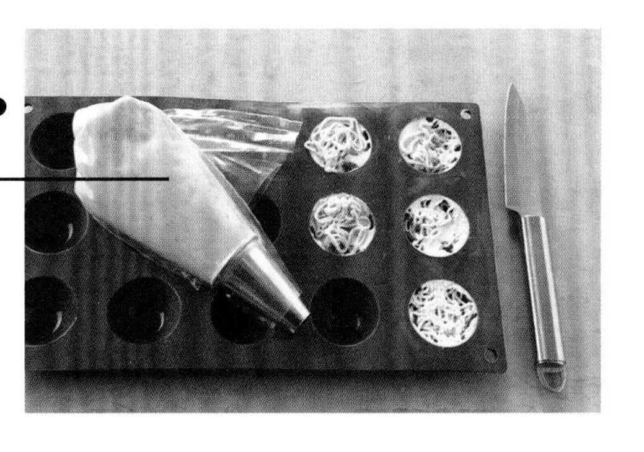

把冷却的栗子奶油放入带打蛋器的厨师机搅拌桶，打发至柔滑均匀。

把混合物装入配鸟巢状裱花嘴的裱花袋中，挤进硅胶模具，制成25个直径4厘米的半球形。在冷冻柜内放置20分钟，然后立刻脱模。

可以用小裱花嘴尖头在泡芙扁平的一面挖洞。

05.

把冰凉的百香果奶油装入配10号普通裱花嘴的裱花袋中。在泡芙的底部挖一个洞，装入百香果奶油。

06.

把泡芙摆好，隆起的一面朝下。将栗子细丝制成的半球置于每个泡芙扁平的一面上，形成一个圆顶，整体组成一个漂亮的球形。把泡芙摆在一小片卷心菜叶上。

专业食谱

克里斯托夫·米夏拉克

我想证明泡芙也可以装盘，作为甜点端上餐桌。这道甜点的摆盘犹如在树林中漫步，而且散发着我喜欢的柑橘类水果和占督雅的味道。

占督雅橙子榛子蘑菇形泡芙

可以制作25个泡芙

准备：30分钟
烘烤：30分钟
静置：1小时

核心技法

捣碎、凝结（巧克力调温）、取出果肉、用保鲜膜覆盖严密、使表面平滑、用裱花袋挤

工具

手持搅拌机、配12号圆口裱花嘴的裱花袋、Silpat®牌烘焙垫

占督雅奶油

150克占督雅巧克力
85克可可含量为56%的调温巧克力
250克液体奶油
20克蜂蜜
25克半盐黄油

泡芙

泡芙面团（可制作25个泡芙）
脆皮面团（可制作25片圆形脆皮）
8克不加糖的可可粉
0.5克黄色色素

焦糖榛子

100克细砂糖
100克完整的榛子仁
50克水
1克盐之花

组合

1个血橙

占督雅奶油

把占督雅巧克力切碎，调温巧克力捣碎。一起放入沙拉碗中。把液体奶油倒入沙拉碗中，加入蜂蜜。煮沸，然后倒在占督雅和调温巧克力上。

用手持搅拌机把混合物搅拌至柔滑，使巧克力与液体奶油完全融合。

放入切成块的半盐黄油，再次搅拌。用保鲜膜密封，放入冰箱，静置1小时以上。从冰箱中取出，使其在室温下凝结，等到最后摆盘时再用。

把混合物倒在脆皮食品盘之类的器皿中，然后用保鲜膜密封。这样可以快速冷却。

01.

02.

用擀面杖或平底锅的底部将榛子仁捣碎。

泡芙

将烤箱预热到210°C。按照第278页的步骤，在基础混合物中加入可可粉和黄色色素，制作一份脆皮面团，并切出25个圆饼。按照第278页的步骤制作一份泡芙面团，在铺好烘焙纸的烤盘上挤出25个泡芙。把圆形脆皮摆在上面，立刻放入停止加热的热烤箱，放置10分钟。重新打开烤箱，调到165°C，将泡芙烘烤10分钟。

03.

焦糖榛子

在平底锅中放入细砂糖、榛子仁、水和盐之花，用中火加热，同时用木勺慢慢搅拌，直至榛子仁变酥脆并裹上焦糖。

倒在Silpat®牌烘焙垫上，把榛子仁逐一分开，冷却。留出几个完整的榛子仁，把剩下的捣碎。

组合

血橙剥皮，取出漂亮的果肉。密封保存。

04.

在泡芙上撒上少许可可粉，使其更美观。外观更一致。

05.

把温度适宜的占督雅奶油装入配12号圆口裱花嘴的裱花袋中，在盘中挤出几个漂亮的圆顶，排列整齐。在每个奶油圆顶上放一个泡芙，组合成蘑菇形。在盘中放几个完整的焦糖榛子，再放一些捣碎的焦糖榛子和一些血橙果肉。

发酵面团

基础食谱

阿兰·杜卡斯

可以制作10个巴巴蛋糕

准备：15分钟
烘烤：25～30分钟
静置：20分钟

6克面包酵母
130克面粉
1克盐
6克蜂蜜
45克黄油
3个大鸡蛋（180克）
10毫升葡萄籽油

巴巴面团

这是什么
一种用于制作巴巴蛋糕的特殊面团，食用前要将蛋糕心均匀地裹上糖浆

其他形式
克里斯托夫·亚当的巴巴面团、克里斯托夫·米夏拉克的巴巴面团

核心技法
用裱花袋挤

工具
10个直径5厘米的布丁杯形模具

食谱
阿兰·杜卡斯的朗姆巴巴
我的朗姆巴巴，*克里斯托夫·亚当*
柠檬草尚蒂伊奶油长巴巴蛋糕，*克里斯托夫·米夏拉克*

01.

在厨师机搅拌桶中混合酵母和面粉，然后加入盐、蜂蜜、黄油和一个鸡蛋。揉成柔滑、透亮、有弹性的面团。当面团不再粘在桶内壁上时，慢慢打入剩下的鸡蛋，混合均匀。

02.

在盘子上涂少许油，把面团放在上面。用保鲜膜裹起来，静置20分钟。

03.

在直径5厘米的布丁杯形模具上涂少许油。填入30克面团，拍打一下模具，赶出气泡。面团会膨胀，发酵到与模具平齐。

04.

将烤箱预热到180°C，然后放入烤箱烘烤至均匀上色，需要25～30分钟。

入门食谱

可以制作10个巴巴蛋糕

准备：35分钟
烘烤：45分钟

核心技法

浇一层、用裱花袋挤、使发酵、使渗入

工具

直径5厘米的瓶塞形模具、油刷、厨师机、温度计

阿兰·杜卡斯的朗姆巴巴

巴巴面团
（制法见第322页）

巴巴糖浆

1升水
450克细砂糖
1个柠檬的果皮，切块
1个橙子的果皮，切块
1个已经用过的香草荚（无籽）

杏果胶

125克杏果肉
125克巴巴糖浆
75克细砂糖
4克NH果胶

打发奶油

250克淡奶油
1个香草荚的籽
25克细砂糖
朗姆酒

烹饪是一种传统，这道甜点便是其象征之一。对美食家而言，只要提到“朗姆巴巴”这个名字，立刻就能感受到无可比拟的美味、柔软和芳香。糖浆带来极大的满足感，蛋糕主体，如想象中一般入口即溶。总之，这是完美无瑕的享受时刻。裹满杏果胶的蛋糕闪闪发亮，最后浇上醇香的朗姆酒，在我看来它就像一个美味的艺术品，可以满怀幸福地配上香草奶油一起享用。这是我的经典作品，可以在摩纳哥的路易十五餐厅品尝到。我发明它，是为了纪念路易十五与波兰公主玛丽·蕾捷斯卡联姻时餐桌上的那道甜点。

01.

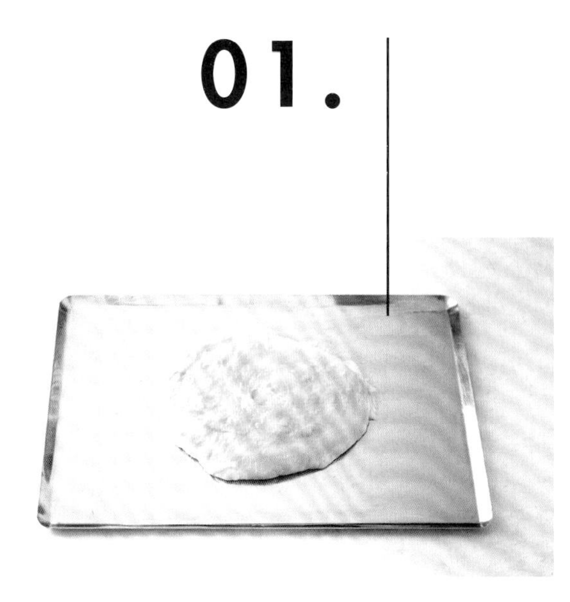

巴巴面团

按照第322页的步骤制作一份巴巴面团。

02.

巴巴糖浆

把所有的材料煮沸，静置片刻使其变温。

03.

杏果胶

用另一口锅将杏果肉和巴巴糖浆加热到40°C，混合细砂糖和果胶，倒入锅中。煮沸，然后继续煮几分钟，冷却。

烘烤巴巴蛋糕需要25～30分钟。但不同烤箱的烘烤时间会有差异，需要视上色情况而定。

04.

在直径5厘米的瓶塞形模具内壁涂少许油。填入30克面团，拍打模具，赶出气泡。待面团膨胀，发酵到与模具平齐，将烤箱预热到180°C，将面团放入烤箱烘烤至均匀上色。

把巴巴蛋糕放入温度适合、不会烫坏面团的糖浆中浸一下，然后放在架子上沥干。用油刷在巴巴蛋糕表面刷上杏果胶，置于室温下保存。

05.

06.

打发奶油

把所有的材料混合后打发：奶油会变得质地蓬松并起泡。

07.

把每个巴巴蛋糕分别放入一个凹形碟子中。切成两半，然后把朗姆酒浇在蛋糕心上。把打发奶油放在小罐中单独端上桌。

专业食谱

克里斯托夫·亚当

我的朗姆巴巴

可以制作8个巴巴蛋糕

准备：50分钟
烘烤：40分钟
静置：2小时

核心技法

擀、用保鲜膜覆盖严密、撒面粉、使表面平滑、用裱花袋挤、使发酵、使渗入、折叠、把黄油打成膏状、剥皮

工具

8个直径5厘米的不锈钢模具、小漏斗或细目筛网、搅拌碗、刮刀、裱花袋、刨刀、厨师机、扁平抹刀、8个直径6厘米高7厘米的展示杯

巴巴面团

240克T55面粉
2撮盐之花
8克蜂蜜
8克鲜酵母
6个鸡蛋（270克）
80克黄油
+20克用于涂环形模具的室温软化黄油

棕色朗姆酒糖浆

510克水
260克细砂糖
1个柠檬的果皮，擦成碎末
1个橙子的果皮，擦成碎末
3个马达加斯加香草荚
2克明胶粉
115克棕色朗姆酒

尚蒂伊奶油

285克淡奶油
半个马达加斯加香草荚
15克糖粉

修整

64克无味透明果胶
80毫升棕色朗姆酒

这道经典法式甜点的美味不容错过，曾被众多厨师改造，但要做出不同的版本确实充满挑战。要直面挑战！这是我发明的朗姆巴巴：优雅地装在杯子中，浸满棕色朗姆酒，再铺上一层滑腻的香草尚蒂伊奶油。这道甜点浓缩了各种味道，堪称经典与现代的完美融合！

巴巴面团

在带搅拌钩的厨师机搅拌桶中放入面粉、盐之花、蜂蜜和酵母。逐个打入鸡蛋，搅拌，直至面团不再粘连搅拌桶内壁。

用刮刀搅拌黄油，多搅拌一会儿，直至其变成膏状。慢慢倒入桶中，不要关闭厨师机。继续搅拌，直至混合物变均匀。在搅拌碗的底部撒上面粉，倒入面团。在面团的表面也均匀地撒上面粉，用保鲜膜覆盖严密。在室温下静置30分钟。

01.

您可以用湿布代替食品保鲜膜，这样就不需要在面团上撒面粉了。

02.

在操作台上撒上面粉，把面团放在上面擀平，再用手掌按压，赶出气泡。把面团的边缘向中间折叠，翻面，揉成一个光滑的球形。

03.

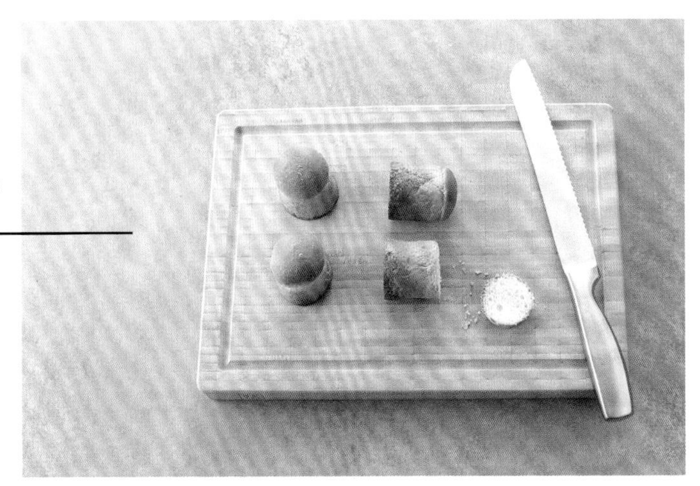

用油刷在8个直径5厘米的不锈钢环形蛋糕模内壁刷上黄油，将刷好黄油的模具摆在铺好烘焙纸的烤盘上。把巴巴面团装入裱花袋，把端部剪掉，挤进环形蛋糕模，高度达到模具的¼。把巴巴面团放在温暖的地方发酵30～45分钟，直至面团体积变成原来的2倍。将烤箱预热到175°C。放入烤箱烘烤25分钟。从烤箱中取出后，将面团脱模，用面包刀将顶部约1厘米处切掉，使面团变成上下一致的筒状。放入烤箱，以150°C烘烤5分钟，使其变干燥。

在碗中倒入等于6倍明胶重量的水，浸泡明胶。

巴巴面团比较黏稠。挤进模具后，先将手指在水中浸一下，再以手指切断面团。为了使做出来的巴巴面团硬一些，可以在食用前2天制作面团。这样就不需要把面团放入烤箱烘干了。

04.

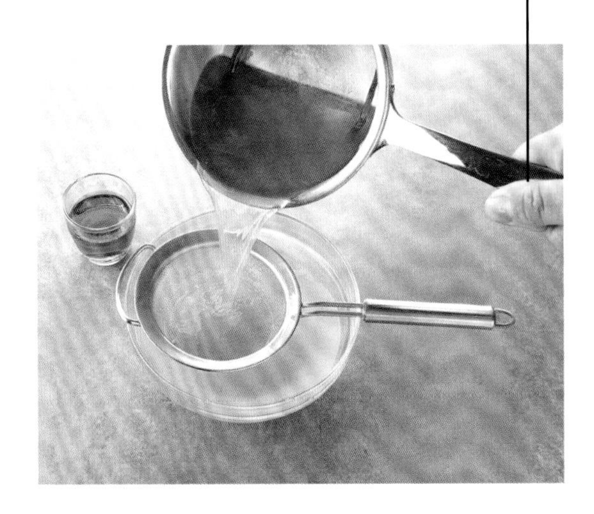

棕色朗姆酒糖浆

将水和细砂糖倒入锅中，煮沸，中途用抹刀不停地搅拌。加入擦成碎末的柠檬果皮和橙子皮，以及剖开并刮出籽的香草荚。浸泡30分钟。

把明胶放入盛有冷水的碗中浸泡20分钟，使其充分浸入水中。

把浸泡果皮碎和香草荚的糖浆放在火上。当再次沸腾后，立刻用小漏斗或细目筛网过滤，然后倒入棕色朗姆酒。

05.

把巴巴蛋糕放在糖浆中浸泡10分钟，然后沥干。装入8个直径6厘米、高7厘米的展示杯。

06.

用细目筛网过滤剩下的糖浆，过滤掉巴巴蛋糕的碎屑。量出20毫升糖浆，剩下的倒掉。把泡好的明胶捞出放入平底锅中，倒入少许糖浆，加热使明胶熔化。倒入剩下的糖浆并慢慢搅拌，直至形成凝胶状。把凝胶状的糖浆倒入杯中，与巴巴蛋糕平齐。

我用的是明胶粉，您可能会更喜欢用明胶片。如果使用明胶片，请注意1片明胶的重量为2克。浸泡在冷水中，沥干后再使用。

尚蒂伊奶油

把淡奶油和半个已刮出籽的香草荚放入带打蛋器的厨师机搅拌桶。搅拌直至质地变紧实。加入糖粉，继续搅拌均匀。

用扁平抹刀把尚蒂伊奶油涂在每个巴巴蛋糕上，从杯子的四周开始涂，挤出所有的气泡。将杯子中间填满，然后将表面涂抹平整。

修整

在尚蒂伊奶油上涂一层薄薄的果胶，用扁平抹刀涂抹平整。可以插上1根吸管和2根装满棕色朗姆酒的小滴管作为装饰，然后端上餐桌。

专业食谱

克里斯托夫·米夏拉克

柠檬草尚蒂伊奶油长巴巴蛋糕

可以制作3个巴巴蛋糕

准备：1小时
烘烤：45分钟
静置：1夜+2小时30分钟

核心技法

切成薄片、用保鲜膜覆盖严密、使表面平滑、上光、用裱花袋挤、使发酵、使渗入、剥皮

工具

小漏斗、直径4.5厘米长30厘米的白吐司模具、3个木柴蛋糕模具、油刷、配圣奥诺雷蛋糕裱花嘴的裱花袋、厨师机、温度计、剥皮器

柠檬草尚蒂伊奶油

2段柠檬草梗
400克脂肪含量为35%的UHT奶油
40克粗红糖
1个青柠的果皮
100克马斯卡彭奶酪

巴巴面团

300克T45面粉
45克全脂牛奶
7克面包酵母
2个鸡蛋（115克）
5克盐
25克细砂糖
115克室温软化黄油

香草朗姆宾治

2个香草荚
750克水
300克粗红糖
75克棕色朗姆酒

修整

柑橘类水果的果酱
1个青柠的果皮
1段细长的柠檬草梗

如何改造巴巴面团才能使其臻于完美？只要放入白吐司模具中烘烤就行了。据我观察，体积较大的蛋糕更容易积聚风味。甚至连我的朋友让-弗朗索瓦·皮耶吉也被这种质地如同海绵一般的巴巴面团迷住了：蛋糕体浸满糖浆后，入口十分美妙。

01.

柠檬草尚蒂伊奶油

提前一天将柠檬草梗洗净，切成薄片。把UHT奶油、粗红糖、柠檬草梗和青柠果皮煮沸。冷却，然后把混合物放入冰箱冷藏一夜。

02.

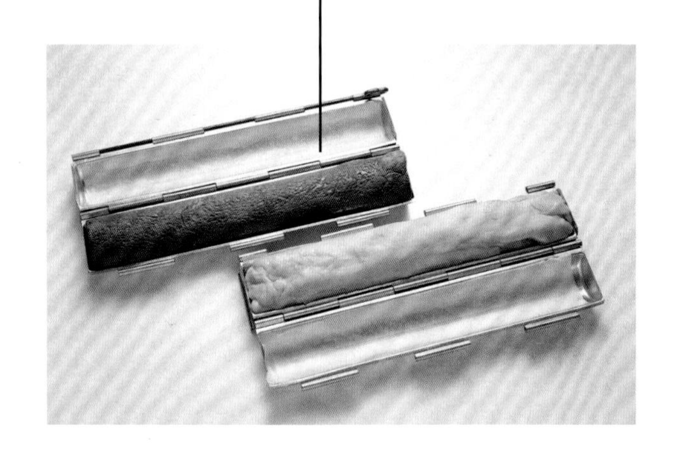

巴巴面团

制作当天，在带搅拌钩的厨师机搅拌桶中，搅拌面粉、牛奶和酵母，打入鸡蛋，放入盐和细砂糖，然后用中速把面团搅拌至黏稠。然后加入室温软化黄油，继续用中速搅拌成柔滑的面团：面团会粘在桶内壁上。

在室温下发酵1小时，翻转面团擀出气泡，然后用食品保鲜膜把面团裹紧，放入冰箱冷藏30分钟。

在3个直径4.5厘米、长30厘米的白吐司模具上涂上黄油，然后在里面垫上两张长方形的烘焙纸，以方便脱模。在每个模具中装入200克面团。于温暖处发酵1小时。将烤箱预热到160°C，合上模具，烘烤20分钟左右。脱模，然后把巴巴蛋糕放回烤箱，再次以160°C烘烤15分钟，使其变干燥。

03.

香草朗姆宾治

把香草荚剖成两半，用小刀刮出籽。在平底锅中将水和粗红糖煮沸。沸腾后，加入朗姆酒、香草荚和香草籽。在室温下冷却，直至宾治的温度降至60°C。

04.

修整

把温热的巴巴蛋糕放在木柴蛋糕模具中，浇上温热的宾治，使其浸润蛋糕。沥干。把柑橘类水果的果酱煮至温热，然后用刷子小心地刷在巴巴蛋糕上，为其上光。

05.

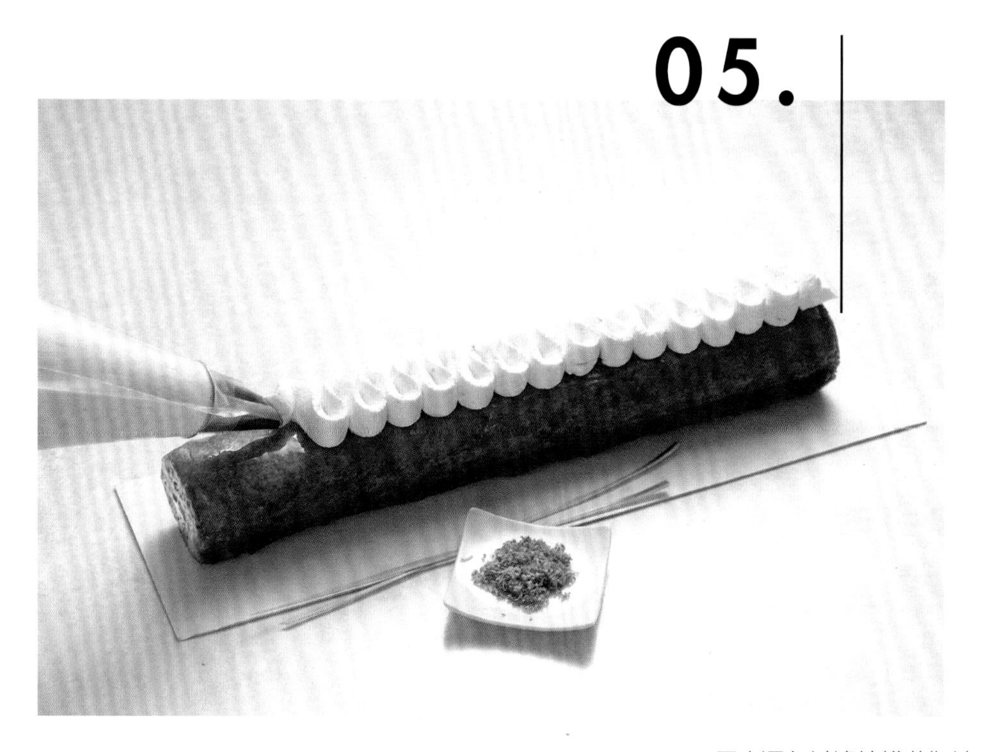

不要犹豫，多做一些糖浆，这样更容易浸润巴巴蛋糕。可以将其放入冰箱保存数日。

用小漏勺过滤柠檬草奶油，然后加入马斯卡彭奶酪。用打蛋器搅拌混合物，直至质地类似尚蒂伊奶油，然后装入配圣奥诺雷蛋糕裱花嘴的裱花袋中。

把尚蒂伊奶油挤在巴巴蛋糕上，然后用青柠果皮和细长的柠檬草梗装饰。

基础食谱

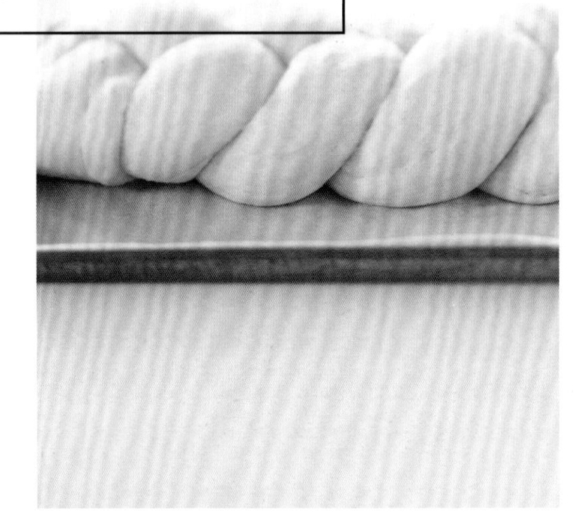

可以制作2个大布里欧修

准备：30分钟
静置：3小时

- 18毫升温牛奶
- 60克熔化的黄油
- 3撮盐
- 80克细砂糖
- 450克面粉（尽量使用T65）
- 2袋速溶面包酵母（每袋5克）
- 2个鸡蛋（100克）
- 1个蛋黄（20克）

布里欧修面团

这是什么
一种充满香醇黄油味的发酵面团

特点及用途
用于制作各种形式的布里欧修面包，并可以此为基础制作各种蛋糕（圣特罗佩挞、咕咕霍夫……）

其他形式
巧克力布里欧修面团、让－保尔·埃万的咕咕霍夫、布里欧修挞面团、圣特罗佩挞面团

核心技法
撒面粉、使发酵、揉面

工具
厨师机

食谱
桂皮焦糖布里欧修
巧克力比萨
美味咕咕霍夫，*让－保尔·埃万*
波本香草布丁挞
圣特罗佩挞

01.

向带搅拌钩的厨师机搅拌桶中倒入温牛奶、熔化的黄油、盐、糖、面粉、酵母和鸡蛋。

02.

用中速搅拌10～15分钟。面团会变得又滑又软，极易脱离桶内壁。

03.

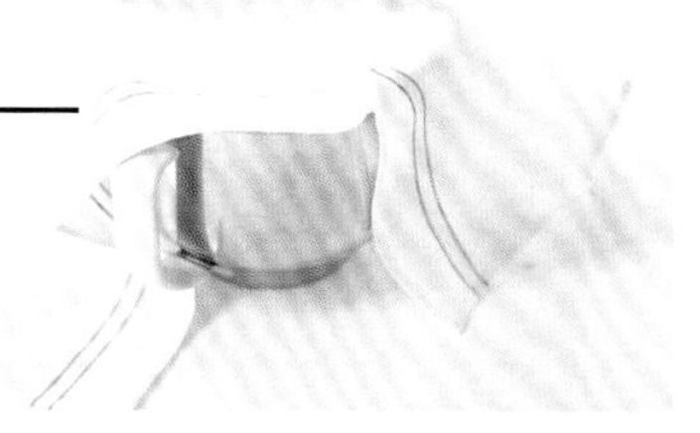

取下厨师机的搅拌桶，表面覆盖茶巾，于温暖处（烤箱上面或散热器附近）发酵1小时以上。

04.

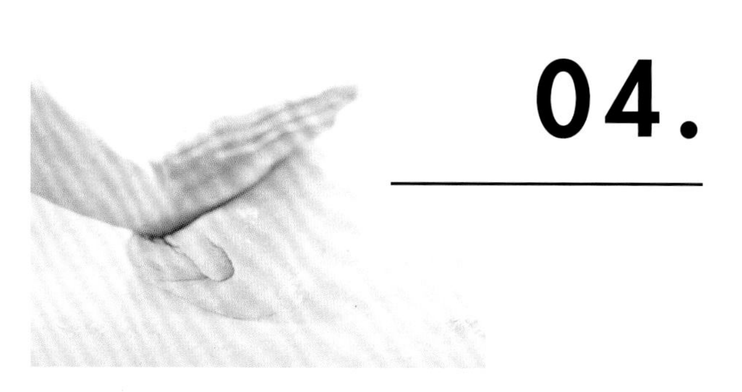

第一次发酵后，面团的体积会变成原来的2倍，在操作台上撒少许面粉，持续揉捏翻转面团1～2分钟。

05.

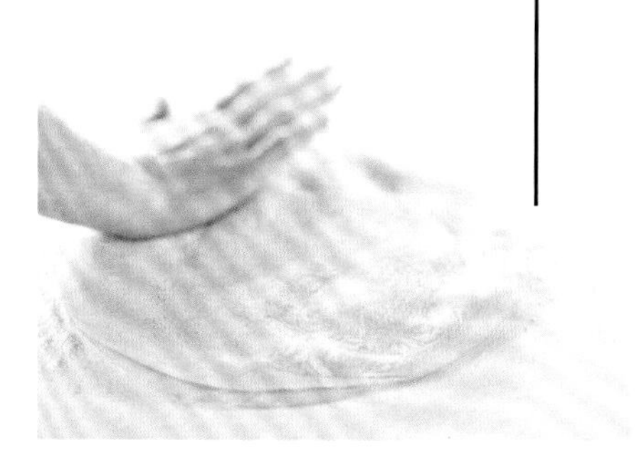

根据成品形状加工面团：编花布里欧修、巴黎布里欧修、切尔西小面包……把布里欧修面团放在铺好烘焙纸的烤盘上，放在温暖、没有剧烈空气流动的地方发酵1小时30分钟。面团的体积会再次翻倍。面团表面刷2～3汤匙稀释过的蛋黄液，然后烘烤。

入门食谱

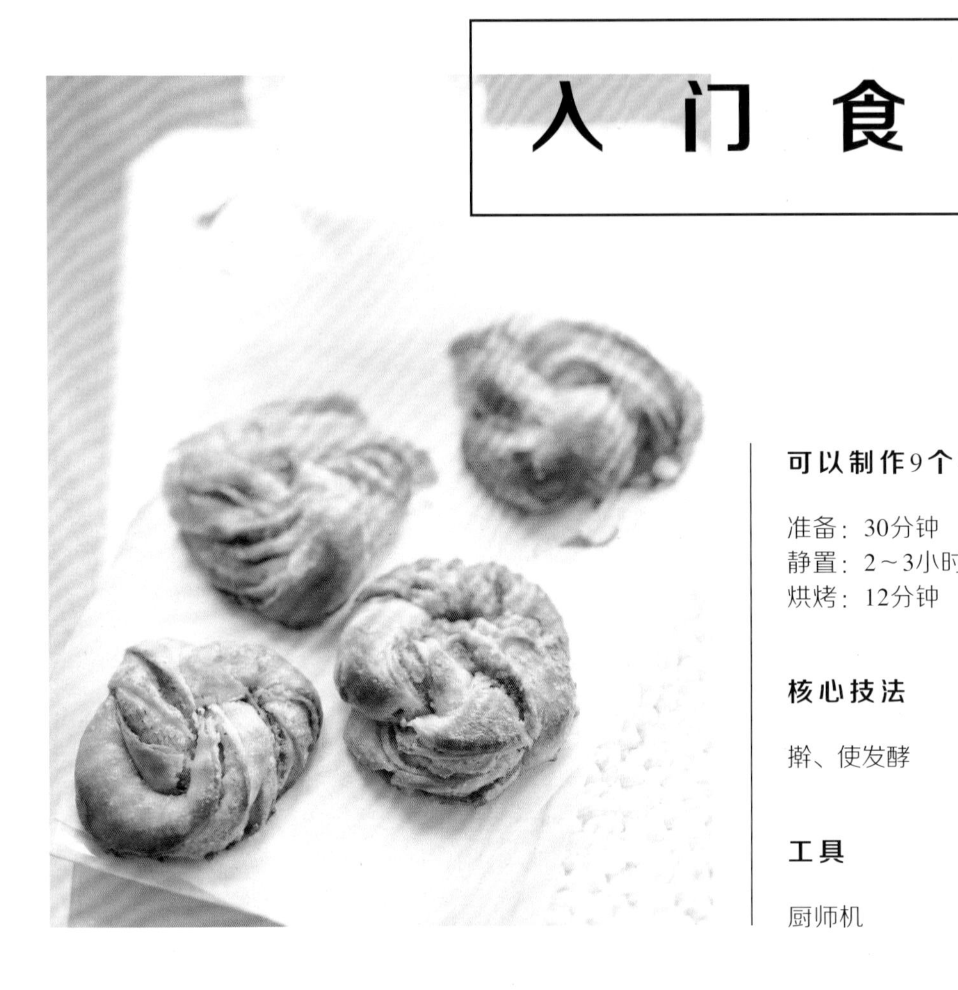

可以制作9个布里欧修

准备：30分钟
静置：2～3小时
烘烤：12分钟

核心技法

擀、使发酵

工具

厨师机

桂皮焦糖布里欧修

布里欧修面团

9毫升稍稍加热的牛奶
1个鸡蛋（50克）
30克熔化的黄油
2撮盐
40克细砂糖
240克T65面粉
1袋速溶面包酵母

填料

70克室温软化黄油
100克红糖
4茶匙桂皮粉
1个蛋黄（20克）

01.

布里欧修面团

把温牛奶、熔化的黄油、盐、糖、面粉、酵母和鸡蛋倒入带搅拌钩的厨师机搅拌桶中。用中速揉15分钟。面团会变得又滑又软，可以轻易脱离桶内壁。取下厨师机的搅拌桶，表面覆盖茶巾，于温暖处（烤箱上面或散热器附近）发酵1小时以上。

02.

填料

当面团的体积变成原来的2倍后，在操作台上撒少许面粉，把面团铺在上面，擀成40厘米×30厘米的长方形。把室温软化黄油涂满面团表面，然后撒上红糖和桂皮。

03.

把面团叠成3折，再擀成40厘米×30厘米的长方形，切成9块长条。扭转每条面团，捏住两端朝相反方向转4～5次。扭好后在拇指上缠两圈，将面团卷起来，然后摆在铺好烘焙纸的烤盘上。将面团的两端藏在底部。

04.

把布里欧修面团放在温暖、没有剧烈空气流动的地方发酵1小时30分钟。面包的体积会再次变成原来的2倍左右。将烤箱设定为热风循环模式，预热至180°C。在蛋黄中加入2～3汤匙水，搅拌均匀，刷在布里欧修面团上。放入烤箱烘烤12～15分钟，如果可能，烤至一半加盖铝箔以防上色过度。布里欧修面包应避免过度烘烤或过度上色，以确保质地柔软。

入门食谱

4人份

准备：25分钟
烘烤：8分钟
静置：1夜+20分钟

核心技法

擀、用裱花袋挤、折叠、铺满

工具

裱花袋、厨师机、擀面杖、直径24厘米的比萨烤盘

巧克力比萨

巧克力布里欧修面团

10克酵母
150克面粉
4克盐
10克细砂糖
10克可可粉
2个鸡蛋（100克）
80克黄油

比萨填料

10克可可粉
15克粗红糖
30克高脂厚奶油
10克黄油
10克液体奶油

烤熟后的填料

25克牛奶巧克力
25克可可含量为70%的黑巧克力
10克液体奶油

01.

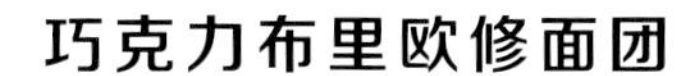

巧克力布里欧修面团

制作的前一天，在厨师机的搅拌桶中撒入酵母，再倒入面粉，然后加入盐、细砂糖、可可粉和鸡蛋。充分搅拌。

当面团不再粘连桶壁后，加入黄油，继续揉5分钟。当面团变得光滑而且完全脱离桶壁后，关闭厨师机。

将面团放在室温下静置1小时以上，然后折叠：将面团对折，擀出里面的气泡，然后在冰箱里放置1夜。

02.

制作当天，把面团对半切开，然后揉成2个球形。

把每个球形面团擀成直径28厘米的圆饼。用手指在边缘捏出褶皱，把面团翻过来，铺在直径为24厘米、垫好烘焙纸的比萨烤盘上。

03.

比萨填料

将烤箱预热到200°C。在放入比萨之前，先用餐叉扎上间隔均匀的孔。撒上薄薄的一层可可粉，再撒上粗红糖。在室温下静置20分钟。把高脂厚奶油装入裱花袋，挤在上面。把切成块的黄油摆在面团上。浇上少量液体奶油。以200°C烘烤8分钟。

04.

烤熟后的填料

把比萨从烤箱中取出，把黑巧克力和牛奶巧克力切碎，均匀地摆在上面。浇上少量液体奶油。冷却片刻，使奶油渗入并浸透面包。切块，然后端上餐桌。

入门食谱

让-保尔·埃万

从开始品尝，就能感受到这是一座能量与营养的宝库，快乐变得绵远悠长。

美味咕咕霍夫

可以制作2个6人份咕咕霍夫

准备：20分钟
烘烤：45分钟
静置：3小时30分钟

核心技法

软化黄油

工具

2个6人份咕咕霍夫模具、油刷

70克士麦那（Smyrne）葡萄干
2毫升棕色朗姆酒
300克面粉
30克水
20克面包鲜酵母
230克黄油
+20克用于涂模具
1.5茶匙盐
12.5克细砂糖
2个大鸡蛋（125克）
+1个用于上色（50克）
10克开心果，切小粒
40克杏干，切小粒
10个去皮的完整杏仁

01.

把葡萄干洗净，放入碗中。倒入30毫升沸水，再加入棕色朗姆酒。静置1小时使其膨胀。在沙拉碗中，用抹刀把35克面粉、水和酵母搅拌成均匀的面团，做成种面团。表面覆盖茶巾，在温度适宜的地方静置1小时30分钟。

种面团对温度很敏感，要于温暖处静置。

02.

把黄油、盐、细砂糖、60克面粉和种面团放入沙拉碗中。将2个大鸡蛋搅打散，将¼蛋液加入碗中。用抹刀混合，然后加入另外¼鸡蛋和另外60克面粉。重新搅拌，然后慢慢倒入剩下的鸡蛋和面粉。最后放入沥干的葡萄和切成小粒的开心果和杏干。小心地搅拌。

03.

在2个6人份咕咕霍夫模具内壁涂上黄油，用室温软化黄油把杏仁粘在底部，铺满模具底部一圈。

把面团等分成2份，在每一份上撒少许面粉，揉成粗长条形。把粗长条形面团装入模具（绕中心的圆柱一周）。

在每个面团上撒上足够的面粉，但不要太多，以免混合物失去稳定性。

04.

05.

在烤好的咕咕霍夫蛋糕上撒上足够多的糖粉，这样可以在室温下保存5天。

将1个鸡蛋打散，用油刷涂在面团表面。表面覆盖茶巾，于温暖处放置2～3小时。将烤箱预热到190°C。放置之后，面团会膨胀到模具边缘。放入烤箱，将温度降至160°C，烘烤45分钟。从烤箱中取出咕咕霍夫蛋糕，脱模。

一种只填了香草味布丁的布里欧修面团。简单易做，但美味无穷！

入门食谱

8人份

准备：40分钟
烘烤：45分钟
静置：2小时15分钟

核心技法

擀、撒面粉、垫底、揉面、折叠

工具

搅拌碗、直径28厘米的挞模、擀面杖

波本香草布丁挞

布里欧修面团

2毫升牛奶
10克面包酵母
2个常温鸡蛋（100克）
20克细砂糖
4克盐
200克面粉
+50克用于操作台
80克常温黄油
+25克用于涂模具

布丁奶油

1升全脂牛奶
2个塔希提香草荚（波本香草）
2个鸡蛋（100克）
2个蛋黄（40克）
200克细砂糖
100克玉米淀粉或淡奶油粉
50克黄油

如果您有厨师机，可以利用搅拌钩揉面。注意提前几小时将黄油和鸡蛋从冰箱中取出，使其恢复室温。

布里欧修面团

把牛奶煮至温热，加入酵母使其溶解。在搅拌碗中，用打蛋器把鸡蛋、细砂糖和用牛奶调开的酵母搅拌均匀。在面粉中加入盐，然后倒入前面的混合物中。多搅拌一会儿面团，使其变得黏稠而有弹性。

慢慢加入黄油，持续搅拌直至面团变均匀。表面覆盖茶巾，在没有空气流动的地方放置1小时30分钟至2小时。在直径28厘米的挞模内壁涂上黄油。在操作台上撒上面粉，把面团擀至3～4毫米厚，修整成与模具相似的尺寸，边缘多留出5毫米，然后垫在模具里，把多余的面团折到外面。放在阴凉处静置，备用。

01.

02.

布丁奶油

把牛奶倒入平底锅中，放入剖开并刮出籽的香草荚。加热牛奶，然后离火，浸泡15分钟。取出香草荚，然后把香草牛奶煮沸。

03.

在搅拌碗中，将2个全蛋和蛋黄打散，充分搅拌。慢慢倒入细砂糖，再倒入玉米淀粉。

04.

把煮沸的牛奶浇在混合物上，慢慢搅拌均匀。一边不断搅拌，一边把奶油煮沸。当奶油变浓稠后，平底锅离火，放入切成块的黄油，继续搅拌几秒钟。

05.

把布丁奶油涂在生的挞底上。在室温下放置30分钟，使其冷却。将烤箱预热到180°C。挞入炉后烘烤30分钟左右。出炉后使其彻底冷却，然后品尝。

圣特罗佩挞

6人份

准备：30分钟
烘烤：20分钟
静置：2小时

核心技法

擀、垫底、使表面平滑、用裱花袋挤、折叠

工具

刮刀、高边模具、油刷、裱花袋、厨师机、擀面杖

圣特罗佩挞面团

250克面粉
6克盐
35克细砂糖
10克面包鲜酵母
5毫升全脂牛奶
2.5个鸡蛋（125克）
90克室温软化黄油

奶酥粒

25克熔化的黄油
20克细砂糖
30克面粉
1个蛋黄（20克）

慕斯琳奶油

100克奶油霜
100克卡仕达酱

修整和摆盘

橙子利口酒
糖粉

专业食谱

01.

圣特罗佩挞面团

依照做布里欧修面团的步骤，根据本食谱调整食材用量，揉成面团。

放入冰箱冷藏30分钟，然后折叠。将面团擀成2.5毫米厚的面饼，放入涂好黄油的高边模具中。在室温下放置1小时30分钟使其膨发。布里欧修面团的体积会变成原来的2倍。

02.

奶酥粒

把所需的材料搅碎，混合均匀，然后放入冰箱中。以热风循环模式将烤箱预热到170°C（温控器调到6挡）。当混合物变冷后，在布里欧修面团表面刷上打散的蛋黄，然后将奶酥粒均匀铺在面团表面。放入烤箱烘烤15～20分钟。

03.

04.

出炉后，放在架子上冷却，然后用带齿的刀将烤好的面饼横向切成两半。

05.

慕斯琳奶油

把卡仕达酱和奶油霜分别搅拌至质地柔滑，然后用刮刀小心地混合在一起。装入裱花袋。

06.

修整和摆盘

用刷子在2片布里欧修圆饼上刷上橙子利口酒。

07.

把慕斯琳奶油挤在下面的布里欧修圆饼上，然后盖上上方的圆饼（带有奶酥粒）。撒上糖粉作为装饰。

基 础 食 谱

可以制作16～20个华夫饼

准备：15分钟
烘烤：5分钟
静置：1小时

25克面包鲜酵母
50毫升温牛奶
500克面粉
30克细砂糖
1撮盐
5个稍稍搅拌过的鸡蛋（250克）
250克熔化的黄油
糖粉

华夫饼面团

这是什么
一种面团，用于制作柔软酥脆的华夫饼

核心技法
使发酵、使表面平滑

工具
华夫饼模具、长柄小汤匙、油刷、厨师机

食谱
大理石纹华夫饼

01.

在小碗中用10毫升温牛奶溶解酵母。放置10分钟。

02.

03.

在此期间，把面粉、细砂糖、盐、鸡蛋、剩下的牛奶和35毫升温水放入搅拌机的搅拌桶中，搅拌成质地柔滑的面团。最后加入溶解的酵母和熔化的黄油，搅拌均匀。

把面团放入一个大沙拉碗中，表面覆盖茶巾。于温暖处发酵1小时以上。面团的体积会变成原来的2倍。

04.

将华夫饼模具加热，用刷子在格子上刷上黄油。搅拌华夫饼面团，使其稍稍排气。用长柄小汤匙把面团放入凹槽中，烘烤4~5分钟。烤好的华夫饼表面应呈漂亮的金黄色。撒少许糖粉，配上尚蒂伊奶油端上餐桌。

入门食谱

4人份

准备：15分钟
烘烤：5分钟

核心技法

制作焦化黄油

工具

华夫饼模具、长柄大汤匙、油刷、厨师机

大理石纹华夫饼

300克面粉
1袋泡打粉
120克细砂糖
3个鸡蛋
50毫升牛奶
100克半盐黄油
1汤匙无糖可可粉

01.

把面粉、泡打粉和细砂糖倒入带搅拌桨的厨师机搅拌桶。混合均匀后在中间挖一个洞，打入鸡蛋。启动厨师机，再次搅拌均匀。在搅拌的同时缓缓倒入40毫升牛奶。

用小火把黄油熬化，多熬几分钟，直至熬出榛子味，制成焦化黄油。将黄油放入步骤1的面团中，重新搅拌。搅拌均匀后，关闭厨师机。

02.

用巧克力碎屑装饰华夫饼。

把面团分成2份，分别放入2个沙拉碗中。在其中一个碗中倒入可可粉和剩下的牛奶，混合均匀。

03.

04.

预热华夫饼模具，用刷子刷上黄油。用长柄大汤匙在每个凹槽中舀入1勺原味面团和1勺巧克力面团。合上模具，烘烤5分钟，烤到一半时把面块翻过来。烤好的华夫饼表面应呈金黄色。重复操作，直至把面团用完。立刻端上餐桌。

奶油

慕斯

奶油和慕斯

基础食谱

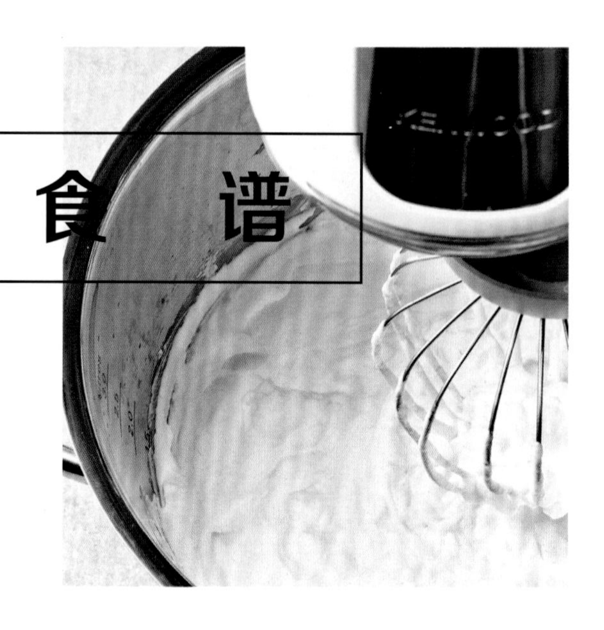

准备：10分钟

20毫升全脂液体奶油
2汤匙糖粉

打发奶油或尚蒂伊奶油

这是什么
一种打发甜奶油

特点及用途
与新鲜水果一起食用，或用于稀释某些奶油（卡仕达鲜奶油、巴伐利亚奶油）

其他形式
马斯卡彭奶酪打发奶油、克里斯托夫·米夏拉克的开心果尚蒂伊奶油、克里斯托夫·米夏拉克的苹果烧酒尚蒂伊奶油

核心技法
打发至中性发泡（可以拉出小弯钩）

工具
电动搅拌机或厨师机

食谱
覆盆子脆巧克力、椰香甜杏蛋糕、爱情蛋糕、荔枝树莓香槟淡慕斯，*克莱尔·海茨勒*
富士山，*让-保尔·埃万*
赛蓝蛋糕、摩卡蛋糕、勒蒙塔蛋糕，*菲利普·孔蒂奇尼*
甜蜜乐趣，*皮埃尔·艾尔梅*
香草酸橙花闪电泡芙，我的朗姆巴巴，*克里斯托夫·亚当*
提拉米苏脆皮泡芙、柠檬草尚蒂伊奶油长巴巴蛋糕、开心果奶油草莓挞、苹果焦糖泡芙、东方情谊红色泡芙、糖衣榛子脆心巧克力、莫吉托式绿色泡芙，*克里斯托夫·米夏拉克*
阿兰·杜卡斯的朗姆巴巴
柠檬牛奶米布丁
杧果马萨利亚慕斯蛋糕
卡仕达鲜奶油新鲜水果挞

01.

把奶油倒入带打蛋器的厨师机搅拌桶中。搅拌，并逐渐加快速度。

02.

当奶油的质地逐渐变浓稠后，一边搅拌一边加入糖粉。继续搅拌，直至提起打蛋器时顶端出现一个小弯钩（中性发泡）。使用前应放在阴凉处保存。

在开始制作前，先把厨师机的打蛋器和搅拌桶放入冷冻柜冷冻。奶油也要用冷藏过的。

如果您没有厨师机，可以用电动搅拌机。

人们食谱

8人份

准备：30分钟
烘烤：30分钟
静置：1小时

核心技法

搅打至发白、用裱花袋挤、剥皮

工具

直径28厘米的环形模具、漏勺、配圣奥诺雷蛋糕裱花嘴的裱花袋、刨刀、厨师机、Silpat®牌烘焙垫

柠檬牛奶米布丁

米布丁

200克粳米
75毫升椰奶
25毫升柠檬汁
1个香草荚
4个蛋黄（80克）
150克细砂糖

打发奶油

250毫升全脂液体奶油
60克马斯卡彭奶酪
30克细砂糖

组合和修整

1个青柠的果皮

在柔软滑腻的米布丁中，微酸的椰子柠檬牛奶既是制作面团的材料，又是这道曾被很多人改造过的柠檬挞的内馅。顶部装饰的打发奶油会让人误以为这是个蛋糕，不要被骗了！

米布丁

将烤箱预热到150°C。把粳米洗净，放入深平底锅或双耳盖锅中，倒入冷水，高度以刚好没过米为准。煮沸，然后继续煮1分钟。用漏勺过滤出粳米，沥干，用冷水洗净。将粳米放回平底锅中，然后放入椰奶、柠檬汁和剖开并刮出籽的香草荚（连同香草籽）。煮至微滚，然后离火。

加盖，放在炉子上继续煮20～25分钟。

蛋黄打散，慢慢倒入细砂糖，直至混合物变白。待米煮熟变软后，离火，取出里面的香草荚，然后倒入蛋黄与糖的混合物。

用抹刀或刮刀小心地连续搅拌2分钟，使混合物产生黏性。

01.

您可以用液体奶油代替椰奶，在倒柠檬汁的时候要少许少许慢慢倒，然后再煮。

02.

把直径约28厘米的环形模具摆在Silpat®牌烘焙垫上，放入粳米混合物，待其变温后，放入冰箱冷藏1小时。待米彻底变凉后脱模。

03. 打发奶油

把液体奶油、马斯卡彭奶酪和细砂糖放入带打蛋器的厨师机搅拌桶中。把混合物搅打至质地紧实，然后装入配圣奥诺雷蛋糕裱花嘴的裱花袋中。

04.

组合和修整

把打发奶油挤在圆形米布丁的整个表面上，形成由中央向四周扩散的螺旋形，或者挤成辫子形。最后用刨刀在奶油上擦上少许青柠果皮。

专业食谱

克里斯托夫·米夏拉克

开心果奶油草莓挞

可以制作1个大挞

准备：40分钟
烘烤：35分钟
静置：1夜

核心技法

擀、浇一层

工具

12厘米×35厘米的不锈钢框架、小漏斗、搅拌机、手持搅拌机、厨师机、擀面杖、Silpat®牌烘焙垫

开心果尚蒂伊奶油

220克脂肪含量为35%的UHT奶油
100克法芙娜牌Opalys系列调温白巧克力，可可含量为33%
15克开心果酱

林兹酥饼

120克T45面粉
4克泡打粉
20克糖粉
110克黄油
5克朗姆酒
20克杏仁粉
4克盐之花

开心果软饼干

60克杏仁粉
110克糖粉
15克马铃薯淀粉
50克开心果粉
30克开心果酱
1个蛋黄（20克）
5份蛋清（160克）
40克细砂糖
½撮盐之花
80克黄油

糖渍草莓

250克佳丽格特草莓
40克粗红糖
2克NH果胶

修整

100克草莓果冻
1千克佳丽格特草莓
50克切碎的开心果

我经常尝试改进这道草莓挞……但结果永远是白费力气！这是我最珍爱的经典甜点之一，我觉得它永远不会过时！

01.

开心果尚蒂伊奶油

在制作的前一天，把奶油煮沸，浇在调温白巧克力和开心果酱上，然后用手持搅拌机搅拌成均匀的混合物，再用小漏斗过滤，放入冰箱冷藏一夜。

02.

林兹酥饼

制作当天，将烤箱预热到160°C。在带搅拌桨的厨师机搅拌桶中混合面粉、泡打粉、糖粉、黄油、朗姆酒、杏仁粉和盐之花，制成甜酥面团。

03.

将甜酥面团夹在2张烘焙纸中间，擀至2毫米厚。把不锈钢框架放在Silpat®牌烘焙垫上，将甜酥面团切成12厘米×35厘米的长方形，用餐叉插一些孔，入炉烘烤20分钟左右。

开心果软饼干

您可以自己制作开心果酱：只需把开心果去壳，烤好再研碎即可……充满乐趣！

将烤箱预热到180°C，把黄油熔化。

在搅拌机中，把杏仁粉、糖粉、马铃薯淀粉、开心果粉、开心果酱、蛋黄和80克蛋清混合均匀，制成杏仁面团。

用打蛋器把剩下的蛋清、细砂糖和½撮盐之花混合。把做好的蛋清混合物与混合好的开心果杏仁面团混合，然后慢慢倒入熔化的黄油。

把软饼干面糊浇在林兹酥饼上，烘烤15分钟左右，直至饼干变紧实。

糖渍草莓

把草莓洗净、去梗并搅成果泥。在平底锅中，把草莓果泥、粗红糖和NH果胶煮沸，然后继续煮1分钟，制成糖渍草莓。

04.

05.

修整

把草莓洗净去梗。把糖渍草莓均匀地涂在开心果饼干上，其上再摆放草莓，然后浇上一层草莓果冻。将冷藏的开心果奶油取出搅打成尚蒂伊奶油，装入裱花袋，在排好的草莓上挤上奶油花饰，然后撒上切碎的开心果。

专业食谱

克里斯托夫·米夏拉克

这是以前我为雅典娜广场酒店发明的一道甜点，一种焦糖比较少、味道更丰富的未来派焦糖泡芙。这是我的爱情小苹果，我将它献给我美丽的妻子德尔菲娜。

苹果焦糖泡芙

可以制作25个泡芙

准备：40分钟
烘烤：50分钟

核心技法

防粘处理、切丁、稀释、去核、用裱花袋挤、把黄油打成膏状

工具

直径5厘米的饼干模、刮刀、油刷、配12号圆口裱花嘴和10号圆口裱花嘴的裱花袋、厨师机

泡芙

泡芙面团（可以制作25个泡芙）
脆皮面团（可以制作25片圆形脆皮）

焦糖苹果

2个黄香蕉苹果
50克细砂糖
15克半盐黄油

苹果烧酒尚蒂伊奶油

300克液体奶油
30克马斯卡彭奶酪
15克粗红糖
15克苹果烧酒

雅恩·芒吉焦糖瓦片

30克半盐黄油
30克细砂糖
+80克用于做苹果梗
小号苹果（仅用于为瓦片饼塑形）

组合

泡芙

01.

将烤箱预热到210°C。按照第278页的步骤制作一份泡芙面团和一份脆皮面团，泡芙面团装入裱花袋，在铺好烘焙纸的烤盘上挤出25个泡芙坯。将脆皮面团擀平，切出25片圆饼。在每个泡芙上摆上一片圆形脆皮，然后在关闭的热烤箱中放置10分钟。重新打开烤箱，调到165°C，将泡芙烘烤10分钟。

02.

焦糖苹果

苹果削皮，去除果核。用小刀把果肉切成小块。密封保存，在此期间准备制作焦糖。

在平底锅中放入糖，加热（无须加入水），直至变成棕色的焦糖。加入半盐黄油，搅拌以稀释焦糖。

把苹果块放入平底锅中，加盖煮15分钟。

03.

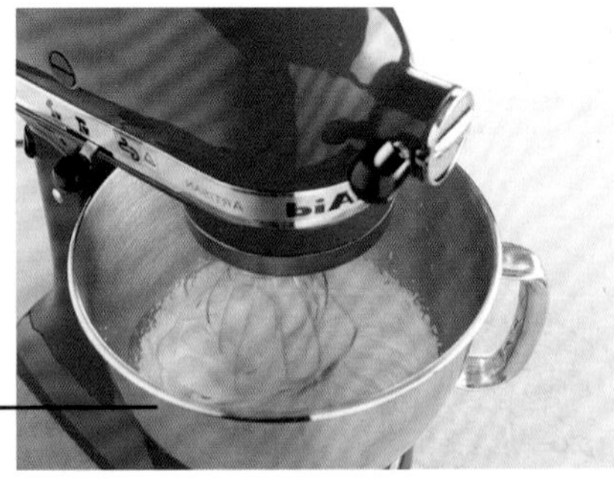

苹果烧酒尚蒂伊奶油

把奶油、马斯卡彭奶酪、粗红糖和苹果烧酒放入厨师机搅拌桶。用打蛋网搅拌成质地较紧实，但又不过于紧实的尚蒂伊奶油。装入配12号圆口裱花嘴的裱花袋中，备用。

雅恩·芒吉焦糖瓦片

将烤箱预热到190°C（温控器调到6～7挡）。用刮刀把半盐黄油多搅拌一会儿，直至搅拌成膏状。用油刷在防粘烤盘的整个表面刷上一层黄油。

在烤盘上撒上细砂糖，然后微微翻转一下烤盘，使糖分布均匀，形成保护层。

用直径5厘米的饼干模切出25个圆饼。把烤盘放入烤箱，烘烤2分钟。

04.

05.

从烤箱中取出，静置1分钟使其冷却，然后揭下焦糖圆饼，摆在小号苹果上。静置几分钟，使焦糖变干，然后揭下焦糖瓦片：它会变成苹果顶端的形状。放在干燥的地方保存。

06.

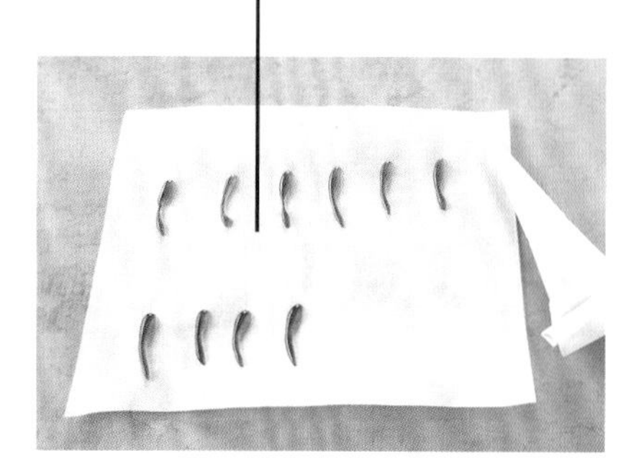

为制作焦糖苹果梗，先把细砂糖熬成棕色的焦糖，装入用烘焙纸卷成的小圆锥形裱花袋中，在烘焙纸上挤出25个苹果梗。干燥后，将其粘在瓦片中间。

07.

组合

在泡芙的底部挖一个洞。将焦糖苹果装入配10号圆口裱花嘴的裱花袋中，填入泡芙中。把隆起的一面朝下摆放，在扁平的一面挤上一个漂亮的苹果烧酒尚蒂伊奶油球。

可以用小裱花嘴在泡芙扁平的一面挖洞。

08.

把塑成苹果形状的焦糖瓦片小心地摆在尚蒂伊奶油上。

基 础 食 谱

准备：10分钟
烘烤：10分钟

9个或10个蛋黄（190克）
100克细砂糖
1升牛奶
2个塔希提香草荚

英式奶油

这是什么
一种用蛋黄、糖和牛奶做成的奶油，用来浇在甜点上，通常用香草增香

特点及用途
用于搭配甜点，或用于制作其他奶油（巴伐利亚奶油）

其他形式
克莱尔·海茨勒的香草冰激凌、菲利普·孔蒂奇尼的香草冰激凌奶油

核心技法
搅打至发白、煮至黏稠

工具
温度计

食谱
2000层酥，*皮埃尔·艾尔梅*
伊斯法罕，*皮埃尔·艾尔梅*
无限香草挞，*皮埃尔·艾尔梅*
妒火，*皮埃尔·艾尔梅*
蛋白霜
樱桃风暴佐罗勒冰激凌，*克莱尔·海茨勒*
半熟巧克力舒芙蕾，配香草冰激凌，*克莱尔·海茨勒*
蒙特克里斯托，*菲利普·孔蒂奇尼*
巴伐利亚奶油
百分百巧克力，*皮埃尔·艾尔梅*

01.

把蛋黄和细砂糖放入沙拉碗中，搅打至变白。

02.

在平底锅中，把牛奶和剖开并刮出籽的香草荚煮沸。

03.

沸腾后，把香草牛奶倒在打发至变白的蛋液上，取出香草荚。再将混合物全部倒回平底锅中，煮至黏稠，约83°C。

04.

当奶油开始粘连木勺后，离火，冷却。

入门食谱

6人份

准备：20分钟
烘烤：25分钟

工具

电动搅拌机、漏勺、长柄大汤匙

蛋白霜

香草英式奶油

9个蛋黄（180克）
100克细砂糖
1升全脂鲜牛奶
2个塔希提香草荚

打发蛋清

1升全脂牛奶
8个蛋清（240克）
1撮盐
40克细砂糖

焦糖

2汤匙水
1汤匙葡萄糖浆
100克砂糖块

摆盘

01.

香草英式奶油

按照第372页的步骤制作一份英式奶油，但要使用本食谱的材料和比例。

02.

打发蛋清

把牛奶倒入平底锅中煮沸。在蛋清中加一撮盐，用搅拌器打发。当蛋清变紧实后，加入细砂糖。舀出1汤匙打发的蛋清，放入煮沸的牛奶中。继续煮2分钟，用漏勺上下搅动，然后把漏勺放在碟子上沥干。这样一汤匙一汤匙地把打发的蛋清舀入牛奶中熬煮，然后冷却。

03.

焦糖

在平底锅中倒入水、葡萄糖浆和砂糖块。用中火加热，不要搅动，熬成透亮的焦糖。

04.

摆盘

用长柄大汤匙把2勺英式奶油舀入小碗或深碟中，然后舀上一勺打发的蛋清。用汤匙把焦糖舀出来浇在蛋清上，作为装饰。

专业食谱

克莱尔·海茨勒

用酸樱桃做成的果酱为这道甜点增添了一丝酸味，而渍煮樱桃则甜味更重，同时也带来一缕芳香。樱桃的滋味在这道甜点中得到了全面展示，罗勒则唤醒了它酸糖果一般的味道，特别适合在夏天享用。

樱桃风暴佐罗勒冰激凌

10人份

准备：1小时30分钟
烘烤：1小时
静置：3小时

核心技法

擀、搅打至发白、小漏斗、用保鲜膜覆盖严密、做成椭圆形、挤压

工具

环形模具、小漏斗，直径5厘米、3厘米和1厘米的饼干模，冰激凌机、垫布、Silpat®牌烘焙垫、温度计

渍煮樱桃

6个橙子
1个柠檬
1升水
150克细砂糖
15克维生素C
5个豆蔻荚
3颗丁香
1个八角
1个香草荚
250克速冻欧洲酸樱桃
1.5千克甜樱桃

罗勒冰激凌

500克全脂牛奶
75克液体奶油
20克罗勒叶
125克细砂糖
40克奶粉
35克葡萄糖
3克“Stab 2000”冰激凌稳定剂
4个蛋黄（80克）

酸樱桃果酱

500克欧洲酸樱桃
130克细砂糖
6克NH果胶
1个柠檬

杏仁果冻

1.5片明胶（3克）
75克液体奶油
100克牛奶
15克扁桃仁糖浆
10克细砂糖
1克琼脂

佛罗伦萨（杏仁焦糖脆饼）

45克黄油
20克葡萄糖
55克细砂糖
1克NH果胶
20克切成薄片的杏仁

填料

100克鲜杏仁
1枝矮罗勒
10个樱桃

摆盘

渍煮樱桃

挤压橙子和柠檬。把挤出的果汁倒入平底锅中，再加入水、细砂糖、维生素C、切成两半的豆蔻荚、丁香、八角、香草荚和欧洲酸樱桃。煮沸，然后浸泡2小时。

一边挤压一边用小漏斗过滤混合物，收集汁液，尽量保留其风味，倒入另一个平底锅中。甜樱桃去核并切成两半，把前面收集到的风味糖浆煮沸，浇在甜樱桃上，用烘焙纸把甜樱桃盖严。

01.

像煮英式奶油一样煮罗勒冰激凌混合物。煮的同时不断搅拌。

罗勒冰激凌

02.

把牛奶和液体奶油倒入平底锅中，煮沸。关火，然后加入罗勒叶，浸泡2小时。用小漏斗过滤，并尽可能将罗勒叶沥干。

把65克细砂糖和奶粉、葡萄糖、“Stab 2000”冰激凌稳定剂混合。把混合物迅速倒入加热到40°C的牛奶、奶油和罗勒的混合物中。混合后煮沸。

在此期间，在蛋黄中加入剩下的60克细砂糖，用打蛋器打发至混合物变白。将打发的蛋白倒入前面的液体中，煮至83°C。用小漏斗过滤，冷却，然后放入冰激凌机做成冰激凌。

03.

酸樱桃果酱

把欧洲酸樱桃、100克细砂糖和挤出并过滤的柠檬汁放入平底锅中，加热到40°C。把剩下的糖与果胶混合，迅速倒入欧洲酸樱桃中。煮沸。冷却。

04.

杏仁果冻

把明胶放在盛有冷水的碗中浸泡。把液体奶油、牛奶和扁桃仁糖浆倒入平底锅中，混合，然后加热到40°C。把细砂糖和琼脂混合，然后快速倒入前面的混合物中。煮沸，然后加入沥干的明胶，混合均匀。

把混合物铺涂在Silpat®牌烘焙垫上，使其凝固。用直径5厘米和1厘米的饼干模切出30个大圆饼和30个小圆饼。

05.

用刀把冷却的果酱切碎。

烘烤时间和温度仅供参考；需要根据您使用的烤箱功率进行调整。

佛罗伦萨（杏仁焦糖脆饼）

把黄油和葡萄糖放入平底锅，然后加热至40°C。把细砂糖和果胶混合，然后迅速倒入前面的混合物中，煮至104°C。

把做好的混合物夹在两张烘焙纸中间，然后放入冰箱冷藏1小时。

将烤箱预热到180°C。揭下上面的烘焙纸，撒上切成薄片的杏仁，然后放入烤箱烘烤。烤至上色，然后用直径3厘米的饼干模切成圆饼。

06.

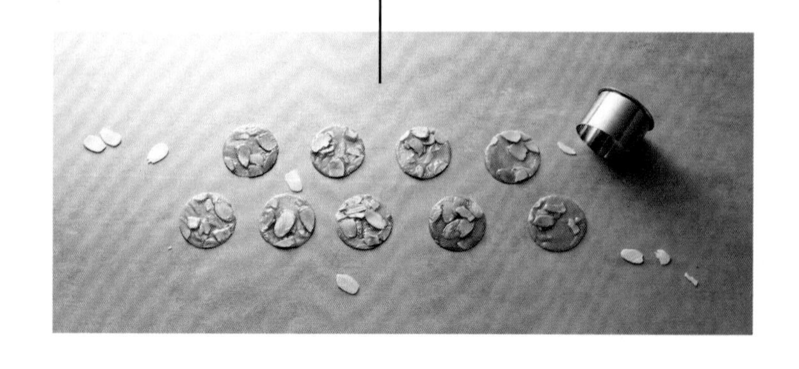

填料

将新鲜的杏仁剖开，切成小条状。摘下矮罗勒的叶子。

摆盘

把欧洲酸樱桃果酱放入一个较深的餐盘底部。盘中放上饼干模，把渍煮樱桃摆在上面，摆成一个圆形花饰。

08.

摆上3片杏仁果冻小圆饼和3片大圆饼。摆上鲜杏仁条和罗勒叶作为装饰。在圆形花饰中间，摆上一个椭圆形的罗勒冰激凌，然后摆上一个佛罗伦萨（杏仁焦糖脆饼）和一个完整的樱桃。

专业食谱

克莱尔·海茨勒

这道甜点尝起来确实美味，首先尝到的是酥脆，中间则是温和的岩浆夹心……配上我最爱的马达加斯加香草冰激凌，香草的柔和平衡了巧克力的醇厚，这道舒芙蕾从第一口到最后一口都美味无穷。

半熟巧克力舒芙蕾，配香草冰激凌

可以制作6个舒芙蕾

准备：30分钟
烘烤：10分钟
静置：2小时

核心技法

打发至中性发泡（可以拉出小弯钩）、搅打至发白、用小漏斗过滤、隔水炖、使表面平滑

工具

小漏斗、刮刀、手持搅拌机、6个舒芙蕾模具、6个独立的小罐子、油刷、厨师机、冰激凌机、温度计

香草冰激凌

500克全脂牛奶
75克液体奶油
2个波本香草荚
125克细砂糖
40克奶粉
35克葡萄糖
3克“Stab 2000”冰激凌稳定剂
4个蛋黄（80克）

用于涂抹模具内壁

100克室温软化黄油
100克细砂糖

半熟巧克力舒芙蕾

210克黑巧克力（法芙娜牌加勒比系列，可可含量为66%）
200克全脂牛奶
2个蛋黄（40克）
10克玉米淀粉
6份蛋清（180克）
60克细砂糖

香草冰激凌

01.

把牛奶和液体奶油倒入平底锅中，然后煮沸。加入剖开并刮出籽的香草荚（连同香草籽），浸泡2小时。用小漏斗过滤。

把浸泡香草的牛奶加热到40°C。把65克细砂糖、奶粉、葡萄糖和“Stab 2000”冰激凌稳定剂混合均匀。把混合物迅速倒入加热至40°C的牛奶中，一起煮沸。

02.

在此期间，搅拌蛋黄和剩下的60克细砂糖，直至混合物变白。向其中倒入⅓浸泡香草的牛奶，混合，然后倒回平底锅中，煮至83°C。用小漏斗过滤，冷却，然后放入冰激凌机做成冰激凌。把冰激凌装入独立的小罐子，放入冷冻柜保存。

用于涂抹模具内壁

03.

将烤箱预热到190°C（温控器调到6～7挡）。用油刷在6个舒芙蕾模具内壁刷上黄油，放入冰箱使其凝固，然后再刷一遍。撒上一层细砂糖，形成保护层。

半熟巧克力舒芙蕾

黑巧克力隔水炖化。将全脂牛奶倒入平底锅中煮沸。将蛋黄和淀粉混合均匀，倒入煮沸的牛奶，然后将混合物倒回平底锅中。一起煮沸。

加入熔化的巧克力，用手持搅拌机把混合物搅拌至质地柔滑。将蛋清加入厨师机的搅拌桶中，再加入糖，打发至中性发泡（可以拉出小弯钩）。当蛋打发后，取出⅓与前面的混合物混合。用刮刀小心地搅拌，然后把剩下的打发蛋白加入混合物中。

04.

烘烤时间和温度仅供参考；需要根据您使用的烤箱功率进行调整。

05.

把混合物填入模具，边缘留出1厘米的高度。放入烤箱烘烤10分钟，保证舒芙蕾中间是熔化的。立刻端上桌，搭配香草冰激凌食用。

专业食谱

菲利普·孔蒂奇尼

我想在这道甜点中重现我吸第一口蒙特克里斯托5号雪茄，或品尝一小滴布拉纳梨子酒的感觉。一种微酸而富有异国情调的感觉。我明显感受到了加勒比气息：椰子，百香果，香料面包，香草、菠萝和香料。通过将各种香料组合在一起，我成功再现了这种感觉。

蒙特克里斯托

6人份

准备：40分钟
烘烤：8小时
静置：12小时+2小时40分钟

核心技法

捣碎、做成椭圆形、烤、剥皮

工具

喷枪、小漏斗、高边模具、漏斗、烘烤盘、真空蒸煮袋、温度计、制冰机、剥皮器

香草奶油冰激凌

50毫升低脂牛奶
25毫升液体奶油
3个香草荚，取出香草籽
10个蛋黄（200克）
125克细砂糖

煮菠萝

2个熟透的甜维多利亚菠萝
3枝薄荷
3枝芫荽
3大汤匙加香料的红糖
3个香草荚，取出香草籽
3撮盐之花（3克）
3汤匙橄榄油
3汤匙青柠汁
3个八角大茴香

香料面包

135克低脂牛奶
1颗丁香
30克切成薄片的杏仁
90克黄油
80克赤砂糖
110克液体蜂蜜
2个小号鸡蛋（80克）
105克T45面粉
60克荞麦面粉
1克盐之花
3克小苏打
40克橙子和柠檬的果皮
20克切成薄片的糖渍生姜
2克桂皮
2克做香料面包用的香料
1克甘草粉
1撮丁香粉

焦糖开心果粗粉末

100克去壳的原味开心果
65克细砂糖
15克水
10克室温软化半盐黄油

腌制葡萄干

30克科林斯（Corinthe）葡萄干
100克水
30克棕色朗姆酒
20克调味红糖

椰奶汁

100克椰奶
10克细砂糖
1～2茶匙玉米淀粉
3滴烤椰果提取物

烟草汁（用作调料）

一大撮阿姆斯特丹棕色烟草（10克）
160克水
30克红糖
2汤匙玉米淀粉

修整

2个百香果
1茶匙盐之花
一平茶匙葛缕子的籽
一平茶匙长胡椒碎末（切得极细）
6片漂亮的薄荷叶
糖粉

01.

要不停地搅拌英式奶油，因为蛋黄可能会凝固。使这种冰激凌奶油保持柔软的秘诀在于煮的方法：要使其接近沸腾，又绝对不能沸腾。

香草奶油冰激凌

前一天，在平底锅中将低脂牛奶、液体奶油和香草籽煮沸。把蛋黄和细砂糖搅拌均匀。分两次把牛奶和奶油混合物倒入前面的混合物中，并搅拌均匀。把平底锅放在小火上，用木质抹刀搅拌：混合物会变浓稠。用漏勺过滤奶油，搅拌30秒钟，然后隔段时间搅拌一下，使其冷却。盖上食品保鲜膜，放入冰箱冷藏12小时。在把这道甜点端上餐桌前30分钟，把奶油放入制冰机做成冰激凌。

煮好后，捏一下菠萝片：菠萝片会变得很软，但不会变形。

煮菠萝

制作当天，将烤箱预热到100°C。菠萝削皮，切成6片，每片4厘米厚，中间硬芯部分挖去。在每个真空蒸煮袋中装入2片菠萝，然后放入1段薄荷、1段芫荽、1汤匙调味红糖、香草籽、1克盐之花、1汤匙橄榄油、1汤匙青柠汁和1个八角大茴香。把蒸煮袋扣上并密封起来，放入烤盘。烤盘中倒入热水，在烤箱内放置7～8小时。取出后放入冰箱冷藏。

02.

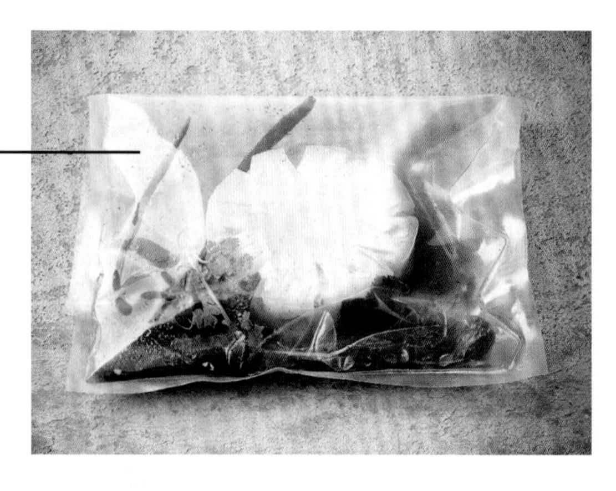

03.

香料面包

将烤箱预热到170°C。把低脂牛奶煮沸，放入丁香，浸泡5分钟，然后取出。把切成薄片的杏仁放入锅中烤熟。

用小火把黄油、赤砂糖和蜂蜜熔化。加入打好的鸡蛋并搅拌。

把面粉（T45面粉和荞麦面粉）、盐之花、小苏打、果皮、生姜和调料混合，然后倒入前面的混合物中。放入烤好的杏仁薄片，然后倒入温牛奶。在深模具上涂上黄油，撒上面粉，把面粉倒进去，至⅔处。放入冰箱冷藏10分钟，然后烘烤12分钟左右。

小心不要被开心果糖浆烫伤，它真的非常烫！

04.

焦糖开心果粗粉末

把开心果放入预热至150°C的烤箱中烘烤25分钟。在平底锅中放入细砂糖和水，煮沸，然后继续煮至116°C。加入烤好并冷却的开心果。在开心果上裹好糖浆，然后一边搅拌一边再煮 20分钟。加入室温软化的半盐黄油并混合均匀。倒在烘焙纸上，铺涂开，使其迅速冷却。冷却后，用手或较大的刀把干果压碎，压成比较粗的颗粒。

05.

腌制葡萄干

在平底锅中，把水、朗姆酒和调味红糖煮沸，然后放入科林斯葡萄干。冷却，加盖腌制2～3小时。把葡萄干沥干，密封保存。

椰奶汁

在平底锅中加入椰奶，再加入细砂糖煮沸。立刻倒入玉米淀粉，混合，然后用漏勺过滤。放入烤椰果提取物。椰奶汁的质地会变得像奶油一样。

06.

07.

烟草汁

在平底锅中，倒入冷水和红糖，然后煮沸。一边搅拌，一边慢慢撒上玉米淀粉。汁液会变得比较浓稠。冷却，然后放入烟草。混合，浸泡15～20秒钟，无须更久。用小漏斗过滤掉烟草，然后把汁液收集在小碗中。汁液会比较浓稠。把小漏斗中滤出的烟丝放入加热到150°C的烤箱中烤干。

烟草汁散发着龙涎香一般的香味和生姜一般的辛辣味，使这道甜点的味道结构更加丰富。这种汁液本身就是一种调料。尝一下，如果需要，可以根据个人口味，再加入红糖或青柠汁调味。

椭圆形冰激凌的质地、外形、大小和融化速度决定着摆盘的美观程度，是个性的重要体现。

修整

把香料面包斜着切开。把菠萝片沥干，汁液倒入平底锅中。熬到原来的一半，然后撒上玉米淀粉。冷却后，倒入百香果的果汁和籽。在菠萝片上撒上粗红糖，用喷枪把边缘烤焦。在菠萝上撒上盐之花、葛缕子的籽和胡椒碎末。在一个冷冻过的碟子上摆上一片菠萝、一片香料面包和一个椭圆形奶油冰激凌。撒上切碎的薄荷和腌制葡萄干。倒上少许百香果汁、烟草汁和椰汁。放上烤干的烟草和一枝薄荷，撒上糖粉。

08.

基 础 食 谱

准备：10分钟
烘烤：15分钟

7～8个蛋黄（150克）
140克细砂糖
100克玉米淀粉
500克牛奶
1个塔希提香草荚

卡仕达酱

这是什么
一种用蛋黄和糖做成的浓稠酱汁，通常用香草增香

特点及用途
填在各种蛋糕中，也可以此为基础制作其他酱（慕斯琳奶油、吉布斯特奶油）

其他形式
克里斯托夫·亚当的香草奶油

核心技法
搅打至发白

食谱
2000层酥，*皮埃尔·艾尔梅*
索列斯无花果成功蛋糕，*克里斯托夫·米夏拉克*
巧克力侯爵夫人蛋糕
圣特罗佩挞
香醋草莓挞
千层酥配果味焦糖香草奶油，*克里斯托夫·亚当*
慕斯琳奶油
草莓蛋糕
圣奥诺雷蛋糕
卡仕达鲜奶油
卡仕达鲜奶油新鲜水果挞

01.

将蛋黄和细砂糖放入沙拉碗中，搅拌至混合物发白。加入玉米淀粉，重新搅拌。在平底锅中倒入牛奶，放入香草籽，煮沸。

02.

牛奶沸腾后，浇在变白的蛋黄上，搅拌均匀。

03.

将混合物倒回平底锅中。

用小火煮4分钟，不停搅拌。冷却，如果不立刻使用应放入冰箱保存。

入门食谱

8人份

准备：30分钟
烘烤：20分钟

核心技法

捣碎、预烤、稀释、使表面平滑、去皮、用裱花袋挤、烤

工具

配8号普通裱花嘴的裱花袋

香醋草莓挞

填料

50克去壳的开心果
500克草莓
1个预烤过的甜沙酥面团挞底

香醋焦糖

20克水
50克细砂糖
5毫升意大利香醋

卡仕达酱

75毫升牛奶
1个香草荚
6个蛋黄（120克）
150克细砂糖
75克淡奶油粉
50克黄油

只需极少的材料就能提升这种简单的草莓挞……少许烤开心果碎片，少许意大利香醋焦糖，大功告成！

01.

填料

将烤箱预热到150°C。把去壳的开心果放在铺好烘焙纸的烤盘上，放入烤箱烘烤10分钟。从烤箱中取出，冷却，然后用刀大致捣碎。按照第24页的步骤制作一个预烤过的甜沙酥面团挞底。

02.

把草莓洗净，擦干，然后去梗。纵向切成两半。密封保存。

在挞底上涂上蛋清或椰子油作为隔离层，然后再挤上奶油，避免挞底变得太软。摆草莓时微微倾斜，会更好看。

香醋焦糖

在平底锅中放入水和细砂糖，用抹刀或木勺均匀搅拌，直至熬成棕色的焦糖。倒入意大利香醋以稀释，再次煮沸并离火，静置冷却。

03.

卡仕达酱

按照第392页的步骤制作一份卡仕达酱，但要使用本食谱的材料和比例。用打蛋器把卡仕达酱搅拌柔滑，然后装入配8号普通裱花嘴的裱花袋中。挤在预烤过的甜沙酥面团挞底上。

04.

05.

修整

把切成两半的草莓摆在奶油上，摆成环形模具状，然后撒上捣碎的开心果。在端上餐桌时，在挞表面转着圈浇上香醋焦糖。

专业食谱

克里斯托夫·亚当

这是一种对结构进行了重组的千层酥，是为亚当甜品店开业而特别创作的，突显了我的风格。千层面饼做成细条形，蘸着装在小瓶中的卡仕达酱食用，芳香的香蕉焦糖和酸酸的澳洲青苹果为其增添了活力。在让千层酥彻底改头换面的同时，又迎合了这个时代的口味潮流！

千层酥配果味焦糖香草奶油

10人份

准备：30分钟
烘烤：50分钟
静置：2小时20分钟

核心技法

擀、切丁、熬制、用裱花袋挤

工具

刮刀、手持搅拌机、2个裱花袋、10个杯状的酸奶瓶、厨师机、擀面杖

香草奶油

370克低脂牛奶
2个马达加斯加香草荚
45克细砂糖
30克淡奶油粉
1个鸡蛋（50克）
半个蛋黄（10克）
25克黄油

千层酥

300克T55面粉
150克水
5克盐
250克黄油
细砂糖

香蕉焦糖奶油

2个香蕉
70毫升全脂牛奶
115克细砂糖

组合和修整

270克淡奶油
1个澳洲青苹果
15克青柠汁

香草奶油

把低脂牛奶倒入平底锅中加热。微微煮沸后，离火，加入剖开并刮出籽的香草荚（连同香草籽）。浸泡20分钟。

在沙拉碗中，用打蛋器把细砂糖、淡奶油粉、鸡蛋和半个蛋黄用力搅拌均匀。从牛奶中取出香草荚，把⅓的牛奶浇在鸡蛋混合物上。全部倒入平底锅中，用小火煮至沸腾，然后一边搅拌一边继续煮1分钟。把平底锅离火，冷却。加入切成块的黄油，用手持搅拌机把混合物搅拌均匀。放入冰箱冷藏2小时。

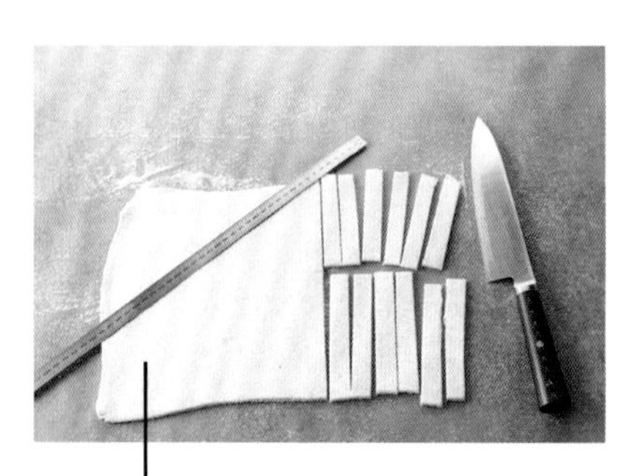

千层酥

按照第64页的步骤制作一份千层酥皮面团，但要使用本食谱的材料和比例。将烤箱预热到180°C。用擀面杖把千层酥皮面团擀至2毫米厚，然后在两面都撒上一点儿细砂糖。把面团切成20多个11厘米×2厘米的长方形，然后摆在铺好烘焙纸的烤盘上。在千层酥上再铺一张烘焙纸，其上压一个烤盘，然后放入烤箱。烘烤15分钟，然后取下上方的烤盘和烘焙纸。重新烘烤10分钟。

02.

03.

香蕉焦糖奶油

香蕉剥皮，放在小号沙拉碗中用餐叉压碎。倒入全脂牛奶，混合均匀。在平底锅中放入细砂糖，不加水熬成焦糖。倒入牛奶和香蕉混合物（稀释），用刮刀用力搅拌，把焦糖熬稀。离火，然后用手持搅拌机搅拌均匀。冷却，然后把混合物装入裱花袋，把顶端剪掉。

在擀面团时，不要犹豫，多撒些细砂糖，使其铺满面团表面。

04.

组合和修整

在带打蛋器的厨师机搅拌桶中，把淡奶油打发，直至质地变得足够紧实，用刮刀将打发的奶油慢慢拌入冷的香草奶油中。把混合物装入裱花袋中，把顶端剪掉。

05.

把香草奶油挤入10个杯状酸奶瓶中，高度至¾处。

青柠汁可以防止苹果快速氧化。

在上面挤一层2厘米左右厚的香蕉焦糖奶油。

用小刀把澳洲青苹果带皮切成小丁。倒入青柠汁并混合。把小丁均匀地摆在瓶中的香蕉焦糖奶油上。插入1～2条干层酥，端上餐桌。

06.

基础食谱

可以制作250克奶油

准备：25分钟
烘烤：10分钟
静置：1小时

2个鸡蛋（100克）
2个蛋黄（40克）
50克水
150克细砂糖
125克室温软化黄油
50克卡仕达酱

慕斯琳奶油

这是什么
在卡仕达酱中加入黄油或奶油霜做成的奶油

特点及用途
用于填在各种蛋糕中

其他形式
皮埃尔·艾尔梅的百香果慕斯琳奶油

核心技法
乳化

工具
刮刀、厨师机、温度计

食谱
2000层酥，*皮埃尔·艾尔梅*
圣特罗佩挞
草莓蛋糕
上天的惊喜，*皮埃尔·艾尔梅*

在带搅拌桨的厨师机搅拌桶中，把完整的鸡蛋液和蛋黄用最高速搅拌均匀。在小平底锅中加入水和细砂糖，加热熬成糖浆，注意监测温度。达到120°C时，将其慢慢倒入低速运转的厨师机搅拌桶。

01.

02.

慢慢加快速度，打发后使蛋糊冷却。

03.

蛋糊冷却后，加入室温软化的黄油，用打蛋器搅拌均匀。将卡仕达酱加入混合物中，用打蛋器搅拌均匀。放入冰箱保存。

入门食谱

6人份

准备：20分钟
烘烤：30分钟

核心技法

擀、乳化、用裱花袋挤、过筛、铺满

工具

刮刀、直径20厘米高6厘米的环形模具和深派盘、裱花袋、厨师机、擀面杖、温度计

草莓蛋糕

海绵饼底

4个鸡蛋（200克）
125克细砂糖
125克面粉
80克熔化的黄油

慕斯琳奶油

（制法见第400页）

填料

500克佳丽格特大草莓
30克杏仁膏

海绵饼底

01.

分离蛋清与蛋黄。在带打蛋器的厨师机搅拌桶中，把蛋黄与70克细砂糖混合并搅打至乳化，倒入沙拉碗中。蛋清打发至稠厚起泡，然后放入剩下的细砂糖打发至质地紧实。用刮刀小心地把蛋黄糊刮入打发的蛋清中。慢慢倒入已经筛过的面粉和熔化的黄油，并不断搅拌，直至形成均匀的面团。将烤箱预热到180°C（温控器调到6挡）。在高边模具或直径20厘米高6厘米的环形模具或深派盘上涂上黄油，然后倒入面团。放入烤箱烘烤20分钟，烤到一半时把模具转动半圈。出炉后放在一块木板上脱模并冷却。饼底冷却后，切成2个一样厚的圆饼。

02.

慕斯琳奶油

按照第400页的步骤制作一份慕斯琳奶油。

03.

填料

把草莓洗净、去梗。将其中的几个纵向切成两半，剩下的完整草莓密封保存。在做海绵饼底用的模具内壁涂少许黄油。把第一个圆饼放入底部，然后在模具的底部摆满切成两半的草莓，摆放整齐。草莓切开的一面应该朝向蛋糕外部。

04.

用裱花袋在圆饼中间挤上足够多的慕斯琳奶油，不要忘记草莓中间也要挤上。在草莓蛋糕中间摆上一层完整的草莓，然后再挤上一层慕斯琳奶油。最后，在草莓蛋糕上盖上另一个海绵饼底。把杏仁膏擀平，平铺在蛋糕上。

专业食谱

皮埃尔·艾尔梅

这种蛋白霜又甜又脆，里面裹着易融化、微酸的夹心。草莓、食用食用食用食用大黄和百香果融合在一起，组成了一种乐趣无穷的新口味。一种微酸的美妙组合。

上天的惊喜

约10人份

准备：1小时30分钟
烘烤：1小时30分钟
静置：12小时+20分钟

核心技法

防粘处理、隔水炖、膨发、使表面平滑、裱花、过筛

工具

小漏斗、直径4厘米的饼干模、23厘米×25厘米的红色玻璃纸、手持搅拌机、直径7厘米的半球形硅胶模具、配8号普通裱花嘴的裱花袋、厨师机

糖渍食用食用食用大黄

250克切开的食用食用食用大黄（新鲜或速冻的）
40克细砂糖

百香果奶油

3个鸡蛋（150克）
140克细砂糖
105克百香果汁（约5个百香果）
15克柠檬汁
150克黄油

法式蛋白霜

3份蛋清（100克）
200克细砂糖

有杏仁光泽的杏仁饼干

75克白杏仁粉
275克细砂糖
20克T55面粉
4份蛋清（125克）
50克切成条的杏仁

糖渍草莓食用食用大黄

100克糖渍食用食用大黄果泥
300克鲜草莓果泥
30克细砂糖
4.5片金牌明胶（9克）
25克柠檬汁
0.1克丁香粉末

百香果慕斯琳奶油

150克黄油

糖渍食用大黄

提前一天把食用大黄切成1.5厘米的小段，加入细砂糖腌制。

百香果奶油

把鸡蛋、细砂糖、百香果汁和柠檬汁混合。隔水炖，同时均匀搅拌。把混合物煮至83～84°C。用小漏斗过滤，隔水冷却至60°C，加入黄油，用打蛋器搅拌至柔滑。用手握式搅拌机搅拌10分钟，以打破脂肪分子，做成所需的滑腻奶油。静置24小时，使其冷却。

01.

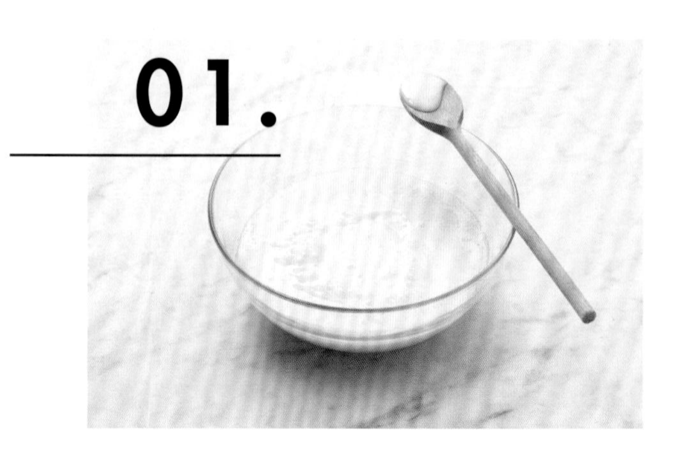

最好使用“老”蛋清，也就是在室温下放置过的蛋清：这种蛋清流动性更好，蛋清更容易打发，不易塌陷。

02.

法式蛋白霜

制作当天，在带打蛋器的厨师机搅拌桶中倒入蛋清。用中速搅拌，直至体积变成原来的2倍，加入35克细砂糖，继续搅拌，直至蛋清变得非常紧实、柔滑、有光泽，再加入65克糖。取下搅拌桶，迅速倒入100克糖，用刮刀翻拌，尽可能轻地搅拌。蛋白霜制成后应立刻使用。

在裱花袋中装入蛋白霜，挤入直径7厘米的半球形硅胶模具，挤到⅓处，然后用勺子将其抹成半圆球形。用勺子刮下多余的蛋白霜。最好把蛋白霜外壳放到预热到60°C的烤箱中干燥几小时。变干燥后，脱模放在铺好烘焙纸的烤盘上，放入烤箱以110°C烘烤20分钟。

有杏仁光泽的杏仁饼干

把白杏仁粉、200克细砂糖和T55面粉混合并过筛。在带打蛋器的厨师机搅拌桶中把蛋清打发至稠厚起泡，同时慢慢加入剩下的细砂糖。取下搅拌桶。将混合物取出并用手揉捏，轻轻地提拉，将揉好的面团装入配8号普通裱花嘴的裱花袋，挤成直径6厘米的圆饼，撒上切成条的杏仁。以170°C烘烤20分钟。冷却。

03.

04.

糖渍草莓食用大黄

把糖渍食用大黄沥干，加入柠檬汁和丁香粉末煮成果泥。冷却，然后用手持搅拌机搅拌。立刻使用，或者装进密封盒放入冰箱或冷冻柜。

把明胶放入冷水中浸泡20分钟以上。沥干，然后放入少许糖渍食用大黄，使其溶化。加入草莓果泥和细砂糖，混合均匀。倒入长方形盘子中，在冷冻柜内放置1小时。用直径4厘米的饼干模切成圆饼。

百香果慕斯琳奶油

在带打蛋网的厨师机搅拌桶中打发黄油，使其体积膨发到最大。然后慢慢加入500克备好的百香果奶油并搅拌。混合均匀后应立刻使用。

05.

整合

把半球形的蛋白霜壳放回硅胶模具中，填入百香果慕斯琳奶油，填至一半高。摆上一个糖渍草莓食用大黄圆饼，并微微按压，然后用百香果慕斯琳奶油填满。

摆上有杏仁光泽的杏仁饼干，放入冰箱保存，以方便脱模和包装。在操作台上摆上一张红色的玻璃纸（23厘米×25厘米），然后在中间倒扣上惊喜蛋糕（隆起的一面朝下），把玻璃纸的两条长边折叠起来，裹住惊喜蛋糕，把两端朝相反方向拧起来。包裹好后，将成品扣过来，即半球面向上。

06.

应该在蛋糕变凉、快要冻住时包装。食用前一直放在冰箱里保存。

基 础 食 谱

可以制作250克奶油霜

准备：15分钟
烘烤：5分钟

125克室温软化黄油
1个鸡蛋（50克）
2个蛋黄（40克）
88克细砂糖
25克水

奶油霜

这是什么
一种口感柔滑、黄油味浓厚的奶油，可用于制作多种蛋糕和奶油

特点及用途
用于填在摩卡蛋糕或其他甜点中

其他形式
菲利普·孔蒂奇尼的香草和马斯卡彭奶酪奶油霜、菲利普·孔蒂奇尼的摩卡奶油霜

核心技法
使表面平滑、把黄油打成膏状

工具
厨师机、温度计

食谱
2000层酥，*皮埃尔·艾尔梅*
巧克力侯爵夫人蛋糕
歌剧院蛋糕
咸黄油焦糖奶油泡芙，*克里斯托夫·米夏拉克*
巴黎布雷斯特泡芙，*菲利普·孔蒂奇尼*
圣特罗佩挞
慕斯琳奶油
勒蒙塔蛋糕，*菲利普·孔蒂奇尼*
摩卡蛋糕，*菲利普·孔蒂奇尼*

把黄油搅打成膏状。

01.

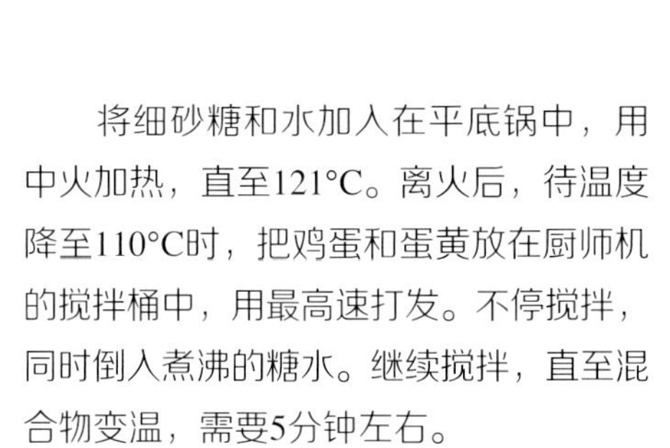

将细砂糖和水加入在平底锅中，用中火加热，直至121°C。离火后，待温度降至110°C时，把鸡蛋和蛋黄放在厨师机的搅拌桶中，用最高速打发。不停搅拌，同时倒入煮沸的糖水。继续搅拌，直至混合物变温，需要5分钟左右。

02.

03.

加入黄油。用低速搅拌5分钟，直至搅拌成柔滑的奶油。放入冰箱保存。

专业食谱

菲利普·孔蒂奇尼

这道甜点所用的蛋白霜非常细腻，成品美味无穷，柔和的口感中和了糖渍柠檬对味蕾的刺激。盐之花则可以使味道长时间地停留在口中。

勒蒙塔蛋糕

8人份

准备：1小时45分钟
烘烤：6小时
静置：1小时

核心技法

膨发、使表面平滑、用裱花袋挤、过筛、铺满、剥皮

工具

刮刀、直径6厘米和7厘米的半球形硅胶模具、弯曲铲刀、漏勺、配普通裱花嘴的裱花袋、厨师机、筛子、温度计、剥皮器

手指饼干碎

15个左右的手指饼干

糖渍橘子和黄柠檬

200克新鲜橘子汁
50克新鲜柠檬汁
70克橘子果皮
30克柠檬果皮
150克细砂糖

含柑橘类水果和盐之花的蛋白霜

80克细砂糖
10克水（2汤匙）
80克蛋清
1.5个柠檬的果皮
3个橘子的果皮（或者用2个橙子代替）
半个青柠的果皮
2克盐之花（两大撮）
80克糖粉

意式蛋白霜

2份蛋清（60克）
100克细砂糖
20克水

香草和马斯卡彭奶酪奶油霜

125克低脂牛奶
2个香草荚
2个蛋黄（50克）
2个小鸡蛋（80克）
100克细砂糖
30克打发成尚蒂伊奶油的液体奶油
510克室温软化黄油
25克马斯卡彭奶酪
170克意式蛋白霜
糖粉

01.

手指饼干碎

把手指饼干碾碎，然后将得到的粉末过筛。在预热至100°C的烤箱内放置3～4小时，使其变干燥。装入密封盒保存。

必须把手指饼干碎烤干，不能有一点水分。

注意，糖渍柑橘类水果味道浓烈厚重。

用手迅速撒上糖粉，可以使蛋白霜质地更酥脆。

糖渍橘子和黄柠檬

按照制作糖渍龙蒿柠檬（见第530页）的方法制作一份糖渍水果，但食材及用量应根据本食谱调整。

蛋白霜烤过后会变紧实，但依然容易融化，口感酥脆轻盈，这对于塑造整体的感觉非常重要。就像做马卡龙一样，要把勒蒙塔蛋糕放入冷冻柜，使蛋白霜再次浸湿，这样成品质地就会外酥内软。

含柑橘类水果和盐之花的蛋白霜

将烤箱预热到100°C。把细砂糖和水放入平底锅中，煮到121°C。当糖浆达到110°C时，在厨师机搅拌桶中用中速把蛋清打发至稠厚起泡。倒入121°C的丝状糖浆，一起搅拌。约15分钟之后，放入柑橘类水果的果皮和盐之花，用搅拌机继续搅拌。

把蛋白霜装入配普通裱花嘴的裱花袋，挤入直径6厘米的半球形硅胶模具，用弯曲铲刀将表面抹平，与模具齐平。把蛋白霜放入烤箱，烘烤1小时到1小时15分钟。蛋白霜应保持纯白柔软。

意式蛋白霜

按照第114页的步骤制作一份意式蛋白霜，用于搭配后面的奶油霜，但食材及用量应根据本食谱调整。

02.

如果没有硅胶模具，可以在烘焙纸上涂上少许油，用配8号普通裱花嘴的裱花袋在上面挤出半球形的蛋白霜。

03.

香草和马斯卡彭奶酪奶油霜

在平底锅中，把牛奶和香草籽煮沸。把蛋黄、完整的鸡蛋和细砂糖打发。把牛奶倒入前面的混合物中并搅拌均匀，再倒回平底锅中，用小火煮，同时用铲刀不断搅拌；奶油会变浓稠。把奶油倒入厨师机搅拌桶并搅拌。当奶油变凉后，加入成块的室温软化黄油和马斯卡彭奶酪，然后打发，使之膨胀。用刮刀小心地加入尚蒂伊奶油，再加入意式蛋白霜。

04.

使用直径7厘米的半球形硅胶模具。在每个半球形上涂上薄薄的一层奶油霜。然后放上一个蛋白霜壳，再涂上一层薄薄的奶油霜。抹平表面，使其与模具平齐。把模具在冷冻柜内放置1小时以上，然后将一半的半球形蛋白霜脱模，放在食品保鲜膜上。迅速放回冷冻柜。

注意要快速放回，否则奶油温度回升，很快就会融化。

05.

在未脱模的外壳上，用配普通裱花嘴的裱花袋挤上一层糖渍橘子和柠檬，使其高出模具边缘1厘米。立刻在有糖渍水果的外壳上摆上已经脱模的半球形外壳，微微按压以塑成完整的球形，放回冷冻柜。当圆球变硬后，小心地脱模，放在食品保鲜膜上，放入冰箱，使温度慢慢降到4～5°C。

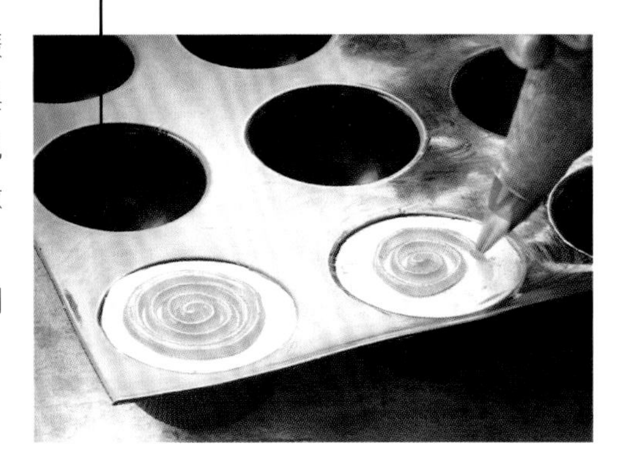

06.

把勒蒙塔蛋糕在室温下放置十几分钟，然后小心地在手指饼干碎上滚一下，使饼干碎裹满表面。把勒蒙塔蛋糕竖直摆放，用筛网过滤着撒上糖粉。品尝前于阴凉处保存。

专业食谱

菲利普·孔蒂奇尼

摩卡蛋糕要做成什么形状呢？经典摩卡蛋糕是用以咖啡调味的奶油霜制成的。在我看来答案显而易见，应该把它做成咖啡豆的样子。正如我的大部分甜点一样，形状本身就是一种装饰。而我不满足于咖啡豆的形状，更要追求咖啡的味道。因此我选择了西达淡摩卡咖啡，主要用其制作咖啡汁，通过对这种蛋糕的香味进行组合，把它变成一道“浓缩美食”。

摩卡蛋糕

6人份

准备：1小时10分钟
烘烤：2小时
静置：2小时

工具

擀、捣碎、隔水炖、浇一层

核心技法

直径18厘米的环形模具、刮刀、手持搅拌机、喷漆枪、厨师机、擀面杖、温度计

摩卡糖衣坚果脆饼

75克糖衣坚果
210克榛子糖粉奶酥粒
45克烤熟、捣碎的榛子
2撮盐之花
1平汤匙速溶咖啡（或咖啡酱）
50克可可含量为70%的黑巧克力
25克黄油

咖啡海绵蛋糕

2个鸡蛋（100克）
60克细砂糖
1平汤匙多少许速溶咖啡
60克面粉
1撮盐之花

摩卡糖浆

40克30°C的糖浆
1平茶匙多少许速溶摩卡咖啡
20克水
1茶匙咖啡提取物
1汤匙杏仁酒

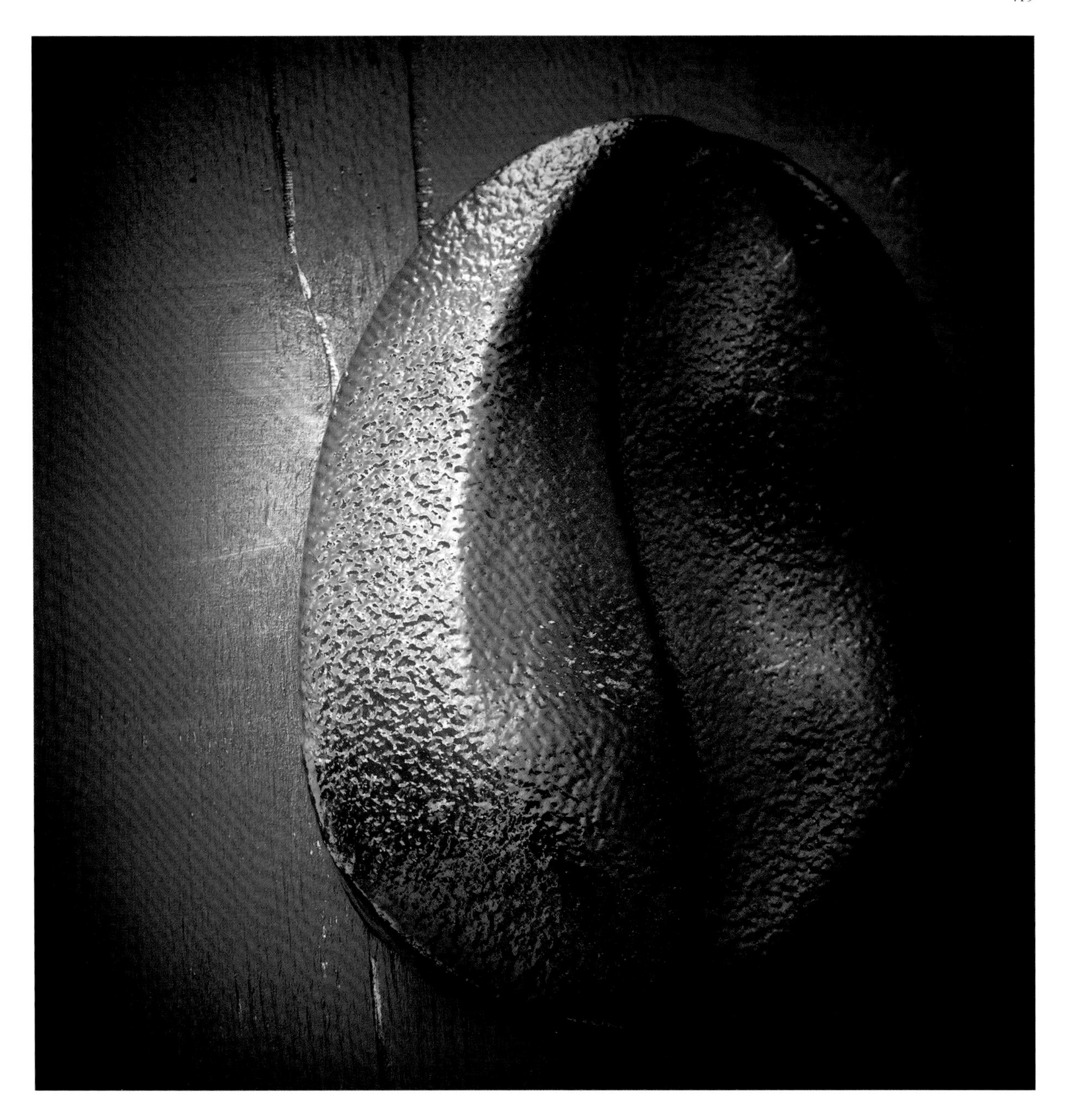

咖啡汁

90克低脂牛奶
30克研磨的埃塞俄比亚咖啡

摩卡奶油霜

1个鸡蛋（40克）
1个蛋黄（20克）
50克细砂糖
60克咖啡汁
1汤匙（5克）咖啡酱（或1汤匙速溶咖啡）
250克黄油
80克咖啡意式蛋白霜（10克咖啡酱或1茶匙速溶咖啡）
40克打发成尚蒂伊奶油的液体奶油

摩卡糖霜

300克无味透明果胶
30克葡萄糖
60克水
12克咖啡粉
6克可可粉
1.5片明胶（3克），软化

01.

摩卡糖衣坚果脆饼

制作糖衣坚果、榛子糖粉奶酥粒和烤熟并捣碎的榛子。

02.

把榛子糖粉奶酥粒、烤熟并捣碎的榛子和盐之花放入沙拉碗中。巧克力和黄油隔水炖化。加入糖衣坚果和速溶咖啡，混合均匀，然后倒入沙拉碗中，再次混合。在烘焙纸上将巧克力面团擀至2毫米厚。放入冰箱冷藏2小时使其变硬。当脆饼变得很硬后，切出数个直径16厘米的圆饼。

03.

咖啡海绵蛋糕

将烤箱预热到160°C。把鸡蛋、细砂糖和速溶咖啡隔水打发。混合物会变得很白，体积变成原来的2倍。当温度达到40°C左右时，加入筛过的面粉和盐之花，然后混合均匀。

把面团倒在铺好烘焙纸的烤盘上，擀至1.5厘米厚。放入烤箱烘烤18分钟。烤好的海绵蛋糕应质感轻盈柔软，带有流心。把海绵蛋糕切成2个直径16厘米的圆形。

摩卡糖浆

制作一份30°C的糖浆（步骤见下方）。倒入沙拉碗中，加入速溶摩卡咖啡、水、咖啡提取物和杏仁酒。混合，然后冷却。

咖啡汁

在平底锅中将低脂牛奶煮沸，然后加入研磨的埃塞俄比亚咖啡。搅拌均匀，然后离火。盖上盖子浸泡8分钟左右，然后过滤。

04.

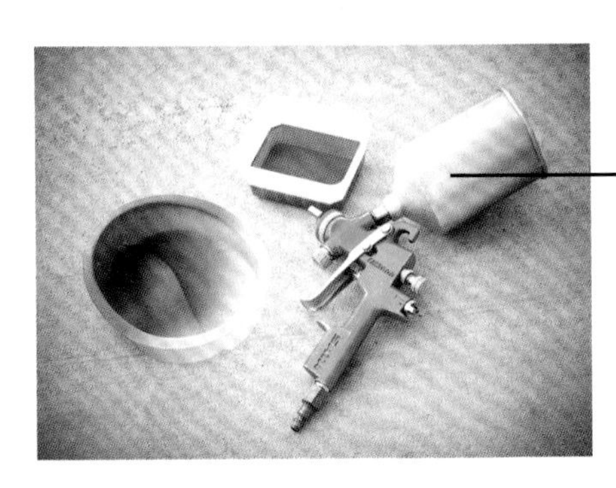

05.

制作30°C的糖浆，在215克水中加入285克糖，一边搅拌一边加热至微微煮沸。离火，确保糖已经完全熔化，然后冷却。

摩卡蛋白霜在使用前置于室温下保存，如果放在冰箱中，其中所含的黄油和奶油会变硬。

摩卡奶油霜

加入咖啡酱，制作一份意式蛋白霜。平底锅中放入完整的鸡蛋、蛋黄、细砂糖、咖啡汁和咖啡酱以小火加热并搅拌均匀。当质地变得足够浓稠后，倒入厨师机搅拌桶中。快速打发，使混合物的体积变成原来的2倍。

当混合物变温（降到35°C）后，改成中速搅拌，然后放入切成块的冷黄油。用刮刀小心地放入冷却的意式蛋白霜，再放入尚蒂伊奶油。

在铺好烘焙纸的烤盘上放一个直径18厘米的环形模具。在边缘涂上摩卡奶油霜，然后放上一个海绵蛋糕圆饼。刷上少许摩卡糖浆，然后再涂一层薄薄的摩卡奶油霜。放上一块摩卡糖衣坚果脆饼，浇上5毫米厚的摩卡奶油霜。再放上第二片咖啡海绵蛋糕圆饼，浇少许摩卡糖浆上去。涂上摩卡奶油霜，直至把环形模具填平。放入冰箱冷藏，上桌前取下环形模具，装饰摩卡蛋糕。

摩卡糖霜

把无味透明果胶、葡萄糖和水加热到45～50°C。加入咖啡粉、可可粉和软化的明胶。用手持搅拌机混合，用喷漆枪把做好的糖霜喷在蛋糕表面。您还可以撒上巧克力碎屑或涂上剩下的奶油霜。

基础食谱

准备：5分钟

150克黄油
150克细砂糖
150克杏仁粉
3个常温鸡蛋（150克）

杏仁奶油

这是什么
一种有醇香杏仁味的滑腻奶油

特点及用途
用于填各种挞底

核心技法
使变成奶油状、乳化、把黄油打成膏状

工具
刮刀

食谱
柠檬罗勒挞
布鲁耶尔红酒洋梨挞
杏仁柠檬挞
杏仁覆盆子松子挞
食用大黄草莓杏仁挞，*克莱尔·海茨勒*

用刮刀把黄油打成膏状，然后加入细砂糖搅拌均匀。加入杏仁粉，重新搅拌，使混合物变成奶油状。

01.

在制作这种奶油时，要把鸡蛋放置到常温，这一点很重要：要在制作前几小时把鸡蛋从冰箱中取出来。

02.

逐个打入鸡蛋，用打蛋器用力搅拌，使奶油乳化。于室温下保存。

入门食谱

8人份

准备：20分钟
烘烤：45分钟
静置：1夜

核心技法

预烤、去籽、去梗、上光、水煮、铺满、剥皮

工具

挖球器、双耳盖锅、漏勺、油刷、扁平抹刀

布鲁耶尔红酒洋梨挞

水煮梨

4个梨
1个柠檬
1瓶红葡萄酒
4毫升黑加仑奶油
400克细砂糖

杏仁奶油

100克黄油
100克细砂糖
100克杏仁粉
2个鸡蛋（100克）

组合和修整

1个预烤过的甜面团挞底
200克果胶

这道甜点证明了传统的布鲁耶尔挞可以更加美味！浸满红葡萄酒的梨味道辛辣，搭配醇厚美妙的杏仁奶油，堪称完美。

水煮梨

提前一天，梨削皮，柠檬切成两半，把柠檬汁挤在梨上。把红葡萄酒、黑加仑奶油和细砂糖倒入双耳盖锅，煮沸。糖浆沸腾后，立刻把完整的梨放进去煮。上面盖上烘焙纸，或者扣上一个小碟子，使梨始终完全浸在糖浆中，煮20分钟左右。煮好后，离火，让梨浸泡在糖浆中，冷却，腌制过夜。

01.

选用青啤梨、威廉梨或勃艮第红葡萄酒。可以在糖浆中加一些调料，例如桂皮、香草或大茴香，或放入切成4瓣的柑橘类水果，使梨更有味道。为了保持外形不变，梨最好整个放进去煮，不要去梗去核。尝试扎一下果肉，如果果肉很软，说明已经煮好。

杏仁奶油

制作当天，按照第422页的步骤制作一份杏仁奶油，但要使用本食谱的比例。再制作一份甜面团和一份果胶。将烤箱预热到160°C（温控器调到5～6挡）。把杏仁奶油装入裱花袋，挤在预烤过的甜面团挞底上，填到一半的高度。

02.

如果您选的梨个头大，可以切成3瓣或4瓣，然后摆在杏仁奶油上。

03.

把红酒洋梨沥干，纵向切成2瓣或3瓣。用挖球器挖去果梗、纤维和果核。

04. 组合和修整

把切成块的梨小心地摆在杏仁奶油上，然后烘烤25分钟。确认挞已经烤熟，然后放在烤架上冷却。

为确认挞已经烤好，当奶油上色后用手指轻轻按一下：它会变得足够紧实。

注意要把挞提前从冰箱中取出，使其恢复到室温再品尝。

把果胶放在平底锅中，加热使其熔化，同时质地变得柔滑，然后用油刷小心地刷在挞表面，给挞上光。

05.

入门食谱

8人份

准备：1小时
烘烤：1小时
静置：10分钟

核心技法

隔水炖、使表面平滑、上光、用裱花袋挤、浓缩、软化黄油、剥皮

工具

双耳盖锅、刮刀、手持搅拌机、漏勺、裱花袋、扁平抹刀

杏仁柠檬挞

这大概是最柔软的柠檬挞！丰富滑腻的杏仁奶油，与鲜香的糖渍柠檬结合起来，在口中一点点融化。

糖渍柠檬

5个柠檬
250克细砂糖

杏仁奶油

120克黄油
120克细砂糖
120克杏仁粉
2个鸡蛋（100克）

组合

500克甜面团
4毫升柠檬酒

果胶

5片明胶（10克）
125克水
150克细砂糖
半个香草荚
1个柠檬

01.

糖渍柠檬

用刨刀削柠檬皮，把削成条的果皮收集起来，放在平底锅或双耳盖锅中，倒入冷水浸没果皮，煮沸，然后沥干。重复操作2次，共煮3次。

02.

挤压柠檬，挤出300克果汁。如果需要可以加少许水。将柠檬汁、细砂糖和沥干的柠檬果皮放入平底锅中。煮沸。继续沸腾，使糖浆浓缩。用手持搅拌机搅拌，冷却。

要想把杏仁奶油做好，所有的材料都要放置到室温：提前几小时或者在前一天晚上把材料从冰箱中取出。

当削成条的柠檬果皮快要露出水面时，糖浆就足够浓稠了。

杏仁奶油

按照第422页的步骤制作一份杏仁奶油，但要使用本食谱的比例。

03.

04.

组合

将烤箱预热到180°C。按照第8页的步骤制作一份甜面团挞底，不要预烤。用扁皮抹刀在生的挞底上涂上薄薄的一层糖渍柠檬。

05.

把杏仁奶油挤在挞底上，挤到¾处即可，因为在烘烤过程中奶油会膨胀。放入烤箱烘烤30分钟左右。趁热在挞上均匀地浇上柠檬酒。冷却，然后脱模。

这种挞要在常温下品尝，因此要提前从冰箱中取出。

06.

果胶

把明胶放入盛有冷水的碗中浸泡。把柠檬削皮，保留果皮，挤压出果汁。把水、糖、半个香草荚和柠檬汁放在平底锅中，一起煮沸。让香草在里面浸泡10分钟左右，然后用漏斗过滤糖浆。把沥干的明胶放入温热的糖浆中，微微搅动使其溶化，然后冷却。当果胶变浓稠后，用油刷刷在挞上，给挞上光。

入门食谱

这种挞质地格外柔软，每咬一口，滑腻的杏仁奶油就会在口中融化，微酸的覆盆子唤醒了味蕾。

8人份
准备：30分钟
烘烤：30分钟

核心技法

上光、用裱花袋挤、铺满

工具

油刷、配8号普通裱花嘴的裱花袋

杏仁覆盆子松子挞

甜面团挞底
（制法见第8页）

杏仁奶油
（制法见第422页）

组合和修整

40克杏仁粉
250克覆盆子
50克松仁
200克果胶

这种挞应在常温下品尝，可以搭配覆盆子浓汁等食用。

甜面团挞底和杏仁奶油

01.

按照第8页和第422页步骤制作一份甜面团和一份杏仁奶油。将烤箱预热到200°C（温控器调到7挡）。

02.

组合和修整

在质地足够紧实的、生的甜面团挞底上撒上杏仁粉。把覆盆子沿横向切成两半，均匀地平放在挞底上。把杏仁奶油装入配8号普通裱花嘴的裱花袋中，然后挤在覆盆子上，挤至挞底的¾高度：在烘烤过程中奶油会膨胀。

在本食谱中，不要预烤甜面团挞底，在组合时挞底应是生的。挞底的烘烤时间与其他材料一致。如果不是覆盆子上市的季节，您可以用冰冻的，且不需要提前解冻。

03.

把烤箱的温度降到160°C。在挞表面撒满松仁，放入烤箱烘烤。

04.

烘烤20分钟，直至杏仁奶油上色。脱模，然后继续烘烤10分钟，使其均匀上色。用指尖按压杏仁奶油，根据紧实度判断是否烤好：烤好后奶油的质地应该是柔软的。出炉后立刻放在架子上冷却。

05.

按照第431页的步骤制作一份果胶。把果胶放在平底锅或微波炉中加热，使其熔化，变得浓稠柔滑，然后用油刷刷在挞表面，给挞上光。

专业食谱

克莱尔·海茨勒

食用大黄是我童年时代的美味。这道甜点里有食用大黄果酱、水煮食用大黄，还有生食用大黄，用杏仁奶油裹起来，再摆上新鲜的草莓，格外诱人。令人叹服的味道和质地组合。

食用大黄草莓杏仁挞

2个6人份的挞（直径20厘米）

准备：1小时
烘烤：30分钟

核心技法

擀、使变成奶油状、预烤、垫底、软化黄油、铺满

工具

2个直径20厘米的环形挞模、厨师机、温度计

甜面团

125克面粉
45克糖粉
15克杏仁粉
1克盐
半个香草荚
75克黄油
半个鸡蛋（25克）

杏仁奶油

100克黄油
100克细砂糖
2个鸡蛋（100克）
100克杏仁粉

填料

200克食用大黄

食用大黄果酱

500克食用大黄
500克草莓汁

装饰

150克鲜杏仁
50克食用大黄
100克草莓

01.

甜面团

将烤箱预热到160°C。按照第8页的步骤制作一份甜面团，但要使用本食谱的比例。把甜面团擀成2个圆饼，垫在2个直径20厘米的环形挞模内。将两个挞底预烤15分钟左右。

02.

杏仁奶油

把黄油放在微波炉中加热软化，使其质地变成膏状。在带打蛋器的厨师机搅拌桶中，把黄油和细砂糖打至乳化。加入鸡蛋，把混合物打发，然后加入杏仁粉。

03.

填料

把食用大黄洗净，切成1厘米宽的块状。在预烤过的挞底上挤上杏仁奶油，至¼高度。把切成块的食用大黄一圈圈摆在上面，烘烤15分钟左右。

如果用鲜食用大黄，可以不削皮。

04.

食用大黄果酱

把食用大黄洗净，切成段。把草莓汁倒入平底锅中，煮沸。关火，放入食用大黄，然后盖上烘焙纸，把热量保存在锅里。按一下食用大黄确认是否煮熟：煮熟的食用大黄质地会比较紧实，没熟则韧度不够。

煮食用大黄的时间取决于其粗细和新鲜程度。可以把食用大黄提前煮好，在草莓汁中可以保存5天左右。如果食用大黄太长没有煮熟，要重新加热草莓汁（但不要煮沸）。您可以按照第521页的步骤制作草莓汁，或者在专门的商店购买。

05.

把煮熟的食用大黄从草莓汁中取出。把每一段切成6厘米长的块状，然后一部分斜着一切为二，另一部分切成2厘米长的块状。把边角料收集起来继续煮，直至煮成果酱。

装饰

把杏仁从壳里剥出来。小心地撕下外面的一层皮，然后切成条状。把食用大黄洗净，切成薄片，然后斜切成三角形。把草莓洗净，根据个头大小切成两份或四份。

06.

组合

在烤好的挞上涂上食用大黄果酱，直至与面团齐平。

在上面摆上切成块和斜着切段的食用大黄，挞的高度会增加。把切成条状的鲜杏仁、草莓和生的食用大黄三角形块撒在上面。

基 础 食 谱

准备：10分钟
烘烤：10分钟

12毫升牛奶
1个香草荚
3个蛋黄（60克）
135克细砂糖
30克淡奶油粉
3片明胶（6克）
5毫升水
6份蛋清（175克）

吉布斯特奶油

这是什么
一种在卡仕达酱中加入明胶和意式蛋白霜做成的奶油

特点及用途
用于填圣奥诺雷蛋糕

核心技法
搅打至发白、用裱花袋挤、搅打至紧实

工具
电动搅拌器、配圣奥诺雷蛋糕裱花嘴的裱花袋、温度计

食谱
圣奥诺雷蛋糕

01.

把明胶片放在冷水中浸泡。把牛奶和剖开并刮出籽的香草荚（连同香草籽）煮沸。鸡蛋与25克细砂糖混合搅拌至变白，然后加入淡奶油粉。把牛奶倒在混合物上，继续用力搅拌并煮沸。趁热放入沥干的明胶片混合均匀，制成卡仕达酱。

02.

在水中放入90克糖，煮至121°C，制成丝状的糖浆。用搅拌机把蛋清和剩下的20克糖打发至稠厚起泡并变紧实，然后一边继续搅拌一边倒入丝状的糖浆，制成蛋白霜。

把做好的蛋白霜与卡仕达酱混合均匀。放入冰箱保存。

03.

圣奥诺雷蛋糕

6人份

准备：1小时
烘烤：2小时

核心技法

擀、用裱花袋挤、过筛

工具

直径15厘米的环形模具、半球形硅胶模具、配8号圆口裱花嘴和圣奥诺雷蛋糕裱花嘴的裱花袋、厨师机、擀面杖

饼底

150克千层酥皮面团

泡芙面团

9毫升牛奶+一部分额外的热牛奶（如果需要，参见食谱）
9毫升水
3克盐
6克细砂糖
75克黄油
90克筛过的面粉
3.5个鸡蛋（170克）

吉布斯特奶油

（制法见第438页）

焦糖片

250克细砂糖

1846年，在巴黎圣奥诺雷大街工作的甜点师傅吉布斯特先生对圣奥诺雷蛋糕进行了改造。填在这道点心中的奶油就是以他的姓氏命名的。与简单的尚蒂伊奶油相比，吉布斯特奶油更加精致，需要在做这道甜点的当天，甚至摆盘时现做。

专业食谱

01.

泡芙面团

将烤箱预热到200°C。把牛奶、水、盐、细砂糖和黄油一起放入平底锅。煮沸，然后离火，倒入筛过的面粉。混合，继续加热使其变干燥。当面团从容器内壁上脱离后，就做好了。放入厨师机搅拌桶。把鸡蛋快速搅拌，把¾的混合物倒入正在运行的厨师机，混合均匀后再把剩下的倒进去。如果面团过于紧实，倒入少许热牛奶调整质地。

02.

饼底

按照第64页的步骤制作一份千层酥皮面团。擀平，然后用环形模具将其切成直径15厘米的圆饼。在圆饼上扎孔，然后在距离边缘1厘米处用泡芙面团挤成一个环形模具。放入烤箱烘烤45分钟，制成饼底。

用配8号圆口裱花嘴的裱花袋在盘子上将泡芙面团挤成数个球形；根据烤箱热量的散布情况，把泡芙面团尽可能均匀地摆放，通常40厘米×60厘米的盘子可以摆70个泡芙。放入烤箱烘烤35分钟。

03.

04.

吉布斯特奶油

按照第438页的步骤制作一份吉布斯特奶油，装入配圣奥诺雷蛋糕裱花嘴的裱花袋。

05.

将泡芙静置冷却，然后切掉顶部，准备摆盘。

06.

焦糖片

加热细砂糖，无须加水，熬成焦糖。浇在半球形硅胶模具底部。冷却，然后脱模。

07.

修整和摆盘

立刻开始摆盘。把吉布斯特奶油挤在饼底中心，再将剩余的填入切掉顶部的泡芙内。把泡芙摆在饼底边缘。在四周以泡芙来装饰的饼底中心的奶油上摆上焦糖片。

基础食谱

准备：15分钟
烘烤：10分钟
静置：1小时

3.5片明胶（7克）
80克牛奶
2个香草荚
7个中等个头的鸡蛋（325克）
50克细砂糖
300克淡奶油（冷）

巴伐利亚奶油

这是什么
一种由加明胶的英式奶油和稀疏的打发奶油组合成的奶油

特点及用途
用于各类点心内馅

其他形式
杧果巴伐利亚奶油
香草巴伐利亚奶油

核心技法
煮至黏稠、用保鲜膜覆盖严密

工具
小漏勺或细目筛网

食谱
杧果巴伐利亚慕斯蛋糕
苹果香草夏洛特

01.

把明胶泡软。把牛奶倒入平底锅中，用中火加热。用小刀剖开香草荚刮出香草籽。把香草荚和香草籽放入牛奶中。分离蛋清和蛋黄。称出130克蛋黄。加入细砂糖，立刻搅拌。当牛奶沸腾后，倒少许在蛋黄上。用打蛋器搅拌均匀。

02.

把平底锅放在很小的火上加热。当牛奶再次沸腾后，把碗里的混合物倒在平底锅中，用打蛋器搅拌。用小火加热，并不停搅拌。奶油逐渐变黏稠，即开始粘在勺子上时，离火。

03.

把泡软的明胶片沥干。平底锅离火，放入明胶。充分搅拌，使明胶溶化。用小漏斗或细目筛网过滤奶油。将容器用保鲜膜严密覆盖，避免结皮。放入冰箱冷藏1小时，使其凝固。

入门食谱

4人份

准备：20分钟
静置：2小时

核心技法

使表面平滑

工具

4个直径8厘米的不锈钢环形模具、弯曲铲刀、厨师机、擀面杖

杧果巴伐利亚慕斯蛋糕

125克Lu®牌甜沙酥饼干
60克室温软化黄油
3片明胶（6克）
25毫升杧果酱
25毫升全脂液体奶油（250克，冷藏）
40克细砂糖或糖粉

用擀面杖把饼干压碎，加入室温软化黄油，混合成质地酥松的面团。把4个直径8厘米的环形模具放在碟子上。把面团填入环形模具底部，厚度为1厘米。

01.

02.

把明胶装入盛有冷水的碗中浸泡。加热一半量的杧果酱。把明胶沥干，脱水，放入温热的果酱中，搅拌直至其完全溶化。再将混合物与剩下的冷杧果酱混合。

03.

把冷的液体奶油倒入厨师机搅拌桶。为厨师机装上打蛋器，用低速搅拌1分钟，然后用中速把奶油打发至质地紧实。把糖全部倒进去，继续搅拌，制成尚蒂伊奶油。把杧果酱混合物小心地倒入尚蒂伊奶油中，制成慕斯液。

04.

用勺子把这样做好的慕斯液舀入环形模具中，抹在饼底上，用弯曲铲刀把表面涂抹平整。放入冰箱冷藏2小时以上。在端上餐桌前脱模。

苹果香草夏洛特

6人份

准备：30分钟
烘烤：15分钟
静置：1小时+12小时

核心技法

防粘处理、去籽、使渗入、制作焦化黄油、铺满

工具

夏洛特模具、厨师机

平底锅油炸苹果

450克苹果
50克黄油
50克粗红糖
50克苹果烧酒

香草巴伐利亚奶油

（制法见第444页）

组合

60克手指饼干
1瓶甜苹果酒
100克细砂糖
20克苹果烧酒
1个苹果
1个柠檬的果汁
20克细砂糖

应选择炸制后的可保持完美薄片状的苹果，例如皇家嘎啦或金乔纳苹果，这些品种的苹果不容易煮碎。

专业食谱

01.

平底锅油炸苹果

在制作前一天，用削皮刀削掉苹果皮，再全部切成两半，挖出中间的核。把每一半切成8片。在长柄平底锅中，用急火熔化黄油。当黄油熬出榛子的味道后，放入切成片的苹果。不断搅动，将苹果炸至上色。倒入粗红糖。把苹果炸至微焦。浇上苹果烧酒。用一根火柴点燃。把油炸苹果捞出沥干，放入冰箱冷藏。

02.

香草巴伐利亚奶油

按照第444页的步骤制作一份香草巴伐利亚奶油，冷藏保存。

与此同时，准备蘸饼干用的糖浆。把甜苹果酒倒入沙拉碗中。放入细砂糖，用打蛋器搅拌。最后倒入苹果烧酒，混合均匀。

03.

组合

把手指饼干在糖浆里快速浸一下。放在架子上沥干。

沿着夏洛特模具内壁摆上饼干，浸过糖的一面向外，使其形成保护层。模具底部也摆上饼干。用小块的饼干把缝隙填满。把淡奶油倒入厨师机的搅拌桶中，打至湿性发泡：奶油应该出现气泡，但质地不应过于紧实。把香草奶油从冰箱中取出，倒入沙拉碗中。搅拌使其变软且变均匀。倒入打发的奶油，小心搅拌。

当黄油熔化后，长柄平底锅底部的乳状液体会开始焦化，使黄油有少许榛子味。变色后，立刻把苹果倒进去，不要等，否则就会烧焦变黑！

在底部的饼干上涂一层香草巴伐利亚奶油。再铺上一层油炸苹果，使其相互交叠在一起。把剩下的苹果放入冰箱。于苹果层上铺一层饼干。

04.

其上再涂一层巴伐利亚奶油。最后再铺一层饼干。用小块的饼干把缝隙填满。以保鲜膜覆盖，在冰箱内静置12小时。制作当天，去掉保鲜膜，在模具上摆一个餐盘。使餐盘紧贴模具，倒扣过来。脱模。把油炸苹果和切得很薄的生苹果摆在夏洛特顶部。撒上糖粉，端上餐桌。

05.

基 础 食 谱

准备：10分钟
烘烤：5分钟

2片明胶（4克）
200克全脂牛奶
1个香草荚
40克细砂糖
2个蛋黄（40克）
20克玉米淀粉
80克脂肪含量为35%的液体奶油

卡仕达鲜奶油

这是什么
向卡仕达酱中加入明胶及松散的打发奶油，混合而成的奶油

特点及用途
用于填在各种点心和泡芙中

其他形式
克里斯托夫·米夏拉克的东方卡仕达鲜奶油

工具
刮刀

食谱
卡仕达鲜奶油新鲜水果挞
东方情谊红色泡芙，*克里斯托夫·米夏拉克*

01.

把明胶放入盛有冷水的碗中浸泡。将全脂牛奶和刮出香草籽的香草荚（连同香草籽）放入平底锅煮沸。细砂糖、蛋黄和玉米淀粉混合搅拌，把香草牛奶倒在上面，混合，然后把混合物倒回平底锅。一边用力搅拌一边继续煮，直到沸腾。

离火，加入沥干的明胶，混合均匀，制成卡仕达酱。

02.

03.

将卡仕达酱和明胶的混合物放入沙拉碗中冷却。用打蛋器把液体奶油打发，用刮刀刮入卡仕达酱和明胶的混合物中，搅拌均匀。

专业食谱

卡仕达鲜奶油新鲜水果挞

6人份

准备：40分钟
烘烤：25分钟
静置：2小时

核心技法

擀、预烤、垫底、使表面平滑、浇一层、用裱花袋挤

工具

环形模具、油刷、裱花袋、擀面杖

甜面团

75克室温软化黄油
47克糖粉
15克杏仁粉
1个香草荚
半个鸡蛋（25克）
125克面粉

卡仕达鲜奶油

250克卡仕达酱
2片明胶（4克）
1个香草荚
200克打发的奶油

填料

250克草莓
1盒覆盆子
1个桃子
2个杏
1个猕猴桃
200克樱桃
无味透明果胶

01.

甜面团

按照第8页的步骤制作一份甜面团，但食材及用量应根据本食谱调整。用擀面杖把面团擀开，使其直径略大于环形模具（相差1厘米）。把面团垫在模具里，放入冰箱冷藏1小时。将烤箱预热到170°C（温控器调到6挡）。将面团预烤25分钟。

02.

卡仕达鲜奶油

按照第392页的步骤制作一份卡仕达酱。把明胶放入盛有冷水的碗中浸泡。当卡仕达酱煮好后，加入沥干的明胶，搅拌均匀。盖上食品保鲜膜，然后放入冰箱冷却。

03.

待卡仕达酱冷却后，立刻放入香草籽，用打蛋器搅拌柔滑，然后按照第360页的步骤制作一份打发奶油，与卡仕达酱混合并搅拌均匀，制成卡仕达鲜奶油。装入裱花袋。

04.

把卡仕达鲜奶油挤在挞底上，挤成螺旋形。

05.

填料

在上面摆上您偏爱的新鲜水果，较小的水果可以整个放上去，较大的则可以切块，然后浇上一层无味透明果胶。

专业食谱

克里斯托夫·米夏拉克

东方情谊红色泡芙

可以制作25个泡芙

准备：30分钟
烘烤：30分钟
静置：2小时

核心技法

捣碎、切丁、去梗、用保鲜膜覆盖严密、使变稠、用裱花袋挤、剥皮

工具

刮刀、手持搅拌机、配12号圆口裱花嘴的裱花袋、刨刀、厨师机

东方风情卡仕达鲜奶油

2个蛋黄（40克）
40克蜂蜜
20克玉米淀粉
200克全脂牛奶
30克半盐黄油
15克酸橙花水
1滴苦杏仁香精
3滴玫瑰水香精

泡芙

泡芙面团（可以制作25个泡芙）
脆皮面团（可以制作25片圆形脆皮）
1克黄色色素
1克红色色素

红色水果丁

200克草莓
40克覆盆子
1个青柠

组合

115克液体奶油
2盒树莓（150克）
约50片红玫瑰花瓣
50克捣碎的玫瑰糖衣果仁碎

我热烈地爱着这道东方奶油泡芙，咬上一口，忧愁就会烟消云散……这是美食爱好者的肺腑之言！

01.

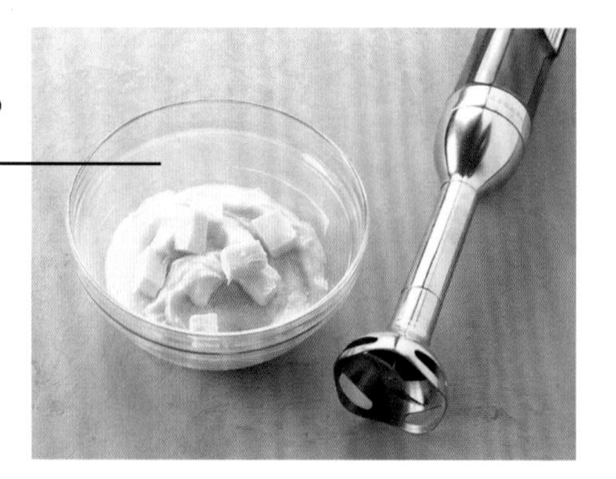

东方风情卡仕达鲜奶油

用打蛋器把蛋黄、蜂蜜和玉米淀粉搅拌均匀。

把牛奶倒入平底锅中加热，然后倒在蛋黄蜂蜜混合物上。混合均匀后倒回平底锅，煮沸。

加入半盐黄油、酸橙花水和2种香精。用手持搅拌机搅拌至质地黏稠。用保鲜膜将盛放奶油的容器覆盖严密，放入冰箱冷藏2小时。

把奶油平铺入烤盘中，再覆盖保鲜膜，这样可以加速冷却。

02.

泡芙

将烤箱预热到210°C，按照第278页的步骤，在混合物中加入黄色色素和红色色素，制作一份脆皮面团，并切出25个圆形脆皮。按照第278页的步骤制作一份泡芙面团，在架子或铺好烘焙纸的烤盘上挤出25个泡芙面团。每个面团表面摆放一片圆形脆皮，然后在停止加热的热烤箱内放置10分钟。重新打开烤箱，调到165°C，泡芙面团入炉烘烤10分钟。

03.

红色水果丁

草莓洗净去梗，用小刀切成小丁。将树莓切成两半。一起放入沙拉碗中，加入青柠汁和刨得很细的果皮碎屑。小心地混合均匀，然后把混合物装入裱花袋，剪掉顶端。

组合

04.

在泡芙的下面挖一个洞，把红色水果丁填入其中。

在带打蛋器的厨师机搅拌桶中打发液体奶油。用刮刀将其刮入冷藏过的卡仕达鲜奶油，把混合物装入配12号圆口裱花嘴的裱花袋中。

05.

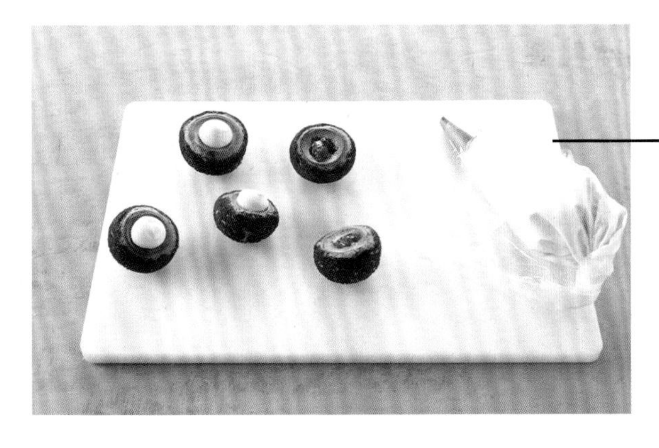

可以用小裱花嘴在泡芙扁平的一面挖洞。

将泡芙隆起的一面朝下摆放。在泡芙扁平的一面中间挤上一个漂亮的卡仕达鲜奶油球，盖住里面已经填好的水果丁。

06.

在每个奶油球上摆6～7个树莓，把奶油球完全覆盖起来。在泡芙顶端均匀地摆放红玫瑰花瓣和玫瑰糖衣果仁碎。

基础食谱

准备：10分钟
烘烤：5分钟

200克巧克力（黑巧克力、牛奶巧克力或白巧克力）
250克液体奶油

巧克力甘纳许

这是什么
一种巧克力混合物，浓稠、易熔化

特点及用途
用于装饰或填充各类蛋糕

其他形式
菲利普·孔蒂奇尼的巧克力甘纳许、克里斯托夫·亚当的香草巧克力甘纳许、克里斯托夫·亚当的焦糖巧克力甘纳许、让－保尔·埃万的辛辣百香果巧克力甘纳许、让－保尔·埃万的日本柚子巧克力甘纳许

核心技法
使表面平滑

食谱
松脆巧克力挞，*让－保尔·埃万*
覆盆子脆巧克力，*克莱尔·海茨勒*
巧克力薄荷马卡龙
莫加多尔马卡龙，*皮埃尔·艾尔梅*
椰子抹茶橙香手指马卡龙
甜蜜乐趣，*皮埃尔·艾尔梅*
糖衣榛子甘纳许巧克力海绵蛋糕
无限香草挞，*皮埃尔·艾尔梅*
歌剧院蛋糕
岩浆巧克力球，*菲利普·孔蒂奇尼*
杧果马达加斯加香草总汇三明治，*克里斯托夫·亚当*
夹心巧克力酥球，*克里斯托夫·亚当*
能量棒，*让－保尔·埃万*
日本柚子糖，*让－保尔·埃万*
蔻依薄挞，*皮埃尔·艾尔梅*

把巧克力切碎，放入沙拉碗中。把奶油煮沸，浇在巧克力上，使热气散发一会儿。

01.

02.

用打蛋器把混合物搅拌至柔滑均匀。于室温静置备用。

入门食谱
菲利普·孔蒂奇尼

这些甘甜酥脆、有岩浆夹心的小球，要放在舌头和上颚之间，一口咬破。它会在口中爆裂，令人不可思议！简单而难以抵挡。

岩浆巧克力球

6～7人份

准备：30分钟
烘烤：15分钟
静置：2小时10分钟

核心技法

隔水炖、乳化、使表面平滑、过筛

工具

油炸锅、搅拌机、手持搅拌机、2个直径2.5厘米的半球形软模具、细目筛网

巧克力甘纳许

230克可可含量为68%的黑巧克力
10毫升低脂牛奶
60克液体奶油

面包屑

200克非常柔滑湿润的白吐司
100克杏仁粉
3个鸡蛋（150克）
炒菜用油

01.

巧克力甘纳许

将巧克力隔水炖化。与此同时，把低脂牛奶和液体奶油倒入另一个平底锅中加热。当牛奶混合物变得很热时，分3次倒在熔化的巧克力中，并用力快速搅拌成柔滑的乳液状。用手持搅拌机搅拌，使甘纳许乳化且质地更加柔滑。

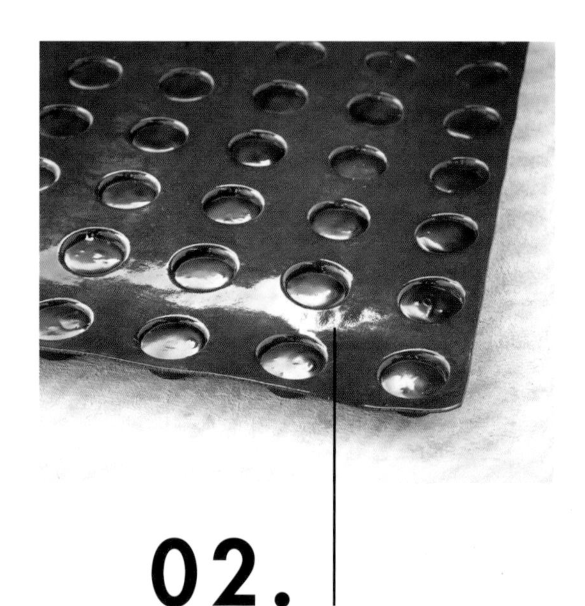

把温热的巧克力甘纳许倒在2个直径2.5厘米的半球形软模具中，然后在冷冻柜内放置2分钟，使巧克力凝固。

用力搅拌甘纳许，可以使其质地更柔软、均匀、易于熔化。

02.

03.

当巧克力变浓稠后（既不要太硬也不要太软），把2个模具扣在一起，把巧克力甘纳许组合成球形。重新放入冷冻柜，放置2小时以上。

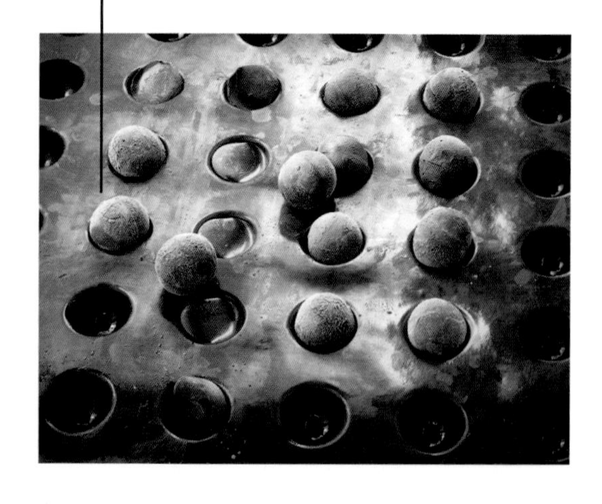

面包屑

白吐司去皮切片，把吐司片在冷冻柜内放置1小时，每片之间留出距离，使其变硬。放在小型搅拌机中搅打成粉末，然后立刻用细目筛网过筛。用保鲜膜裹起来，放入冰箱保存。

巧克力球脱模，在杏仁粉上滚一下，然后放在掌心里轻轻揉一揉。将鸡蛋打散，将巧克力球在蛋液里浸一下，然后撒上白吐司粉末。

将巧克力球放入冰箱冷藏10分钟，取出后再次浸入蛋液，然后在白吐司粉末里滚一下。用保鲜膜裹起来，冷藏。将烤箱预热到150°C，然后把炒菜用油倒入油炸锅，加热至180°C。将巧克力球放入油中，炸至表面呈金黄色。放在吸油纸上沥干，然后在烤箱内放置1分钟，使甘纳许夹心完全熔化。

要选用新鲜且湿润的白吐司面包，这一点很重要，因为潮湿的面包屑在油炸后会保持酥脆的口感。干燥的面包粉末则会使甜点表面显得很粗糙。

04.

入门食谱

克里斯托夫·亚当

这是我的第一道零食类甜点：这是一种类似于总汇三明治的小甜点……它结合了各种材料，使味道得到提升！柔软的开心果海绵蛋糕代替了白吐司，杧果裹在浓郁的香草巧克力甘纳许里，构成了美味的填料。

杧果马达加斯加香草总汇三明治

可以制作6个总汇三明治

准备：40分钟
烘烤：30分钟
静置：4小时15分钟

核心技法

捣碎、隔水炖、使表面平滑、过筛、剥皮

工具

20厘米×20厘米×4厘米的方形不锈钢模具、刮刀、刨刀、厨师机、温度计

香草巧克力甘纳许

400克脂肪含量为35%的液体奶油
3克明胶粉
3个马达加斯加香草荚
90克白巧克力

开心果海绵蛋糕

2个鸡蛋（90克）
1个大蛋黄（30克）
45克细砂糖
1个橙子的果皮，刨成碎屑
15克室温软化黄油
18克开心果酱
20克T55面粉
20克淀粉

组合和修整

1个杧果

01.

香草巧克力甘纳许

把液体奶油倒入平底锅，放入明胶粉。静置5分钟使其凝固，然后放入剖开并刮出籽的香草荚（连同香草籽）。把奶油加热至微滚，然后浸泡10～15分钟。

把白巧克力研碎，放在沙拉碗中。

把香草荚从平底锅中取出，然后把奶油慢慢倒在白巧克力上并混合均匀。放入冰箱冷藏2小时。

此配方使用的是明胶粉，若偏爱明胶片也可以。在这种情况下，请注意以1.5片明胶片替换3克明胶粉。放在盛有冷水的碗中浸泡几分钟，沥干后再放入奶油中。

02.

开心果海绵蛋糕

将烤箱预热到200°C。把完整的鸡蛋、蛋黄、细砂糖和刨成碎屑的橙子果皮放入沙拉碗，放入隔水炖锅加热至40°C。一边用打蛋器搅拌，一边加热混合物。

如果没有专业温度计以测量隔水炖锅中的温度，请注意将鸡蛋混合物加热到适当的温度。

03.

把混合物放入带打蛋器的厨师机搅拌桶中，搅拌使其冷却，直至质地变得很柔滑。

在沙拉碗中混合室温软化黄油、开心果酱，用刮刀搅拌均匀。

把开心果奶油混入鸡蛋奶油中，然后直接在奶油上方将面粉和淀粉过筛。混合。

把混合物倒入20厘米×20厘米×4厘米的方形不锈钢模具中。放入烤箱烘烤15分钟。烤好后，冷却，脱模，把蛋糕切成2个20厘米×10厘米的长方形。

可以用手指轻轻擦拭蛋糕表面，以擦掉开心果海绵蛋糕的表皮。这样做出的海绵蛋糕是浅绿色的，会更好看。

选择熟透的杧果：这样做出的总汇三明治会更好且更容易切开。

用小刀削杧果皮，会比用削皮刀削更方便。

04.

组合和修整

用小刀削杧果皮，再将其切成5毫米厚的薄片。把边缘切掉，再将果肉切成规则的长方形。把这些长方形的杧果片密封保存，边角料也可以留下来。

把冷的香草奶油白巧克力混合物放入带打蛋器的厨师机搅拌桶，缓缓搅拌，直至搅拌成甘纳许。

05.

把20厘米×20厘米的方形不锈钢模具放在铺好烘焙纸的烤盘或大餐盘上，把第一块长方形开心果海绵蛋糕干放进底部。用扁平抹刀或大扁勺在表面涂上厚厚的一层香草巧克力甘纳许。

把杧果薄片摆在甘纳许上，将其表面完全覆盖。

在杧果上涂上第二层甘纳许。

如果需要，可以用杧果的边角料填满缝隙。

06.

其上摆第二块长方形开心果蛋糕，用刮刀或扁平抹刀把侧面涂抹平整，然后放入冰箱冷藏2小时。

开心果蛋糕很软，不易操作，叠合时建议用面包刀。

07.

08.

小心地取下不锈钢模具，然后用面包刀稍稍修齐四边，使边缘保持整齐。

把蛋糕沿长边切成3个同样大小的长方形。然后沿对角线把每个长方形切成两半，一共切成6个三角形。

专业食谱

克里斯托夫·亚当

夹心巧克力酥球

10人份（30个泡芙）

准备：50分钟
烘烤：50分钟
静置：2小时

核心技法

隔水炖、稀释、乳化、使表面平滑、用裱花袋挤、剥皮

工具

搅拌碗、手持搅拌机、油刷、配10号普通裱花嘴的裱花袋、刨刀、温度计、30个小管子。

牛奶巧克力奶油

50克细砂糖
30克玉米淀粉
5个蛋黄（90克）
500克全脂牛奶
150克脂肪含量为35%的淡奶油
250克牛奶巧克力（法芙娜牌，有焦糖夹心，可可含量为36%）
100克黄油

泡芙面团

160克水
160克低脂牛奶
160克黄油
4克盐
6克细砂糖
8克香草液
160克T55面粉
5～6个鸡蛋（280克）

可可脆皮

45克粗红糖
40克T55面粉
10克杏仁粉
40克室温软化黄油
10克黑巧克力

焦糖巧克力甘纳许

130克细砂糖
90克葡萄糖
210克脂肪含量为35%的液体奶油
15克牛奶巧克力（法芙娜牌，有焦糖夹心，可可含量为36%）
55克含盐黄油

组合和修整

1个青柠的果皮
500克巧克力（法芙娜牌，有焦糖夹心，可可含量为36%）
可食用的金粉

这也是亚当制作的一种“零食类”甜点……一个盖着可可脆皮的用料丰富的泡芙，内馅是用青柠果皮提味的牛奶巧克力，再覆上一层薄薄的糖霜，组合成了这道夹心巧克力酥球。搭配一小管焦糖巧克力甘纳许品尝，美味难挡。

01.

牛奶巧克力奶油

在沙拉碗中，把糖、玉米淀粉和蛋黄搅拌均匀。

把牛奶和淡奶油倒入平底锅中，煮沸。把⅓煮沸的牛奶奶油混合物浇在鸡蛋混合物上，然后全部倒回平底锅，沸腾后继续煮2分钟。

把巧克力切小块，放在搅拌碗中。把热奶油浇在上面，用打蛋器搅拌至乳化。冷却。

当混合物达到40°C左右时，加入切成块的黄油，用手持搅拌机把混合物搅拌柔滑。用食品保鲜膜覆盖，放入冰箱冷藏2小时以上，直至完全冷却。

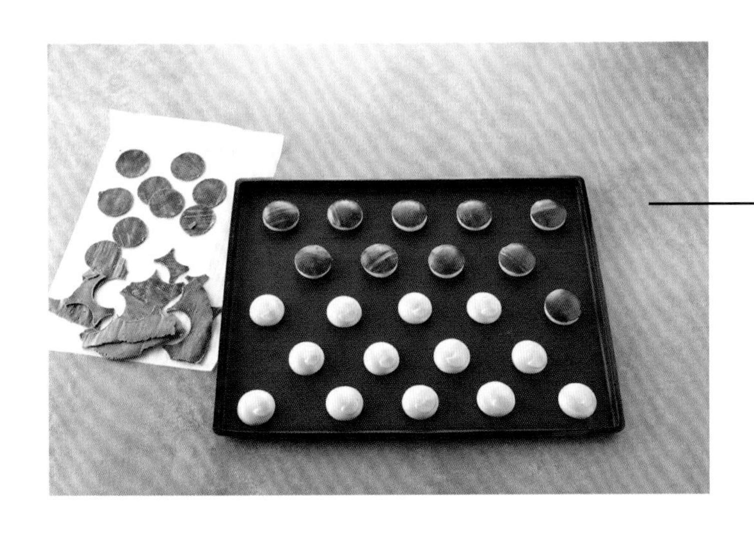

02.

泡芙面团和可可脆皮

将烤箱预热到180°C。

按照第278页的步骤制作一份泡芙面团和一份脆皮面团，但食材及用量应根据本食谱调整。把泡芙面团装入配10号普通裱花嘴的裱花袋中。在铺好烘焙纸的烤盘或硅胶垫布上挤出30个直径3厘米的泡芙。在每个泡芙上摆上一片圆形脆皮，放入烤箱。烘烤10分钟，然后把烤箱门微微打开，继续烘烤20分钟。

03.

入炉烤制10分钟后，泡芙应该会膨胀。否则要继续烤，直至膨胀到足够大。

焦糖巧克力甘纳许

把细砂糖和葡萄糖放入平底锅中，熬成棕色的焦糖，同时用木勺搅动。与此同时，在另一个平底锅中用小火加热液体奶油。

把热奶油倒入已经离火的棕色焦糖（稀释），然后用木勺搅拌5分钟以上，使温度降到85°C。

04.

把切成块的牛奶巧克力放入沙拉碗中。

当焦糖奶油达到85°C时，将其倒在巧克力上，用打蛋器搅拌使其乳化。

当混合物温度降到35°C左右时，加入切成块的含盐黄油，用手持搅拌机搅拌柔滑。把奶油冷却到室温。

用烘焙专用温度计确认甘纳许的温度。

如果没有装焦糖巧克力甘纳许的小管子，可以把甘纳许装在另外一个小容器里，便于品尝时浇在夹心巧克力酥球上。

把焦糖巧克力甘纳许装入裱花袋中，剪掉顶端。将甘纳许装入30个小管子。

05.

组合和修整

06.

把冷的牛奶巧克力奶油搅拌柔滑。用刨刀把青柠果皮在奶油上方刨成碎末，混合均匀。

把奶油装入裱花袋，剪掉顶端。在泡芙底部挖一个洞，把牛奶巧克力奶油全部填进去。

可以用小裱花嘴、小刀在泡芙底部挖洞。

07.

把⅔的巧克力隔水炖化，或者放入微波炉熔化。倒在切碎的另外⅓巧克力上，混合均匀。把泡芙的底部在液体巧克力中浸一下，然后放在烘焙纸上晾干。

用刷子把金粉刷在泡芙隆起的一面上。

每3个一组，装在小食品袋里（这样就有零食的感觉了），或者摆在碟子上，配上一管焦糖巧克力甘纳许，端上餐桌。

专业食谱

让-保尔·埃万

巧克力也可以“走动”，您走到哪儿，它就跟到哪儿。这不是金条，而是爆发的能量与激情……

能量棒

可以制作144条能量棒

准备：1小时
烘烤：20分钟
静置：2×10小时

核心技法

凝结（巧克力调温）、隔水炖、刮刀、浇一层、巧克力调温

工具

36.5厘米×36.5厘米×6毫米的方形模具和36.5厘米×36.5厘米×1厘米的方形模具、巧克力叉、刮刀、搅拌机、弯曲铲刀、温度计

辛辣百香果甘纳许

100克百香果泥
40克细砂糖
190克淡奶油
40克转化糖（或洋槐花蜜）
0.8克卡宴辣椒粉
460克巧克力（法芙娜牌Caraque系列）
40克室温软化黄油

杏仁橘子面团

130克去壳的杏仁
95克糖粉
9.5克转化糖（或洋槐花蜜）
95克糖渍橘子果泥
175克橘子汁
90克牛奶巧克力（JPH牌，可可含量为40%）
30克可可黄油

切条

300克黑巧克力（JPH牌，可可含量为70%）

01. 辛辣百香果甘纳许

在制作前一天，把百香果泥和细砂糖放入平底锅，煮沸。静置备用，不要加盖。

把淡奶油和转化糖（或洋槐花蜜）放入平底锅，然后煮沸。加入前一天制作的混合物和卡宴辣椒粉，然后混合均匀。

把巧克力切碎，放入沙拉碗中。把前面的液体冷却至80°C，倒在巧克力上，然后用刮刀小心地搅拌。

当混合物变均匀后，加入成块的室温软化黄油。混合。

如果没有百香果泥，可以把几种水果混合并用小漏斗过滤。

如果甘纳许分层，确认温度是否正好为36°C。否则要重新加热。

02.

在铺好烘焙纸的烤盘或Silpat®牌烘焙垫上，摆上一个边长36.5厘米、高6毫米的方形模具。用弯曲铲刀把混合物铺涂在里面。放入冰箱冷藏10小时。

03.

杏仁橘子面团

制作前一天，把杏仁放入平底锅中，倒入清水。煮沸并使其保持沸腾5分钟，然后把杏仁捞出沥干。用搅拌机搅打成糊状。放入糖粉，再次搅拌。倒入转化糖（或洋槐花蜜），再搅拌一次。将杏仁糊混合物放入沙拉碗中。

在另一个碗中混合糖渍橘子果泥和橘子汁。将其加入杏仁糊混合物中，混合均匀。

把牛奶巧克力和可可黄油隔水炖化，用刮刀搅拌。加入杏仁橘子混合物中，然后混合均匀。

杏仁的质量有很大差别，需要用心挑选！
可可黄油在专门的甜点商店或网店可以买到。

04.

将模具从辛辣百香果甘纳许上取下来，换成边长相同但高为10毫米的模具。用弯曲铲刀把巧克力橘子杏仁混合物涂在甘纳许上。放入冰箱冷藏10小时。

05.

切条

制作当天，用刀尖抵住模具内壁，脱模。把切碎的调温黑巧克力隔水软化。

把软化的巧克力倒入大沙拉碗中。把少量的软化巧克力浇在甘纳许上面，用弯曲铲刀迅速铺涂成薄薄的一层。晾干，翻转过来，然后在另一面涂巧克力。把刀微微加热，将能量棒面坯切成6厘米×1.5厘米的能量棒。

在温度为18°C，无光照、不潮湿的环境中，这些能量棒可以保存15天。

用巧克力叉从有巧克力的一面叉起能量棒，将其完全浸入软化的巧克力中，然后提起，轻拍一下，使多余的巧克力滴落，摆放在烘焙纸上。重复操作，把每个能量棒都裹上巧克力。

06.

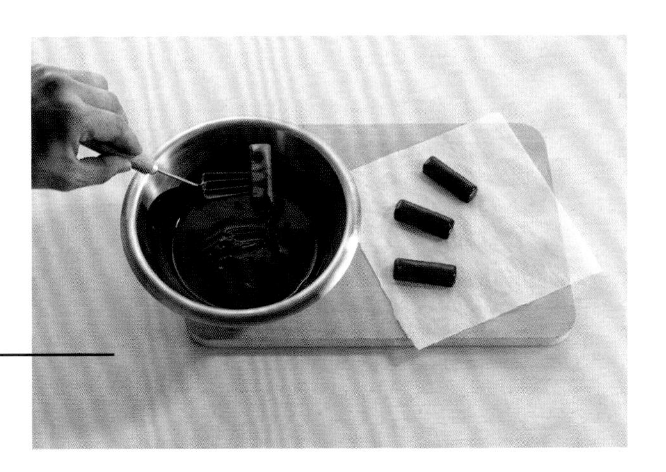

07.

用削皮刀刮一些巧克力碎屑，撒在巧克力棒上。把巧克力棒放在阴凉处，使其凝固。

专业食谱

让-保尔·埃万

夜色如水……特别是被柑橘类水果的果香萦绕的时刻，酸涩的滋味激动人心。

日本柚子糖

可以制作50块

准备：30分钟
烘烤：10分钟
静置：10小时

核心技法

凝结（巧克力调温）、隔水炖、使表面平滑、巧克力调温

工具

36.5厘米×13.8厘米×6毫米的方形模具、巧克力叉、弯曲铲刀、温度计

日本柚子巧克力甘纳许

60克黑巧克力（法芙娜牌Caraque系列，可可含量为58%）
60克黑巧克力（法芙娜牌Manjari系列，可可含量为64%）
40克牛奶巧克力（JPH牌，可可含量为40%）
80克淡奶油
15克转化糖（或洋槐花蜜）
6.5克日本柚子汁
10克青柠汁
10克橘子汁
30克室温软化黄油

完成及修整

300克黑巧克力（JPH牌，可可含量为70%）

装饰

金箔

日本柚子巧克力甘纳许

01.

前一天，用刀把2种黑巧克力和牛奶巧克力切碎。放入沙拉碗中。

在平底锅中倒入淡奶油、转化糖（或洋槐花蜜）、日本柚子汁、青柠汁和橘子汁，混合，然后煮至75°C。

把混合物浇在切碎的巧克力上，搅拌均匀。

当混合物变得柔滑均匀时，倒入切成块的室温软化黄油。再次搅拌。

日本柚子汁可以在高档的亚洲调味品店买到。

02.

在铺好烘焙纸的烤盘或Silpat®牌烘焙垫上摆上一个36.5厘米×13.8厘米、高6毫米的方形模具。当甘纳许温度降至32.5°C时，用弯曲铲刀将其在模具中涂抹平整。于阴凉处（16°C）放置10小时。

03.

完成及修整

制作当天，用刀尖抵着内边缘，脱模。

把黑巧克力切碎，隔水炖化，使其凝固。

把少量的经过调温的巧克力浇在甘纳许上面，用弯曲铲刀迅速抹成薄薄的一层。放置一会儿使其变干燥，然后翻面，在另一面涂抹巧克力。静置待其干燥。

将糖置于18℃的环境中使其凝结。在18℃、无光照、不潮湿的环境中，日本柚子糖可以保存15天。

04.

把刀稍稍加热，切成边长为3厘米的正方形。

装饰

用巧克力叉铲起柚子糖。把糖完全浸入剩下的调温巧克力中。提起，轻拍一下，使多余的巧克力滴落，然后摆在烘焙纸上。在糖上放一张4毫米的玻璃纸（或烘焙纸），然后用木塞滚动着轧压一下，使表面变平整。每块柚了糖都轧一遍。表面撒少许金箔作为装饰。

05.

基础食谱

准备：10分钟
烘烤：5分钟
静置：2小时至1夜

- 1片明胶
- 150克细砂糖
- 125克柠檬汁
- 1个柠檬的果皮，擦成碎末
- 4个鸡蛋（200克）
- 125克黄油

柠檬奶油

这是什么
一种口感顺滑的奶油，略带柠檬的酸味

特点及用途
用于填在柠檬挞等点心和小蛋糕中

其他形式
克里斯托夫·米夏拉克的日本柚子奶油

核心技法
搅打至发白、乳化、用保鲜膜覆盖严密、剥皮

工具
搅拌碗、手持搅拌机、细目筛网、刨刀

食谱
无麸质柠檬挞
柠檬罗勒挞
传统柠檬挞
柠香拿破仑
柠檬舒芙蕾挞
无蛋白霜的烤开心果挞
橙香泡芙（橙香柠檬派的变形），*克里斯托夫·米夏拉克*

01.

把明胶放入盛有冷水的碗中浸泡。在平底锅中放入一半量的细砂糖、柠檬汁和擦成碎末的柠檬果皮。煮沸。

在搅拌碗中，将鸡蛋打散，与剩下的细砂糖混合并打发，直至混合物变白。用细目筛网将柠檬糖浆过滤，与变白的打发全蛋混合。

02.

将混合物倒入平底锅中，煮沸，用打蛋器不停搅拌。

离火，放入切成块的黄油和沥干的明胶。用手持搅拌机搅拌2分钟以上，使奶油乳化。用保鲜膜覆盖严密，放入冰箱放置2小时以上使其冷却，最好能冷藏过夜。

入门食谱

8人份

准备：30分钟
烘烤：1小时
静置：2小时

核心技法

预烤、去籽、使表面平滑、水煮、用裱花袋挤

工具

直径28厘米高4.5厘米的环形模具、刮刀、搅拌机、弯曲铲刀、厨师机

柠檬舒芙蕾挞

舒芙蕾面糊

4个柠檬
20克玉米淀粉
30克柠檬酒
240克细砂糖
4份蛋清（120克）

组合和修整

1个预烤过的甜面团挞底
800克柠檬奶油
50克糖粉

这种柠檬挞中含有很多气泡，味道精致纯粹！它酥脆多孔，突出了柠檬的酸味，口感柔软轻盈。

01.

舒芙蕾面糊

把完整的柠檬洗净，用针或薄刀片在表皮上扎孔。

把柠檬放入双耳盖锅或大平底锅中，倒入冷水，开始煮。煮40分钟左右。煮熟后切块，去籽。

用刀尖扎一下柠檬，确认是否煮熟。煮熟的柠檬内部应该是软的。

02.

将柠檬放入厨师机搅拌桶中（无须切开），搅打成均匀的果肉。取出350克柠檬果肉，倒入玉米淀粉和柠檬酒，混合均匀。冷却。

在平底锅中，用少许水溶化细砂糖，煮至116°C。在带打蛋器的厨师机搅拌桶中打发蛋清。把煮好的糖浆浇在打发的蛋清上，搅拌至完全冷却，做成意式蛋白霜。

用刮刀小心地把蛋白霜刮入柠檬果肉中，翻拌均匀。

03.

组合和修整

按照第8页和第490页的步骤制作一份预烤过的甜面团挞底和一份柠檬奶油。把柠檬奶油装入裱花袋中，挤在预烤过的甜面团挞底上，挤至⅓高度。在冷冻柜内放置2小时。

04.

将烤箱预热到110°C。在直径与挞底相同、高4.5厘米的环形模具内壁涂上厚厚的一层黄油，放入冷冻过的挞底，再装填舒芙蕾糊，使其与模具高度平齐，用弯曲铲刀把表面涂抹平整。放入烤箱烘烤20分钟。

05.

把烤箱调到上火模式预热。在挞上撒上糖粉，放在烤箱上部5分钟，使糖粉焦化。从烤箱中取出，小心地脱模。

入门食谱

8人份

准备：40分钟
烘烤：30分钟
静置：1小时

核心技法

预烤、使变稠、水煮、用裱花袋挤、浓缩、烤、剥皮

工具

搅拌机或手持搅拌机

无蛋白霜的烤开心果挞

糖渍柠檬

5个柠檬
250克细砂糖

糖烤开心果

100克去壳的开心果
10克左右的蛋清
50克细砂糖

组合

1个预烤过的甜面团挞底
800克柠檬奶油

这是一种十分酥脆的挞！在这里，美味的糖烤开心果代替了传统的蛋白霜，使甜面团和柠檬奶油的组合更有活力。

01.

如果您有削皮器，可以把柠檬果皮削成很薄的条状。

糖渍柠檬

用削皮刀将柠檬皮削成条状的薄片，然后用小刀切成细条。

02.

在双耳盖锅或大平底锅中倒入冷水，将削成细条的果皮浸入水中，煮沸，而后沥干。重复煮沸1次，沥干，然后再煮第3遍。挤压柠檬，挤出30毫升果汁。如果需要，可以加少许水。把柠檬汁、细砂糖和沥干的柠檬果皮倒入平底锅。煮沸，然后使其继续滚动，直至糖浆浓缩。

用搅拌机或手持搅拌机搅拌，然后冷却。

如果您没有按压柠檬的榨汁器，可以用餐叉的齿按压。

当削成条的柠檬果皮差不多露出水面时，糖浆就足够浓稠了。

糖烤开心果

将烤箱预热到180°C。将去壳的开心果与蛋清混合，使蛋清把开心果包裹起来。加入细砂糖，用抹刀或刮刀搅拌，使其变黏稠。

把开心果铺涂在烘焙纸或Silpat®牌烘焙垫上。放入烤箱，烘烤6分钟。冷却，然后放在干燥处。

03.

也可以在奶油夹心挞上撒上一层捣碎的丌心果。

04.

组合

按照第8页和第490页的步骤制作一份预烤过的甜面团挞底和一份柠檬奶油。用大勺子在预烤过的甜面团挞底上铺涂上一层薄薄的糖渍柠檬。

05.

把柠檬奶油填在挞上，然后放入冰箱冷藏1小时。端上餐桌前，在冷却的挞上撒上掰碎的糖烤开心果。

专业食谱

克里斯托夫·米夏拉克

人们都领略过蛋白柠檬挞的魅力，但我确信这种泡芙会给您带来别样的感觉。

橙香泡芙

可以制作25个泡芙

准备：40分钟
烘烤：2小时30分钟
静置：1夜

核心技法

取出果肉、用保鲜膜覆盖严密、用裱花袋挤、过筛、剥皮

工具

小漏斗或漏勺、刮刀、手持搅拌机、细目筛网、刨刀、配12号圆口裱花嘴的裱花袋、厨师机、Silpat®牌烘焙垫、温度计

日本柚子奶油

30克全脂牛奶
70克日本柚子汁
1个青柠的果皮
3个大鸡蛋（170克）
110克细砂糖
160克黄油

法式蛋白霜

3个大鸡蛋的蛋清（100克）
100克细砂糖
几滴黄色色素
2克盐
100克糖粉

泡芙

泡芙面团（可以制作25个泡芙）
脆皮面团（可以制作25片圆形脆皮）
2克黄色色素

糖渍柑橘类水果

4个青柠
3个柠檬
2个橙子
50克柑橘类水果的果酱
1个香草荚
1克盐之花

组合和修整

30克柑橘类水果的果酱
1个柠檬的果皮

01.

日本柚子奶油

前一天，把全脂牛奶、日本柚子汁、擦成碎末的青柠果皮、鸡蛋、细砂糖放入平底锅，然后用打蛋器混合。一边搅拌一边煮沸。用小漏斗或漏勺把奶油过滤，把温度降至40°C左右，然后慢慢放入切成小方块的黄油，同时用手持搅拌机搅拌。用保鲜膜把混合物裹紧，放入冰箱冷藏一夜。

注意在煮的过程中要不停地搅拌奶油，防止煳锅。先把混合物倒入脆皮食品盘，再用保鲜膜覆盖严密，这样可以加速冷却。

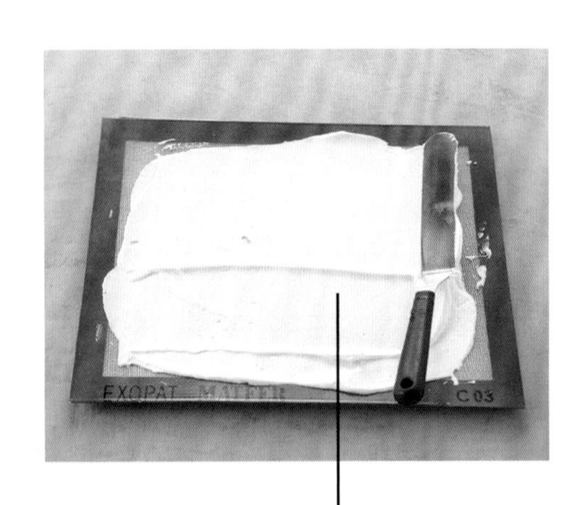

法式蛋白霜

制作当天，将烤箱预热到80°C。把蛋清放入带打蛋器的厨师机搅拌桶中搅打，缓慢多次加入细砂糖。再加入色素和盐。

糖粉过筛，加入打发的蛋清中。

把蛋白霜均匀涂抹在Silpat®牌烘焙垫上，厚度约为2毫米。放入烤箱，烘烤2小时以上，使蛋白霜干燥。从烤箱中取出，于室温下保存。

02.

泡芙

将烤箱预热到210°C。按照第278页的步骤，在基础混合物中加入黄色色素，制作一份脆皮面团，切出25片圆饼。按照第278页的步骤制作一份泡芙面团，在铺好烘焙纸的烤盘上挤出25个泡芙。在每个泡芙上摆上一片圆形脆皮，然后在停止加热的热烤箱中放置10分钟。重新打开烤箱，调到165°C，将泡芙烘烤10分钟。

04.

可以用小裱花嘴在泡芙扁平的一面挖洞。

糖渍柑橘类水果

用刨刀把柠檬和橙子的果皮削下来。

分别取出青柠、柠檬和橙子的果肉，切成小方块。

05.

用细目筛网把3种柑橘类水果的果肉块沥干，然后放入沙拉碗中。

加入柑橘类水果的果酱、刮出的香草籽和盐之花。小心地搅拌，然后装入裱花袋中，剪掉顶端。

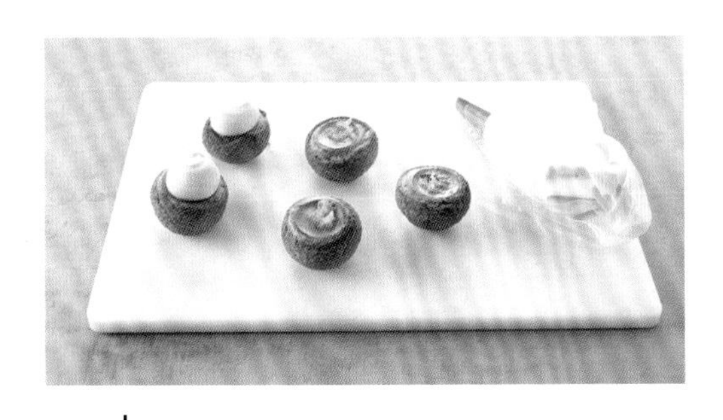

组合和修整

06.

在泡芙的下面挖一个洞，填入糖渍柑橘类水果。把泡芙隆起的一面朝下摆放。把冷藏过夜的日本柚子奶油装入配12号圆口裱花嘴的裱花袋，在每个泡芙扁平的一面挤上一个漂亮的奶油球。在每个奶油球中间挤上一滴柑橘类水果果酱。

在端上餐桌时再把蛋白霜碎片插在泡芙上，否则蛋白霜可能会融化。

07.

用手把蛋白霜捏碎，在每个日本柚子奶油球上插上几块碎片。将1个柠檬的果皮在泡芙上方刨成碎屑，然后立刻端上餐桌。

慕斯

基础食谱

6～8 **人份**

准备：15分钟
静置：2小时

6个鸡蛋（350克）
150克黑巧克力
1汤匙水
150克细砂糖

巧克力慕斯

这是什么
一种由巧克力制成的酥脆轻盈的慕斯

特点及用途
单独品尝，或作为糕点的内馅

其他形式
覆盆子慕斯、黑巧克力、牛奶巧克力或白巧克力慕斯、白奶酪慕斯、让－保尔·埃万的黑巧克力慕斯、克莱尔·海茨勒的香槟慕斯

工具
刮刀、厨师机

食谱
覆盆子巧克力无麸质软蛋糕
覆盆子开心果碎慕斯
巧克力慕斯
草莓夏洛特
黑巧克力慕斯，*让－保尔·埃万*
荔枝树莓香槟淡慕斯，*克莱尔·海茨勒*
瓜亚基尔蛋糕，*让－保尔·埃万*
巧克力香蕉夏洛特
百分百巧克力，*皮埃尔·艾尔梅*

01.

把蛋清与蛋黄分离。把黑巧克力稍稍捣碎。放入小平底锅，加水。用很小的火把巧克力熔化，用木勺轻轻搅动。当巧克力变成柔滑的糊状时，平底锅离火，而后加入蛋黄并不断搅拌。把蛋清和25克糖放入带打蛋器的厨师机搅拌桶。慢慢搅拌2分钟左右。加入剩下的糖，用最大速度搅拌30秒，打发至稠厚紧实。

把擦成碎屑的橙子果皮放入稠厚起泡的蛋清中。

02.

把1汤匙打发蛋白放入蛋黄和巧克力混合物中，用力搅拌，以软化巧克力糊。用刮刀把剩下的打发蛋白慢慢刮入巧克力混合物中。放入冰箱冷藏2小时以上，使其凝固。

入门食谱

4人份

准备：30分钟
静置：2小时

工具

刮刀、搅拌机、细目筛网、4个舒芙蕾蛋糕模具、厨师机

覆盆子开心果碎慕斯

500克覆盆子
120克糖粉或细砂糖
2份蛋清（60克）
1撮盐
10毫升液体奶油（100克）
50克去壳的开心果

把覆盆子和20克糖放入厨师机搅拌桶中，用高速搅拌成果酱。用细目筛网过滤果酱，并用木勺按压辅助。

01.

02.

把蛋清放入带打蛋器的厨师机搅拌桶。加入盐，然后用高速打发。当蛋清变得稠厚紧实后，倒入剩下的糖，继续搅拌几秒钟。放入沙拉碗中。把搅拌桶和打蛋器洗净、擦干，在冷冻柜内放置10分钟。把冰凉的奶油倒入冷冻过的搅拌桶中，把打蛋器装在厨师机上，先低速运转1分钟，然后调到中速，把奶油打发至质地紧实。将覆盆子果酱与奶油混合均匀。

用刮刀小心地把混合物刮入稠厚的鸡蛋中。把做好的慕斯装入4个小干酪蛋糕模具中，放入冰箱冷藏2小时以上。把开心果切得很碎，撒在慕斯上。

03.

这种慕斯更适合搭配饼干食用。

入 门 食 谱

4人份

准备：20分钟
静置：2小时30分钟

核心技法

捣碎

工具

4个直径5厘米的环形模具、厨师机、擀面杖、吹风机或喷枪、温度计

巧克力慕斯

沙漠玫瑰脆饼

50克可可含量为70%的调温黑巧克力
20克甜玉米片

慕斯

90克黑巧克力、110克牛奶巧克力或120克白巧克力
1.5片明胶（3克）
125克淡奶油
90克牛奶

01.

沙漠玫瑰脆饼

用擀面杖把甜玉米片稍稍擀碎，但不要太用力，以免碾成碎末。熔化巧克力，和玉米片混合。把得到的面糊倒入4个直径5厘米的环形模具中。用餐叉轻轻压平，但不要压坏形状。放入冰箱冷藏30分钟。

慕斯

02.

把奶油倒入厨师机搅拌桶，打发至柔滑起泡。把明胶放入盛有冷水的碗中浸泡。加热牛奶，但不要煮沸。

把明胶沥干，放入牛奶中搅拌。把巧克力放入沙拉碗中，倒入牛奶。搅拌直至溶化。确认混合物的温度：应该在35°C左右。倒入淡奶油。

03.

组合和修整

把慕斯涂抹在环形蛋糕模具内。放入冰箱凝固2小时左右。

04.

将慕斯脱模：先把慕斯放在一个倒置的小杯子上，用喷枪将模具加热几秒钟，如果没有可以用吹风机代替。将模具取下来。把慕斯放回冰箱，端上餐桌前保持冷藏。

草莓夏洛特

6人份

准备：25分钟
烘烤：10分钟
静置：12小时

核心技法

防粘处理、去梗、浇一层、使渗入

工具

电动搅拌机、夏洛特模具、油刷

草莓果冻

160克草莓
30克细砂糖
半片明胶（1克）

饼干

40块兰斯玫瑰饼干
350克基础糖浆
125克草莓果泥

白奶酪慕斯

2片明胶（4克）
12克柠檬汁（或1个柠檬）
250克脂肪含量为40%的白奶酪
1个小鸡蛋（分离出25克蛋清）
25克细砂糖

组合及装盘

20多个草莓
尚蒂伊奶油
市售草莓果冻

专业食谱

01.

草莓果冻

制作前一天，把细砂糖倒在长柄平底锅中，不加水熬成焦糖，中间不停搅拌。把草莓去梗，洗净，沥干，切成块。当焦糖变成深黄色时，放入草莓煮至草莓析出汁液，然后倒入碗中。把明胶放入冷水中泡软，沥干，然后放入草莓中，搅拌使其溶化。用食品保鲜膜覆盖，放入冰箱使其凝固（或在冷冻柜内放置5分钟）。

02.

饼干

混合基础糖浆与草莓果泥，制成蘸饼干用的糖浆。把玫瑰饼干浸入糖浆中直至浸透。把饼干摆在夏洛特模具中作为隔层，先沿内壁开始摆，有糖的一面朝外。最后铺满底部。

稍稍晃动放入焦糖的草莓，可以使其快速地煮出汁，同时无须将草莓碾碎。当草莓煮至微微变软但未完全熟透的时候关火。草莓应该保持紧实。

03.

白奶酪慕斯

把明胶放在冷水中泡软。把柠檬汁倒入平底锅，用中火加热。把明胶沥干，放入离火的柠檬汁中。

搅拌使明胶溶化。把白奶酪放入碗中，倒入柠檬汁，混合均匀。

把混合物倒在大号沙拉碗中。用搅拌机把蛋清打发至稠厚起泡。一边打发一边逐渐加入细砂糖。把打发的蛋清慢慢加入白奶酪中混合。

04.

组合及装盘

在夏洛特挞底涂一层白奶酪慕斯。从冰箱中取出草莓果冻，倒在慕斯上。

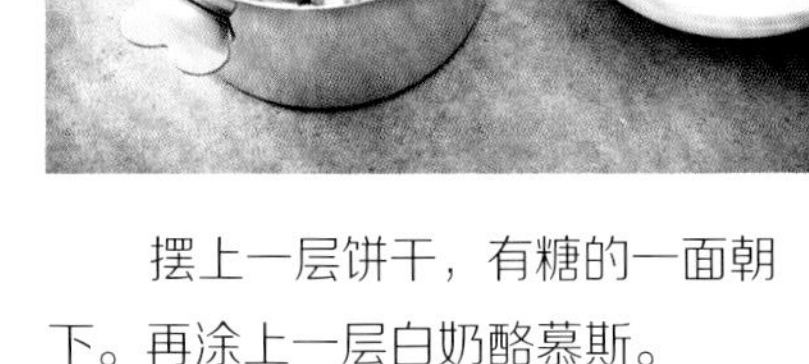

05.

摆上一层饼干，有糖的一面朝下。再涂上一层白奶酪慕斯。

制作慕斯的关键在于不要把蛋清打发得质地过于紧实，以保持混合物的均匀。

06.

最后再摆上一层饼干，用小块的饼干把缝隙填满。用保鲜膜将夏洛特覆盖严密，放入冰箱冷藏12小时。

07.

制作当天，把夏洛特摆在餐盘上，脱模。草莓洗净沥干，切成两半。把市售的草莓果冻熔化，浇在夏洛特上，以覆盖整个表面，用刷子刷均匀。在夏洛特的顶端和周围摆上切成两半的草莓。搭配尚蒂伊奶油，端上餐桌。

专业食谱

让-保尔·埃万

无与伦比的法式生活艺术：巧克力慕斯，配上一杯盛在精雕水晶杯里的香槟。假期开始！

黑巧克力慕斯

15人份

准备：45分钟
烘烤：20分钟
静置：7小时

核心技法

凝结（巧克力调温）、隔水炖、用裱花袋挤

工具

油刷、配八齿裱花嘴的裱花袋、温度计、1个高脚杯

明胶模

300克细砂糖
200克热水
50片明胶（100克）
2千克黑巧克力

上光

15克阿拉伯树胶
15克温水

黑巧克力慕斯

200克黑巧克力（JPH牌，可可含量为70%）
225克细砂糖
80毫升水
9个蛋黄（180克）
7份蛋清（220克）
540克打发的淡奶油

JEAN-PAUL HEVIN
CHOCOLATIER
PARIS

明胶模

把明胶片放入盛有冷水的沙拉碗中浸泡。平底锅中倒入热水，放入细砂糖，使其溶化。加入沥干的明胶，混合，然后加热至沸腾。冷却，直至开始起泡。撇出泡沫。

将混合物微微加热，煮成质地均匀的液体。把高脚杯放入一个直径相近的容器中，然后把明胶倒入容器中。放入冰箱冷藏6小时，而后取出脱模。

01.

02.

用刀沿水平方向把高过杯脚的明胶切掉，然后将明胶从一侧由上而下纵向切开。将杯子从明胶中取出，然后用皮筋把明胶模固定住。

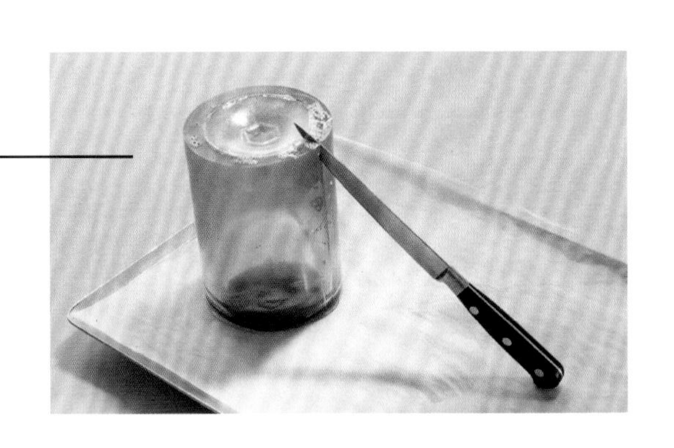

03.

把黑巧克力切碎，然后隔水炖化。静置使其凝结，然后把巧克力倒入明胶模内部。5分钟后，把模具翻转过来，倒出多余的巧克力。放入冰箱冷藏1小时。

04.

上光

把阿拉伯树胶放入温水中溶化。把巧克力杯脱模，将胶溶液刷在表面为其上光。重复操作，制作出多个巧克力杯。

05.

这种慕斯可以在冰箱里保存4天。

黑巧克力慕斯

把黑巧克力切碎，放入隔水炖锅中，加热至45°C使其熔化，密封保存。

在平底锅中放入水和细砂糖，煮至118°C。倒入沙拉碗中，密封保存。

在厨师机搅拌桶中放入蛋黄，搅打，然后加入⅓熬好的糖。将蛋黄打发成泡沫状的混合物，密封保存。在另一台厨师机中，把蛋清打发至稠厚起泡。放入剩下的熬好的糖，然后用低速搅拌使其冷却。

用抹刀混合巧克力与打发的蛋黄。

然后加入蛋白霜，小心地搅拌。把淡奶油倒入厨师机搅拌桶，打发至质地柔滑。把打发的淡奶油倒入前面的混合物中，然后小心地搅拌。

把慕斯装入配八齿裱花嘴的裱花袋中，挤入巧克力杯中。品尝前应始终保持冷藏。

专业食谱

克莱尔·海茨勒

荔枝树莓香槟淡慕斯

10人份

准备：2小时
烘烤：10分钟
静置：12小时

核心技法

擀、用小漏斗过滤、切丁、凝结（巧克力调温）、用裱花袋挤、巧克力调温

工具

10个凹下去的碟子、小漏斗、各种大小的裱花袋、直径为7厘米、6.5厘米、5厘米、3厘米、2厘米的饼干模、手持搅拌机、10个直径10厘米和10个直径12厘米的半球形模具、油刷、喷漆枪或即时喷雾器、裱花袋、厨师机、擀面杖、冰激凌机、Silpat®牌烘焙垫、温度计

白巧克力壳

150克白巧克力，软化

香槟慕斯

300克液体奶油
4片明胶（8克）
250克玫瑰香槟
100克意式蛋白霜
粉色色素

草莓果酱

半个柠檬
250克草莓
75克细砂糖
5克NH果胶

荔枝果冻

3.5片明胶（7克）
200克荔枝果泥

草莓香槟果汁冰糕

半个柠檬
55克水
55克细砂糖
30克粉状葡萄糖
250克草莓果泥
55克玫瑰香槟

甜沙酥面团

250克黄油
3克盐之花
100克细砂糖
40克杏仁粉
20克液体奶油
2个蛋黄（40克）
200克面粉
5克泡打粉
20克细砂糖

摆盘

700克鲜荔枝
200克树莓
200克草莓汁

制作一道优雅的节日甜点，为重大场合精心营造出“哇”的效果。这道甜点美味精致，将新鲜与美妙融为一体，是我的心头好。

白巧克力壳

01.

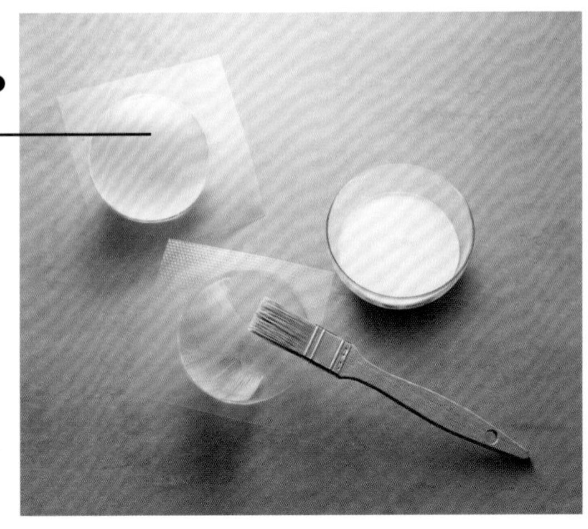

制作前一天，用刷子在10个直径10厘米的半球形模具上刷上薄薄的一层软化白巧克力。重复操作2次，使模型变得足够硬，同时确保涂层很薄。静置12小时使其凝结，然后脱模。

02.

香槟慕斯

按照第114页步骤制作一份意式蛋白霜。用厨师机打发液体奶油，保持整体质地柔滑。

把明胶放入盛有冷水的碗中浸泡。在平底锅中加热¼量的玫瑰香槟，加入沥干的明胶。混合，然后倒入剩下的未加热的香槟，再次搅拌。

在意式蛋白霜中少量多次加入香槟和明胶的混合物，用打蛋器搅拌将其稀释，然后加入打发奶油。小心地混合。

把得到的慕斯装入直径12厘米的半球形模具中，使高度达到⅓处。放入冰箱冷藏4小时。

提前把厨师机搅拌桶放入冰箱冷藏15分钟，使奶油更容易被打发。

03.

草莓果酱

制作当天，挤出柠檬汁，并用小漏斗过滤，称出20克放入平底锅。放入草莓和40克细砂糖，然后加热至40°C。把剩下的35克糖与果胶混合。把混合物迅速倒入平底锅中，混合均匀。煮沸，用手持搅拌机搅拌，然后冷却。

荔枝果冻

把明胶放入盛有冷水的碗中浸泡。把荔枝果泥倒入平底锅中，然后煮沸。放入沥干的明胶，然后混合。把300克荔枝切成丁。准备10个深盘，每个上面放入30克荔枝丁，其上覆盖20克荔枝果冻。放入冰箱冷藏2小时以上，使其凝固。

04.

借助饼干模具可以使造型更加完美。

05.

草莓香槟果汁冰糕

挤柠檬汁，并用小漏斗过滤，称出20克。

在平底锅中，放入水、细砂糖和粉状葡萄糖，然后煮沸。把得到的糖浆倒入草莓果泥中，倒入香槟和20克柠檬汁，然后混合均匀。放入冰激凌机做成果汁冰糕。

06.

甜沙酥面团

将烤箱预热到160°C。按照第24页的步骤制作一份甜沙酥面团，但食材及用量应根据本食谱调整。把200克面团擀成2毫米厚的面饼，放在铺好Silpat®牌烘焙垫的烤盘上。撒上细砂糖，放入烤箱烘烤5分钟。烤到一半时，取出烤盘，用模具切出10个直径7厘米的、10个直径5厘米的和10个直径2厘米的圆饼。再放入烤箱，用同样的温度烘烤5分钟。

粉状葡萄糖可以使冷冻后的冰激凌口感更佳。

07.

把模具在冷水中浸一下，将半球形的香槟慕斯脱模，然后用一个直径3厘米的饼干模具切掉中心部分。用喷漆枪把中间喷成粉色，如果没有喷漆枪可以用即时喷雾器。

在脱模和切掉中心部分时，香槟慕斯应该是冷冻的，喷色素时也应该是冷冻的，这样成品外观才会如丝绒一般。

烘烤时间和温度仅供参考，需要根据您使用的烤箱功率进行调整。

在加热裱花嘴时，可以使用焊枪。

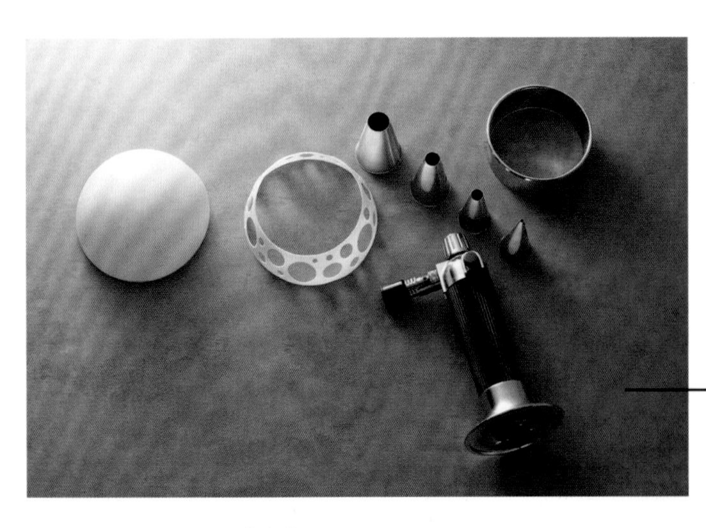

08.

摆盘

用加热过的直径6.5厘米饼干模具把白巧克力壳的顶端切掉，然后用各种大小的加热过的裱花嘴把下面的部分切出多个孔洞，使白巧克力壳造型轻盈而优雅。

用裱花袋把草莓果酱挤在直径7厘米的甜沙酥面团圆饼上。挤上香槟慕斯。一起摆在盛荔枝果冻的深盘。把剩下的荔枝剥皮，切成30片用于装饰。把树莓摆在直径5厘米的甜沙酥面团圆饼上。把荔枝薄片、切成两半的树莓和直径2厘米的甜沙酥饼摆在缝隙中。

09.

制作草莓汁时，在沙拉碗中混合500克草莓和50克糖，盖上食品保鲜膜，然后隔水炖1小时以上。草莓会褪色。把草莓放在滤布上沥出果汁，其间不要按压，以确保果汁清澈。

10.

用裱花袋将草莓香槟果汁冰糕挤在粉红色香槟慕斯的中间。在上面摆上填满树莓的甜沙酥面团圆饼。在荔枝果冻上浇上草莓汁，最后小心地摆放一个镂空的白巧克力壳，这道甜点就做好了。

专业食谱

让-保尔·埃万

通过这种蛋糕，我想营造出从未有过的感觉：慕斯与饼干融合后独一无二的质地，这种平衡跨越了时间。

瓜亚基尔蛋糕

可以制作3个6人份的蛋糕

准备：20分钟
烘烤：15分钟
静置：4小时

核心技法

隔水炖、使表面平滑、使渗入、铺满

工具

电动搅拌机、20厘米×30厘米×5厘米的框架、很细密的烤盘、弯曲铲刀

口味极苦的饼底

250克杏仁膏
30克细砂糖
2个大鸡蛋（125克）
1个蛋黄（20克）
4份蛋清（130克）
135克糖粉
120克熔化的黄油
120克可可粉

糖浆

200克水
100克细砂糖
半个香草荚

黑巧克力慕斯

300克黑巧克力（法芙娜牌Araguani系列，可可含量为72%）
350克黑巧克力（Domori®牌Sur del Lago系列，可可含量为100%）
100克黄油
19份蛋清（610克）
200克细砂糖

巧克力淋酱及装饰

110克黑巧克力（JPH实验室产，可可含量为67%）
100克淡奶油
可可粉

口味极苦的饼底

将烤箱预热到250°C。在厨师机搅拌桶中，放入杏仁膏和细砂糖。打入一个完整的鸡蛋，搅拌混合。

放入蛋黄，混合，然后打入另外一个完整的鸡蛋。搅拌10分钟，搅拌成泡沫状的混合物。

在此期间，用搅拌机把蛋清打发至稠厚起泡。分3次加入糖粉，并慢慢搅拌。

把熔化的温热黄油倒入前面的混合物中。用抹刀搅拌，然后放入可可粉。

加入稠厚起泡的蛋清，小心地搅拌。

01.

如果没有厨师机，可以在沙拉碗中用打蛋器制作饼干面团。注意要使用不加糖的可可粉。

02.

在20厘米×30厘米的烤盘上铺一张烘焙纸。用弯曲抹刀把⅓的面团小心地铺涂成大长方形，然后放入烤箱烘烤4～5分钟。把饼底从烤箱中取出，冷却。重复2次，做出3片饼底。

03.

刷糖浆可以使饼底质地均匀，并充满香草醇香的味道。

糖浆

在平底锅中放入水、细砂糖和半个剖成两半并刮出籽的香草荚，然后把混合物煮沸。当刚刚开始沸腾时，把平底锅离火，使糖浆冷却。

在铺好烘焙纸的烤盘上，放上一个20厘米×30厘米×5厘米的长方形模具。在底部铺上第一片饼底。

用刷子在饼底上刷一半量的温热的糖浆，把饼底浸透。

04.

黑巧克力慕斯

把黑巧克力切碎，与黄油一起隔水炖化。把蛋清倒入搅拌机，慢慢加入细砂糖。把蛋清与熔化的巧克力混合，用抹刀小心地搅拌均匀。

把这样做好的⅓的慕斯涂在第一片饼底上。然后放上第二片饼底，再涂上⅓的慕斯。放上第三片饼底，然后把剩下的糖浆刷在最上层，使之浸透饼底。把剩下的慕斯放在蛋糕表面，均匀涂开，然后用弯曲铲刀涂抹平整。放入冰箱冷藏3小时。

05.

用加热过的刀把框架取下来，然后把蛋糕切成3个同样大小的长条。

06.

巧克力淋酱及装饰

把巧克力切碎，放入沙拉碗中。把淡奶油煮沸，然后浇在巧克力上。用抹刀搅拌均匀，制成巧克力淋酱。

在每个蛋糕的上面和四周小心地涂上一层薄薄的黑巧克力淋酱。放入冰箱冷藏1小时。

07.

用细目筛网过滤着，在蛋糕表面撒满可可粉。用刷子刷出纹理。

把蛋糕装在盒子里放入冰箱，可以存放5天。在品尝前2小时取出，使其恢复室温。

调料

装饰

糖霜

调料、装饰
和糖霜

调料

基础食谱

菲利普·孔蒂奇尼

可以制作500克糖衣坚果

准备：20分钟
烘烤：1小时

300克完整的生榛子
300克完整的生杏仁
400克细砂糖
100克水

糖衣坚果

这是什么
用糖浆煮制的坚果（通常是杏仁和榛子）搅碎后做成的浓稠坚果糊

特点及用途
用于增添奶油（例如巴黎布雷斯特奶油）的香气，或者填在蛋糕中。

其他形式
克里斯托夫·米夏拉克的榛子糖衣杏仁、克里斯托夫·米夏拉克的开心果糖衣杏仁、皮埃尔·马克里尼的芝麻糖衣杏仁

核心技法
烤

工具
食物处理机、温度计

食谱
巴黎布雷斯特泡芙、摩卡蛋糕、饼干、气泡和榛子糖，*菲利普·孔蒂奇尼*
爱情蛋糕，*卡莱尔·海茨勒*
2000层酥、甜蜜乐趣、百分百巧克力，*皮埃尔·艾尔梅*
日本柚子焦糖芝麻千层，2011年，*皮埃尔·马克里尼*
糖衣榛子脆心巧克力、莫吉托式绿色泡芙和糖衣杏仁甘纳许海绵蛋糕，*克里斯托夫·米夏拉克*

01.

把杏仁和榛子剥开，去掉外皮，垫着烘焙纸放入烤箱，以150°C烘烤25分钟左右。

02.

把水和细砂糖放入大平底锅煮沸，煮至116°C。这时放入烤熟并冷却的榛子和杏仁。小心地用糖浆裹住坚果，继续煮20分钟，并用木勺不停地搅拌，避免混合物煳锅。

03.

加入坚果并不断搅拌几分钟后，糖会发白，最后会全部熬成焦糖。

04.

熬制完成后，坚果会变得有光泽，呈漂亮的赤褐色。将焦糖坚果倒在烘焙纸上，然后铺涂开，使其快速冷却。注意不要被烫伤，这时的温度很高！

05.

全部变凉后，分3次倒入食物处理机搅碎，避免面团变得太热，直至做成半液态的糖衣坚果糊。

专业食谱

菲利普·孔蒂奇尼

饼干、气泡和榛子糖

6人份

准备：45分钟
烘烤：1小时10分钟
静置：20小时

核心技法

隔水炖、乳化、用裱花袋挤、制作焦化黄油、烤、剥皮

工具

20厘米×30厘米×2厘米的长方形模具、手持搅拌机、直径18厘米、高10厘米的高边模具或20厘米×30厘米的长方形模具、配8号裱花嘴的裱花袋、食物处理机、剥皮器

糖渍龙蒿柠檬

100克柠檬的厚皮
250克柠檬汁
150克细砂糖
1枝龙蒿

酸气泡

580克水
80克柠檬汁
75克松树蜂蜜（如果没有，用百花蜜）
1个格雷伯爵茶包（3克）
半个柠檬（佛手柑更佳）的果皮
1个香草荚
1段桂皮
10小枝薄荷（4克）
5.5片金牌明胶（11克）

榛子饼干

115克榛子
115克不加香料的红糖
25克糖粉
2个香草荚，刮出籽
5份蛋清（155克）
2个蛋黄（40克）
105克黄油
60克T45面粉
半包泡打粉（7克）
1撮盐之花

榛子糖

15克牛奶巧克力
50克糖衣坚果

这款甜点核心为温度、质地、美味和活力。冰冻气泡与浓密的饼干夹心融合在一起，入口即溶。糖衣坚果的美味更使人深深迷醉。最后，糖渍柠檬使整体味道回味悠长。

在制作前一天，把做酸气泡所需的明胶片放在盛有冰水的容器中浸泡，用食品保鲜膜密封，放入冰箱冷藏12小时以上。

糖渍龙蒿柠檬

制作当天，把柠檬的厚皮浸入盛有半锅水的平底锅中，煮沸。沥干，然后重复操作2次。在平底锅中加入柠檬汁和细砂糖，用中火煮40~50分钟；最后锅中的液体应只剩下几勺的量。放入龙蒿叶，然后把热的混合物用厨师机搅拌，得到糖渍龙蒿柠檬。密封保存。

01.

注意不要用柠檬皮下面的白色组织，这部分很苦。把果皮煮3次之后，糖渍柠檬会香而不苦。

注意，糖渍柠檬的味道浓烈厚重。

酸气泡

把水、柠檬汁、蜂蜜、茶包里的茶叶、柠檬果皮、香草荚、桂皮和薄荷放入平底锅中。煮沸，离火，浸泡5分钟。加入明胶，然后过滤。用手持搅拌机搅拌，然后放入冰箱冷藏4小时。再用手持搅拌机搅拌冰冷的果冻，使其乳化，形成漂亮的泡沫。放入冰箱冷藏5分钟，然后重复操作。

02.

03.

把20厘米×30厘米×2厘米的长方形模具放在烘焙纸上，把气泡收集起来放进去，在冷冻柜内放置4小时以上。直到端上餐桌前再脱模，然后将刀微微加热，把冷冻的气泡切成长11厘米、宽4厘米的长方形。

榛子饼干

将烤箱预热到210°C。把榛子烤熟，然后搅打成粉状。用食品处理机将榛子粉、95克红糖、糖粉和香草籽混合。加入1份蛋清（30克）和2个蛋黄，然后混合。以小火用小平底锅熬黄油，直至熬出榛子味，制成焦化黄油。分2次倒入前面的混合物中，用力搅拌。

加入面粉、泡打粉和盐，然后混合。把4份蛋清和剩下的20克红糖打发至稠厚起泡，使其变得柔软而紧实。分2次倒入前面的混合物中。这时得到的混合物是半液态的。倒在直径18厘米的高边模具或20厘米×30厘米×10厘米的长方形模具中。烘烤40分钟。烤好后，等待5分钟，然后把饼干小心地脱模。冷却后，切成12厘米×3.5厘米×3厘米的长方体。

04.

在饼干制作接近尾声时，要像做马卡龙面糊那样稍稍按压饼干坯，使其质地更加紧致，略带流心。这样的面糊会使烤出的饼干更加稠密，使口感更加柔软。

05.

榛子糖

把牛奶巧克力隔水炖化，然后与糖衣坚果混合，制成榛子糖。把榛子饼干摆在碟子的左侧，然后把长方形的冷冻气泡摆在饼干上方。在旁边用配8号裱花嘴的裱花袋，把榛子糖挤成一段长棍形，然后沿其一侧挤上细细的一条糖渍龙蒿柠檬。

专业食谱

克里斯托夫·米夏拉克

糖衣榛子脆心巧克力

可以制作10份

准备：50分钟
烘烤：40分钟
静置：1夜+30分钟

核心技法

去皮、用裱花袋挤、使渗入、过筛

工具

圆形饼干模、烘焙塑料纸、搅拌机、12厘米×35厘米×2厘米的模具长方形框架、油刷、裱花袋、厨师机、擀面杖、温度计

巧克力饼干

3个鸡蛋（150克）
60克细砂糖
半撮盐之花
50克T45面粉
15克可可粉

苦巧克力潘趣酒

120克水
40克细砂糖
10克可可粉

牛奶巧克力慕斯

90克法芙娜牌Tanariva系列牛奶巧克力，可可含量为33%
235克法芙娜牌Jiavara系列牛奶巧克力，可可含量为40%
80克脂肪含量为35%的UHT奶油
80克全脂牛奶
10克粗红糖
1个蛋黄（30克）
275克脂肪含量为35%的UHT打发奶油

糖衣榛子

200克去皮、烤熟的榛子
130克细砂糖
1撮盐

修整

500克法芙娜牌Guanaja系列黑巧克力，可可含量为70%
10克金粉
50克樱桃酒
烤熟的杏仁
Nutella®牌巧克力酱

这是我最喜爱的盘式甜点之一，简简单单，不故作时髦、不讲求排场，在世界各地都可以做，可以说包含了所有我喜欢的元素。

巧克力饼干

提前一天，将烤箱预热到200°C。把蛋清与蛋黄分离。将蛋清放入厨师机搅拌桶中，加入盐和糖，打发至稠厚起泡。

把面粉和可可粉一起过筛。

把打散的蛋黄与打发蛋白混合，然后倒入面粉和可可粉的混合物中，搅拌均匀。倒入12厘米×35厘米×2厘米的长方形模具。放入烤箱烘烤5分钟。放在架子上冷却。

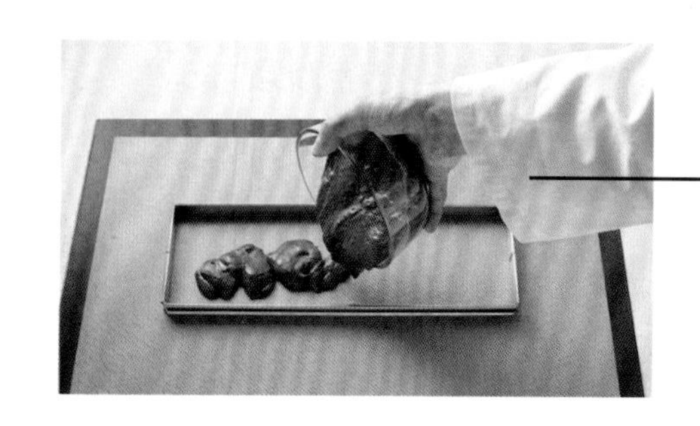

01.

02.

苦巧克力潘趣酒

把水、细砂糖和可可粉混合煮沸，冷却，然后用刷子把潘趣酒刷在饼干上，将其浸透。

牛奶巧克力慕斯

把Tanariva巧克力和Jivara巧克力切碎。在平底锅中，把奶油、牛奶、粗红糖和蛋黄混合。一起加热到85°C，然后浇在切碎的巧克力上。将混合物搅拌均匀。当混合物的温度降至40°C时，加入打发奶油，混合制成慕斯液。把100克慕斯液装入裱花袋，放入冰箱冷藏一夜。把剩下的慕斯液倒入模具中，浇在饼干上。在冷冻柜内放置一夜。

糖衣榛子

制作当天，把去皮、烤熟的榛子放在一张烘焙纸上。在平底锅中将细砂糖熬成棕色的糖浆，倒在榛子上，加入一撮盐，静置使之冷却，放入搅拌机中混合并搅碎，然后把糖衣榛子碎装入裱花袋中。

修整

制作黑巧克力涂层：把300克巧克力加热至50°C使其熔化，然后把温度降到27°C，再升至31°C。

把巧克力浇在一张烘焙塑料纸上，在上面放上另一张烘焙塑料纸，用擀面杖擀平。切成腰为14厘米，底边为8厘米的等腰三角形，然后用饼干模在中间挖几个洞。混合金粉与樱桃酒，然后用刷子在每个三角形的中间刷上一条线。

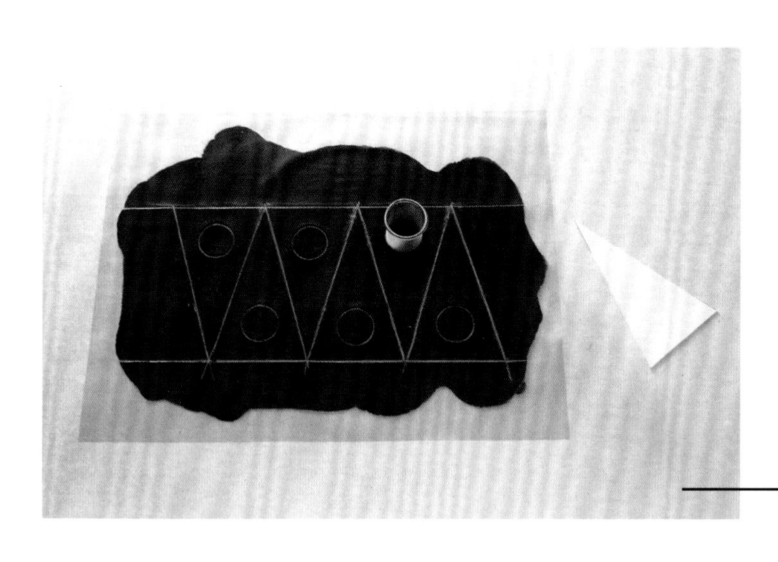

04.

把榛子烤至熟透，使糖衣榛子的香味更加浓烈。

05.

熔化剩下的巧克力，在长方形巧克力饼干的一面涂上薄薄的一层熔化的巧克力。脱模。切成底边为6厘米，腰为10.5厘米的等腰三角形，放置30分钟使其回温。用慕斯在表面画一个环形模具，放置在阴凉处。

在端上餐桌时，把巧克力饼干摆在碟子上，表面铺上糖衣榛子，盖上三角形的巧克力。把Nutella®牌巧克力酱装入裱花袋，在巧克力饼干外侧一周挤上薄薄的一层，形成一个三角形。把榛子切碎，与金粉混合，撒在用Nutella®牌巧克力酱画的线条上。

专业食谱
克里斯托夫·米夏拉克

我制作了一道克里斯托夫·亚当式的令人迷醉的甜点，他是我的伙伴，是闪电泡芙界的“老大”。我深爱这种趣味无穷的泡芙！

莫吉托式绿色泡芙

可以制作25个泡芙

准备：40分钟
烘烤：1小时
静置：1夜+40分钟

核心技法

捣碎、用保鲜膜覆盖严密、用裱花袋挤、浓缩、剥皮。

工具

小漏斗或漏勺、搅拌机、手持搅拌机、配10号普通裱花嘴和配12号八齿裱花嘴的裱花袋、刨刀

开心果尚蒂伊奶油

230克液体奶油
半束薄荷叶
100克调温象牙白巧克力
1克盐之花
150克开心果酱
几滴黄色色素
几滴绿色色素

青柠调味汁

50克细砂糖
5个青柠的果汁
2个青柠的果皮，擦成碎末
5片薄荷叶

泡芙

泡芙面团（可以制作25个泡芙）
脆皮面团（可以制作25片圆形脆皮）
1克黄色色素
1克绿色色素

糖衣开心果

100克细砂糖
2克盐之花
150克完整的开心果
榛子油

组合和修整

几个焦糖开心果
柠檬罗勒的幼苗

开心果尚蒂伊奶油

制作的前一天，把液体奶油倒入平底锅，煮沸。放入薄荷叶，离火，浸泡10分钟。把白巧克力捣碎，放入沙拉碗中。用小漏斗或漏勺过滤奶油，浇在白巧克力上。放入盐、开心果酱和色素，然后用手持搅拌机用力搅拌。用保鲜膜将混合物覆盖严密，放入冰箱冷藏一夜。

02.

把奶油装入焗烤盘，再用保鲜膜覆盖严密，这样可以加速冷却。

青柠调味汁

把细砂糖、青柠的果汁、擦成碎末的青柠果皮和薄荷叶放入平底锅。用小火煮30分钟左右使其浓缩，直至质地变柔滑。用小漏斗过滤柠檬调味汁，放入冰箱冷藏30分钟。

03.

泡芙

将烤箱预热到210°C。按照第278页的步骤，在脆皮面团的基础混合物中加入黄色色素和绿色色素，制作一份脆皮面团，切出25片圆饼。按照第278页的步骤制作一份泡芙面团，在铺好烘焙纸的烤盘上挤出25个泡芙坯。在每个泡芙坯上摆上1片圆形脆皮，在停止加热的热烤箱中放置10分钟。重新打开烤箱，调到165°C，将泡芙烘烤10分钟。

糖衣开心果

制作当天，把细砂糖和盐放入平底锅，不加水，熬成焦糖。把完整的开心果撒在铺好烘焙纸的烤盘上。把焦糖浇在开心果上，冷却。用搅拌机将开心果与焦糖慢慢混合均匀。留出一小部分糖衣开心果，用于装饰。在剩下的糖衣开心果碎中倒入榛子油，使其变柔软。继续搅拌，直至得到很柔滑的糖衣开心果。装入配10号普通裱花嘴的裱花袋。

04.

组合和修整

05.

把一半冰凉的开心果尚蒂伊奶油装入配10号普通裱花嘴的裱花袋。在每个泡芙的底部钻一个洞，把开心果尚蒂伊奶油挤入洞中，至⅔处。用糖衣开心果把泡芙填满。

可以用小裱花嘴在泡芙扁平的一面挖洞。

将未打发的尚蒂伊奶油填入泡芙，这样质地会更加柔滑。

06.

把剩下的开心果尚蒂伊奶油倒入带打蛋器的厨师机搅拌桶，打发。装入配12号八齿裱花嘴的裱花袋中，把泡芙隆起的一面朝下放置，用开心果尚蒂伊奶油在扁平的一面上挤出一个圆形花饰。用烘焙纸做一个圆锥，在每个尚蒂伊奶油圆形花饰上挤上一滴漂亮的青柠调味汁。撒上一些糖衣开心果，并饰以柠檬罗勒的幼苗。

专业食谱

皮埃尔·马克里尼

2011年，我有幸参加了在东京举行的一场宴会，50多位鼎鼎大名的日本美食记者欢聚一堂。我产生了将日本柚子的宜人酸味和糖衣坚果的柔软美味组合在一起的想法，为这场盛会创作了一道把两种文化巧妙融合在一起的甜点。

日本柚子焦糖芝麻千层，2011年

12人份

准备：30分钟
烘烤：10分钟
静置：12小时+1小时

核心技法

凝结（巧克力调温）、烤

工具

Silpat®牌烘焙垫、温度计

日本柚子甘纳许

130克日本柚子汁
120克橘子汁
15克青柠汁
20克山梨糖醇
60克转化糖或葡萄糖
440克甜点专用牛奶巧克力
90克甜点专用黑巧克力
120克黄油

焦糖芝麻

6克葡萄糖
60克蜂蜜
60克细砂糖
55克烤至金黄的芝麻
170克甜点专用牛奶巧克力
35克可可黄油

长方形黑巧克力

300克甜点专用黑巧克力

01.

日本柚子甘纳许

在制作的前一天，把日本柚子汁、橘子汁、青柠汁、山梨糖醇和转化糖在平底锅中加热至100°C。放入切成小块的2种巧克力，混合。再放入切成小块的黄油，混合均匀。

将甘纳许倒入方形模具中，达到5毫米厚，把甘纳许放入冰箱冷藏一夜，使其凝结。

制作当天，将甘纳许冻切成2厘米×9厘米的长方形。

如果没有山梨糖醇，可以不用。

02.

焦糖芝麻

用葡萄糖、蜂蜜和细砂糖制作一份焦糖。当温度达到165°C时，加入烤熟的芝麻并混合均匀。铺涂在Silpat®牌烘焙垫上，静置冷却。

03.

当焦糖芝麻变凉后，将其捣碎并与熔化的牛奶巧克力和熔化的可可黄油混合。将混合物倒入模具中，铺平，厚度应为5毫米，放入冰箱冷藏1~2小时，使其凝结。把焦糖芝麻切成2厘米×9厘米的长方形。

04.

长方形黑巧克力

把黑巧克力加热至30°C使其凝固，铺涂在烘焙纸上。刚开始凝固时，预先切成2厘米×9厘米的长方形。放置使其凝固。把一片巧克力放在碟子底部。摆上一层甘纳许冻，再摆上一片巧克力和一片焦糖芝麻。最后摆上一片巧克力，完成摆盘。您还可以放上几朵可食用的花朵作为装饰。

基 础 食 谱

咸黄油焦糖

准备：10分钟
烘烤：10分钟
静置：2小时

100克液体奶油
100克细砂糖
55克半盐黄油

焦糖酱

这是什么
一种用奶油做的液体调味汁，有温和的焦糖和咸黄油味

特点及用途
用于搭配各种甜点

核心技法
稀释、用保鲜膜覆盖严密

食谱
焦糖香草顿加豆泡芙棒棒糖，*克里斯托夫·米夏拉克*

01.

在平底锅中加热液体奶油。把细砂糖放入另一个平底锅中，不加水，熬成棕色的焦糖，搅拌均匀。

02.

把半盐黄油放入焦糖中（稀释），用木勺搅拌。

03.

分3次倒入热奶油，每次倒入后用力搅拌。将混合物煮沸，然后继续沸腾1分钟。用保鲜膜覆盖严密，放入冰箱冷藏2小时以上。

入门食谱

克里斯托夫·米夏拉克

当我与阿兰·杜卡斯开办“地狱泡芙”甜品店时，我坚持带来自己的附加值。泡芙很美味，但还缺少一种调味汁将它们黏结起来，缺少一些绝顶美味、不可抵挡的东西……您自己来评判吧！

焦糖香草顿加豆泡芙棒棒糖

可以制作25个泡芙

准备：35分钟
烘烤：45分钟
静置：1夜+4小时

核心技法

用保鲜膜覆盖严密、使表面平滑、用裱花袋挤、烤

工具

小漏斗、搅拌碗、手持搅拌机、配10号圆口裱花嘴的裱花袋、刨刀

香草顿加豆奶油

320克全脂牛奶
1个香草荚
¼个顿加豆，擦成碎末
1片明胶（2克）
12克冷水
3个蛋黄（60克）
30克粗红糖
25克玉米淀粉
50克冷黄油
1克盐之花

咸黄油焦糖
（制法见第546页）

泡芙

25个泡芙
50克珍珠糖
50克切碎烤熟的杏仁

01.

香草顿加豆奶油

在制作的前一天，把牛奶放入平底锅中，加热。离火，放入剖开并刮出籽的香草荚（连同香草籽）和擦成碎末的顿加豆，一起放入冰箱。在阴凉处浸泡一夜。

第二天，把明胶浸入冷水中。把搅拌碗放入冷冻柜中，使其在使用时保持低温。

过滤香草顿加豆奶油。放入平底锅中，煮沸。

要边煮边搅拌混合物，这一点很重要，否则会煳锅。

把奶油倒入焗烤盘，然后用食品保鲜膜覆盖严密，放入冰箱，这样可以加快冷却。

02.

用力搅拌蛋黄、粗红糖和玉米淀粉，然后把混合物与香草顿加豆奶油混合。一起放入平底锅中，一边搅拌一边重新煮沸。加入沥干的明胶并搅拌1分钟，使其溶化。倒入冰凉的搅拌碗中，用手持搅拌机搅拌柔滑。

把冷黄油切成小方块，一边搅拌一边放入混合物中。再放入盐。用保鲜膜覆盖严密，放入冰箱冷藏2小时以上。

03.

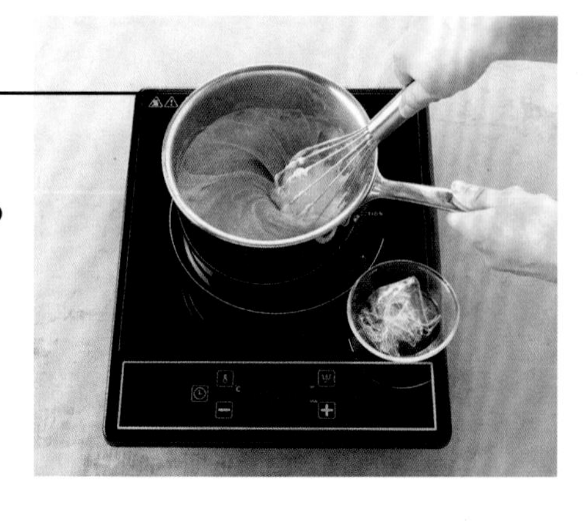

咸黄油焦糖

按照第546页的步骤制作一份咸黄油焦糖。

泡芙

将烤箱预热到210°C。按照第278页的步骤制作一份泡芙面团，在铺好烘焙纸的烤盘上挤出25个泡芙。在每个泡芙上撒上颗粒状的糖和切碎并烤熟的杏仁，然后在停止加热的热烤箱内放置10分钟。重新打开烤箱，调到165°C，将泡芙烘烤10分钟。在每个泡芙的下面挖一个洞，把冰凉的香草顿加豆奶油装入配10号圆口裱花嘴的裱花袋中，然后将泡芙填满奶油。

04.

可以用小裱花嘴在泡芙扁平的一面挖洞。

糖棍可以在很多专门的烹饪用品店买到。

05.

在每个泡芙上插一个糖棍，在焦糖中浸一下。放置几分钟使其变干燥，然后端上餐桌。

准备：10分钟
烘烤：15分钟

35克细砂糖
45克水
15克不加糖的可可粉
45克淡奶油
45克可可含量为66%的黑巧克力

巧克力酱

这是什么
一种用巧克力做的调味酱，要趁温热端上餐桌

特点及用途
用于搭配各种类型的甜点

核心技法
隔水炖、使表面平滑

工具
手持搅拌机

食谱
巧克力香蕉夏洛特
百分百巧克力，*皮埃尔·艾尔梅*

01.

把水倒在平底锅中，用中火加热。加入细砂糖和可可粉。煮沸，然后再煮30秒使其变浓稠，制成巧克力酱。倒入碗中。

把淡奶油放在平底锅中，用中火加热。把切成块的巧克力放入微波炉熔化或隔水炖化，不要掺水。当奶油沸腾后，浇在熔化的巧克力上。混合均匀：混合物会变稠，制成巧克力甘纳许。

02.

03.

把可可调味汁缓慢地倒在巧克力甘纳许上，混合均匀。如果需要，用手持搅拌机搅拌均匀：制成的巧克力酱应会非常柔滑。

巧克力香蕉夏洛特

6人份

准备：1小时
烘烤：10分钟
静置：15分钟+12小时

核心技法

防粘处理、隔水炖、用裱花袋挤、使渗入、制作焦化黄油

工具

电动搅拌机、比夏洛特模具略小少许的环形模具、夏洛特模具、裱花袋

油炸香蕉

1~2根香蕉
20克黄油
10克细砂糖
20克朗姆酒

脆饼

35克Gavottes®牌脆饼
40克玉米爆米花
35克可可含量为44%的牛奶巧克力
85克榛子蘸酱

饼干

30克原味海绵手指饼干
300克基础糖浆

巧克力慕斯

5个中等大小的鸡蛋（220克）
25克细砂糖
150克可可含量为70%的黑巧克力
75克淡奶油（冷）
35克细砂糖

巧克力酱

（制法见第552页）

专业食谱

01.

油炸香蕉

提前一天，把香蕉切成比较厚的圆片。把切成丁的黄油倒入预热过的长柄平底锅中。将其熬成琥珀色，并散发出榛子的香味，制成焦化黄油。加入香蕉圆片。炸至上色，然后撒上糖，翻面。倒入朗姆酒，用火柴点燃。把水果沥干，放在碟子上。

02.

脆饼

把Gavottes®牌脆饼和玉米爆米花压碎。把巧克力熔化，与榛子蘸酱混合。加入Gavottes®牌脆饼和玉米爆米花混合物，充分搅拌：面团要变得很均匀。在铺好烘焙纸的烤盘上放一个比夏洛特模具略小的环形模具。把面团倒入模具中，至1厘米左右厚。涂抹均匀，但不要压紧。放入冰箱冷藏15分钟左右，使其变硬。

03.

饼干

按照第192页和第194页的步骤制作一份海绵手指饼干和一份基础糖浆。把糖浆倒入一个大碗中。在碟子上放一个烤架。把饼干在糖浆中快速浸一下，然后放在烤架上沥干。把饼干沿着夏洛特模具内壁摆好（有糖的一面朝外），形成隔层，然后将剩余的垫在底部（有糖的一面朝里）。如果需要，可以用剪刀把饼干超出模具的部分剪掉。

在将打发蛋白与巧克力混合前，先取出少许打发蛋白与巧克力混合，混合后巧克力也会出现泡沫。

04.

巧克力慕斯

分离蛋清和蛋黄，称出100克蛋清和30克蛋黄。把蛋清快速打发。当变得稠厚起泡时，改用中速搅拌。将细砂糖加入打发蛋白中。把巧克力放入微波炉熔化或隔水炖化，不要掺水。放入奶油并混合。放入蛋黄。混合。先将少许打发蛋白倒入巧克力混合物中，使其软化。然后将混合物倒回打发蛋白中。小心地搅拌，避免消泡。用裱花袋（如果没有可以用勺子）在模具底部铺涂上一层巧克力慕斯。放入油炸香蕉片。

05.

其上铺一层慕斯。摆上一层饼干。最后再铺上一层慕斯。把剩下的材料装入一个密封的容器中，放入冰箱保存。

06.

把装有脆饼的模具从冰箱中取出，脱模。摆在夏洛特上，作为夏洛特的底。用保鲜膜覆盖，在冰箱内静置12小时。

为避免调味汁接触餐盘后线条消失，可以把夏洛特放在冷冻柜中，而不是放在冰箱中冷藏。制作当天，把变硬的夏洛特放在烤架上，浇上巧克力酱，然后装盘。注意预留出解冻的时间！

07.

巧克力酱

制作当天，按照第552页的步骤制作一份巧克力酱。放在室温下冷却。

在烤架下方垫一张烘焙纸，将夏洛特脱模，放在烤架上。浇上巧克力酱，撒上用刨刀刨出的巧克力屑，作为装饰。

08.

专业食谱

皮埃尔·艾尔梅

百分百巧克力

6~8人份

准备：1小时30分钟
烘烤：45分钟
静置：5小时45分钟

核心技法

隔水炖、煮至黏稠、使表面平滑、浇一层、铺满

工具

烘焙塑料纸、边长18厘米高45厘米的模具或正方形烤盘、弯曲铲刀、光滑的长抹刀、温度计

巧克力软饼

125克法芙娜牌Guanaja系列巧克力，可可含量为70%
125克室温软化黄油
110克细砂糖
2个鸡蛋（100克）
35克筛过的面粉

柔滑巧克力奶油

90克法芙娜牌Guanaja系列巧克力，可可含量为70%，切碎
3个蛋黄（60克）
60克细砂糖
125克全脂鲜牛奶
125克液体奶油

黑巧克力千层糖衣杏仁

40克糖衣杏仁（法芙娜牌）
40克纯榛子酱（榛子泥）
20克法芙娜牌特级可可酱（可可含量为100%）
25克压碎的Gavottes®牌薄饼
20克可可粒
10克黄油

巧克力慕斯

170克法芙娜牌Guanaja系列巧克力，可可含量为70%
80克鲜牛奶
1个蛋黄（20克）
4份蛋清（120克）
20克细砂糖

巧克力酱

130克法芙娜牌Guanaja系列巧克力，可可含量为70%
25毫升矿泉水
90克细砂糖
125克浓稠的奶油

巧克力糖霜

100克法芙娜牌Guanaja系列巧克力，可可含量为70%
80克液体奶油
20克黄油

松脆巧克力薄片

150克法芙娜牌Guanaja系列巧克力，可可含量为70%

一款献给资深苦味爱好者的纯巧克力蛋糕，一场口感与温度的游戏，一次柔软、顺滑和松脆齐聚一堂的盛宴。

巧克力软饼

在边长18厘米、高4~5厘米的模具或正方形烤盘内壁涂上黄油，撒上面粉。把巧克力切碎，然后隔水炖化。把材料依次放进去，混合均匀，然后加入熔化的巧克力，混合均匀，倒入在模具中。用180°C（温控器调到6挡）烘烤25分钟；饼干看上去好像没有烤熟。把模具翻转过来放在烤架上，脱模。冷却。

01.

02.

柔滑巧克力奶油

把蛋黄和细砂糖放在沙拉碗中打发。把鲜牛奶和奶油煮沸，缓慢地浇在蛋黄混合物上，继续搅拌。将混合物倒入平底锅中，煮至84~85°C，制成英式奶油。把切碎的巧克力放入另一个沙拉碗中。往里面倒入一半量的英式奶油，然后混合均匀。倒入剩下的英式奶油，再混合均匀。把模具洗干净，内壁涂抹黄油，再撒上糖。放入饼干。

把奶油浇在冷却的饼干上，放入冰箱冷藏3小时。

03.

黑巧克力千层糖衣杏仁

把黄油和可可酱分别放入隔水炖锅中，加热到45°C，使其熔化。把糖衣杏仁、榛子酱、可可酱和黄油混合，然后加入压碎的Gavottes®牌薄饼和可可粒。把140克黑巧克力千层糖衣榛子糊铺在冷藏过的奶油层上。

用弯曲铲刀将表面铺平整，放入冷冻柜保存。

要使巧克力有光泽且松脆，需要根据其所含的可可黄油的物理性质进行特殊处理。它最大的敌人是水，水会使其变稠，造成无法修补的损失。

04.

巧克力慕斯

把巧克力捣碎，隔水炖化。在另一个平底锅中，把牛奶煮沸，浇在巧克力上。混合，然后加入蛋黄。把蛋清倒入沙拉碗中，一小撮一小撮加入细砂糖，用力搅拌。把打发至稠厚柔滑的蛋清倒入巧克力糊中。把混合物从中间往外翻转，同时转一转沙拉碗，小心地搅拌均匀。把做好的慕斯倒入模具中，倒在黑巧克力千层糖衣杏仁上，涂抹平整。平放入冷冻柜，放置2小时以上。

巧克力酱

把成块的巧克力捣碎，放入大平底锅中，再放入水、细砂糖和奶油。用小火煮沸。继续用小火加热使其沸腾，用抹刀搅拌，直到酱汁足够浓稠，可以粘在抹刀上，同时质地变得顺滑。预留出100克用于糖面，把剩下的密封保存，用于搭配蛋糕食用。

05.

巧克力糖霜

把巧克力擦成碎末。把奶油放在平底锅中煮沸，离火，然后加入巧克力碎，用抹刀慢慢搅拌。把混合物冷却到60°C以下，然后依次放入黄油和巧克力酱，尽量轻缓地搅动。糖霜应该趁温热使用，温度应为35～40°C。用长柄大汤匙浇在蛋糕边缘，用光滑的长抹刀涂抹均匀。如果温度太低，可以放在温热的隔水炖锅里微微加热一下，但不要煮至温度过高。

06.

在食用前，蛋糕应始终冷藏保存。

用几片可食用的金纸装饰。

松脆巧克力薄片

把巧克力切碎，用小火隔水炖化。离火，冷却。在隔水炖锅中，一边搅拌一边重新微微加热（31°C左右）。在一张透明的塑料纸上铺涂上薄薄的一层巧克力。在巧克力凝固之前，将其切成边长18厘米的正方形薄片。盖上一张塑料纸和一本书，以防止巧克力变形。平放入冰箱，放置45分钟。取下塑料纸，把巧克力薄片放在蛋糕上。

装饰

基 础 食 谱

巧克力装饰

食谱
覆盆子脆巧克力，
克莱尔·海茨勒
爱情蛋糕，
克莱尔·海茨勒
甜蜜乐趣，
皮埃尔·艾尔梅
巧克力侯爵夫人蛋糕
黑巧克力慕斯，
让-保尔·埃万
荔枝树莓香槟淡慕斯，
克莱尔·海茨勒
糖衣榛子脆心巧克力，
克里斯托夫·米夏拉克
百分百巧克力，
皮埃尔·艾尔梅
蔻依薄挞，
皮埃尔·艾尔梅
秋叶巧克力软饼，
克里斯托夫·亚当

这是什么
用调温巧克力做的装饰

特点及用途
用于装饰蛋糕

核心技法
凝结（巧克力调温）、隔水炖、巧克力调温

工具
搅拌碗、温度计

下面几个诀窍可以帮您做好装饰：

●
为了把巧克力装饰做得漂亮，首先应掌握巧克力的调温方法。这是一门技术，要让巧克力经历3个温度阶段，使其浓稠度达到最佳。这样可以使巧克力更有光泽，在凝结时不会变白。

●
用刀把巧克力切碎。放入搅拌碗中，把搅拌碗放入装水的平底锅中。用小火加热。边用温度计监测温度，边将巧克力熔化，根据使用的巧克力的类型不同，加热到合适的温度：
——黑巧克力：50~55°C。
——牛奶巧克力：45~50°C。
——白巧克力：40°C。

●
然后，把搅拌碗从平底锅中取出，使巧克力的温度降低至以下区间：
——黑巧克力：28~29°C。
——牛奶巧克力：27~28°C。
——白巧克力：26~27°C。

把搅拌碗重新放回去隔水炖煮，用小火加热，重新加热到以下温度：
——黑巧克力：31~32°C。
——牛奶巧克力：30~21°C。
——白巧克力：27~29°C。

专业食谱
皮埃尔·艾尔梅

这种挞是用粗玉米粉甜沙酥面团、覆盆子粒、微酸的Manjari巧克力（可可含量为64%）甘纳许，再铺上一层含盐之花的黑巧克力薄片做成的。

蔻依薄挞

8人份

准备：1小时
烘烤：1小时
静置：24小时+3小时30分钟

核心技法

擀、凝结（巧克力调温）、隔水炖、乳化、巧克力调温

工具

直径12厘米高2厘米的环形模具、手持搅拌机、弯曲铲刀、烘焙塑料纸、厨师机、擀面杖、温度计

三角形黑巧克力薄片

250克法芙娜牌Manjari系列黑巧克力，可可含量为64%

粗玉米粉甜沙酥面团

150克黄油
30克杏仁粉
90克糖粉
0.5克香草粉末
1个大鸡蛋（60克）
0.5克盖朗德盐之花
225克T55面粉
45克粗玉米粉

蔻依巧克力甘纳许

140克覆盆子果泥
150克法芙娜牌Manjari系列黑巧克力，可可含量为64%
35克黄油

覆盆子干

150克覆盆子

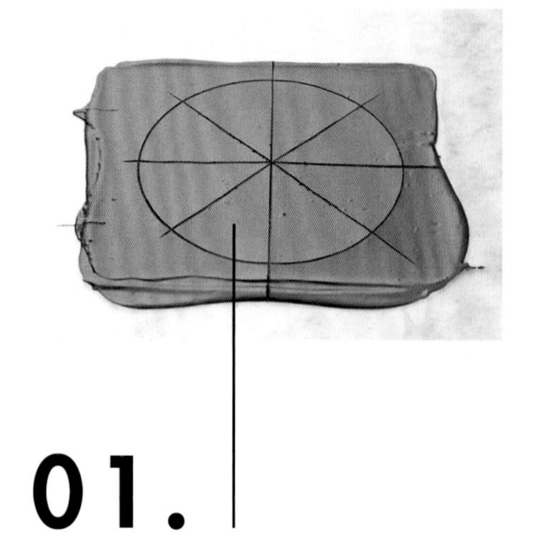

三角形黑巧克力薄片

前一天，把巧克力熔化，铺涂在大理石桌面使其冷却，然后放在烘焙塑料纸上。用弯曲铲刀抹平，而后铺上第二张烘焙塑料纸，再用擀面杖擀平。待巧克力微微凝结，然后用刀刨出一个直径21厘米的圆形，再将其切成8份。在上面放一张烘焙纸和一个重物，以避免巧克力变形。放入冰箱冷藏24小时，使其冷却。

01.

粗玉米粉甜沙酥面团

制作当天，在带搅拌机的厨师机搅拌桶中将黄油搅打至柔滑，并依次放入各种材料。大致混合。用食品保鲜膜裹起来，放入冰箱冷藏30分钟。把面团擀平，扎上孔。在直径21厘米、高2厘米的环形模具内壁涂上黄油，在面团上切出一个同样大小的圆形。把圆形面饼放在铺好烘焙纸的烤盘上，放入冰箱冷藏1小时。放入风炉，以170°C烘烤15分钟左右。

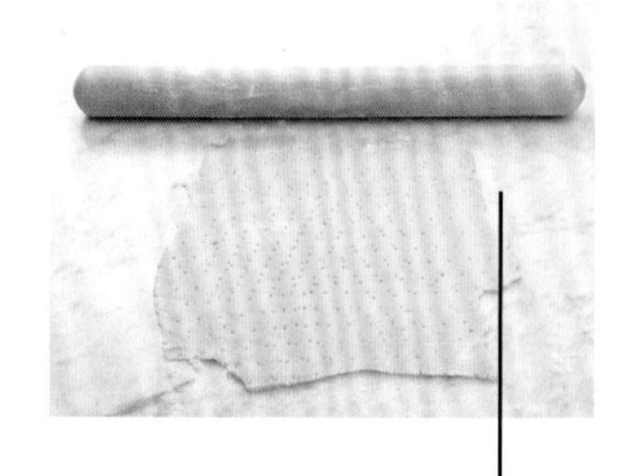

02.

03.

蔻依巧克力甘纳许

把黄油放在室温下。把调温巧克力放入微波炉熔化或隔水炖化。加热覆盆子果泥，取出⅓的量倒在调温巧克力上，然后从中间开始向外搅拌，慢慢加大力度。把剩下的果泥分两次倒进去，重复操作，然后与40°C的黄油混合。用手持搅拌机把甘纳许搅打至乳化，立刻使用。

覆盆子干

把烤箱调到热风模式，加热到90°C。把覆盆子铺开放在铺好烘焙纸的烤盘上。放入烤箱，使其干燥1小时30分钟左右。用擀面杖把覆盆子干微微擀碎。把环形模具放在铺好烘焙纸的烤盘上。把烤熟的粗玉米粉甜沙酥面团放在里面，撒上覆盆子干。浇入300克蔻依巧克力甘纳许，放入冰箱冷藏2小时，使其凝固。

04.

这种挞可冷藏保存2天。

05.

用加热过的刀切成8个三角形。在每块薄挞上放一片三角形黑巧克力作为装饰。

专业食谱

克里斯托夫·亚当

我把这道甜点想象成一个冬日里的小花园。巧克力片、小石子一样的奶酥粒、一大把焦糖干果，俯视着味道浓郁的黑巧克力软饼。

秋叶巧克力软饼

4人份

准备：30分钟
烘烤：40分钟

核心技法

用裱花袋挤、剥皮

工具

搅拌碗、刮刀、油刷、裱花袋、4个小干酪蛋糕模具或高2～3厘米的小盒子、刨刀

奶酥粒

20克室温软化黄油
25克粗红糖
6克可可粉
20克面粉
25克杏仁粉
1撮盐之花
半个橙子的果皮

软饼

60克黑巧克力（法芙娜牌pur Caraïbes系列，可可含量为68%）
75克室温软化的半盐黄油
2个鸡蛋（100克）
80克细砂糖
35克面粉

奶油占督雅

60克脂肪含量为35%的液体奶油
85克占督雅巧克力（法芙娜牌）

焦糖干果

60克糖粉
30克山核桃
30克榛子

巧克力树叶

100克黑巧克力（法芙娜牌pur Caraïbes系列，可可含量为68%）
10多片月桂叶

组合和修整

可食用的金粉
60克裹巧克力的榛子

不要用力揉糖粉奶酥粒，这些颗粒质地应该是柔滑的，但形状不要太规则，应像真正的小石子一样大小。

01.

奶酥粒

将烤箱预热到175°C。在沙拉碗中混合室温软化黄油、粗红糖、可可粉、面粉、杏仁粉和盐之花。把橙子皮在混合物上擦成碎屑，重新混合。把得到的面团做成20多个小圆珠，摆在铺好烘焙纸的烤盘上。放入烤箱，烘烤10~15分钟，注意观察烘烤情况。

软饼

将烤箱预热到180°C。把巧克力放在微波炉中微微加热使其熔化，然后倒入搅拌碗中。用刮刀刮入室温软化的半盐黄油。放入鸡蛋、细砂糖和面粉。用打蛋器搅拌，直至得到均匀的面团。

02.

03.

把混合物装入裱花袋，挤入4个小干酪蛋糕模具或高2～3厘米的小盒子。放入烤箱，将软饼烘烤11分钟。从烤箱中取出，此时软饼应未完全凝固，晃动时会微微颤动。

奶油占督雅

04.

将液体奶油放入平底锅中加热。把占督雅巧克力切碎，放在沙拉碗中，然后把热奶油浇在上面。用刮刀搅拌，直至混合物变均匀。在常温下保存。

焦糖干果

把糖粉、山核桃和榛子放在平底锅中，用中火加热。用木勺搅拌均匀，直到干果变酥脆并裹上焦糖。

注意，熬焦糖时火不要太大。干果无须完全被焦糖包裹住。

05.

巧克力树叶

把巧克力放在平底锅中熔化。把月桂叶的一个面在熔化的巧克力中蘸一下。放在烤架或烘焙纸上晾干。当巧克力变硬后，用手指小心地揭下月桂叶。

裹巧克力的月桂叶在烘焙商店有售。

组合和修整

用汤匙在每块软饼上浇一层奶油占督雅。用刷子在每片巧克力上刷上一层金粉作为装饰。在每块软饼上摆上3片树叶。均匀地摆上奶酥粒和焦糖干果。用小刀把裹巧克力的榛子切成两半，均匀地摆在软饼上。

06.

基础食谱

克里斯托夫·米夏拉克

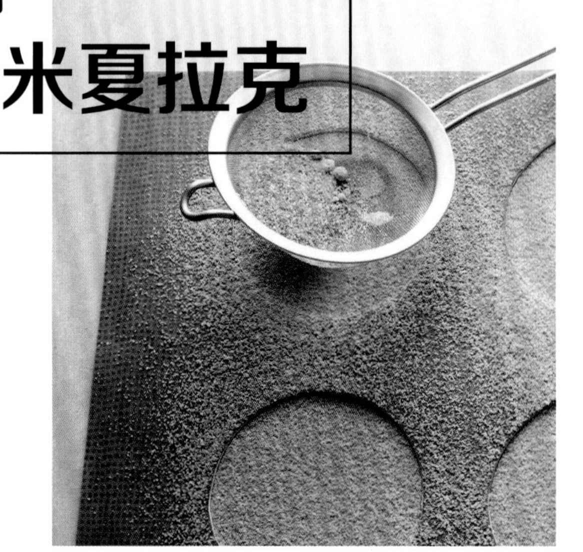

准备：10分钟
烘烤：30分钟

- 30克糖粉
- 30克半盐黄油
- 30克杏仁粉
- 30克T45面粉
- 220克翻糖
- 140克葡萄糖

糖片

这是什么
用细腻易碎的糖做成的装饰

特点及用途
用于装饰蛋糕

核心技法
擀

工具
搅拌机、漏斗、擀面杖、Silpat®牌烘焙垫

食谱
柑橘类水果翻转挞，*克里斯托夫·米夏拉克*

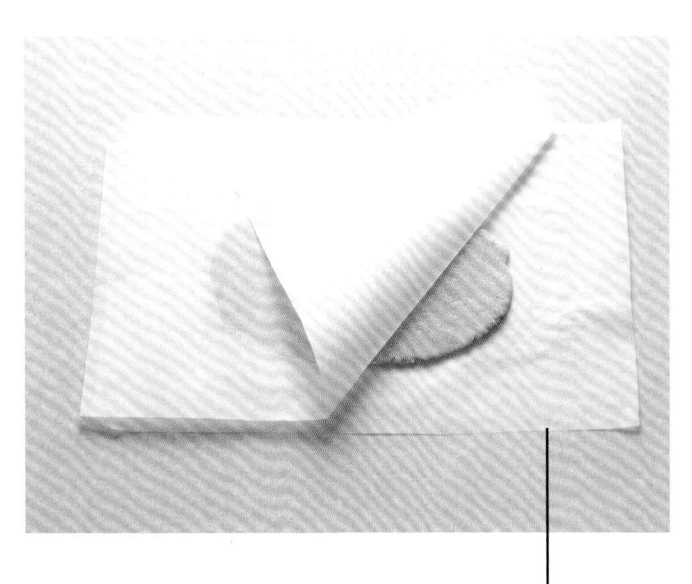

将烤箱预热到150°C。准备制作奶酥面团。把糖粉、半盐黄油、杏仁粉和面粉混合。夹在两张烘焙纸中间，擀至5毫米厚，放入烤箱烘烤20分钟，然后放在烤架上冷却。把烤箱温度调到180°C。

01.

02.

用平底锅把翻糖和葡萄糖煮至180°C，然后倒在烤好的奶酥粒上。冷却，然后用搅拌机搅成粉末状。在Silpat®牌烘焙垫上放一个直径13厘米的镂空模板，在镂空部分筛满粉末，然后放入烤箱烘烤5分钟。

专业食谱

克里斯托夫·米夏拉克

这是一道十分新鲜、简单又有趣的甜点，各种柑橘类水果之间形成了某种平衡。特别敬献给阿兰·杜卡斯，他是苦味和酸味的忠实粉。

柑橘类水果翻转挞

1个8人份大挞

准备：45分钟
烘烤：1小时
静置：24小时

核心技法

隔水炖、取出果肉、用裱花袋挤、剥皮

工具

小漏斗、手持搅拌机、裱花袋、温度计

奶油日本柚子

100克日本柚子汁
30克全脂牛奶
15克青柠果皮
3个鸡蛋（170克）
120克细砂糖
160克黄油

柑橘类水果果肉

2个柚子
3个橙子
3个柠檬

糖渍柑橘类水果和果酱

柚子和柠檬的果皮
1升矿泉水
500克细砂糖
2个青柠的汁

糖片

（制法见第574页）

摆盘

250克无味透明果胶
25克日本柚子汁
少许粉末状黄色色素

01.

奶油日本柚子

制作前一天，把日本柚子汁、牛奶、青柠果皮、鸡蛋和细砂糖放在平底锅中隔水炖煮，直至混合物达到85°C。用小漏斗将混合物过滤，去除果皮，然后用手持搅拌机搅拌，并慢慢放入黄油。把做好的奶油装入裱花袋，放入冰箱冷藏24小时。

02.

柑橘类水果果肉

制作当天，用刨刀将柑橘类水果皮削掉，把果皮收集起来，稍后用于制作糖渍水果，削下水果上的白色的橘络，然后用锋利的小刀取出全部果肉，放在吸水纸上。

糖渍柑橘类水果和果酱

把柑橘类水果沿果皮切成大块，取出一部分果肉。把果肉切成丁，放入盛有冷水的平底锅中。煮沸，并重复操作2次，注意期间换水。将果肉捞出来沥干。

锅中加入矿泉水，加入细砂糖，煮沸。把果皮切成丁放进去，然后用小火收汁。当刀尖可以不费力气地扎透果皮，且果皮变得有些透明时，就煮好了。将果皮捞出并沥干。

03.

04.

取一半量的糖渍水果，用手握式搅拌机搅碎，加入青柠汁稀释。

05.

糖片和摆盘

按照第574页的步骤制作一份糖片。

把果胶、日本柚子汁和色素加热，直至混合物变均匀。把奶油日本柚子装入裱花袋，在碟子上挤出两个嵌套在一起的环形模具。外面的环形模具与糖片大小相同。把柑橘类水果果肉、糖渍柑橘类水果和柑橘类水果果酱填到里面。摆上圆形糖片和几粒糖渍柑橘类水果丁。用日本柚子果胶在挞周围画一个环形模具。

基 础 食 谱

准备：10分钟
烘烤：20分钟

5个柠檬（或其他柑橘类水果）
250克细砂糖

糖渍柠檬皮

这是什么
在糖浆中慢慢煮透的柑橘类水果果皮

特点及用途
用于装饰蛋糕并增加香味

其他形式
菲利普·孔蒂奇尼的糖渍橙子皮

核心技法
剥皮

工具
小漏斗

食谱
勒蒙塔蛋糕，*菲利普·孔蒂奇尼*
杏仁柠檬挞
赛蓝蛋糕，*菲利普·孔蒂奇尼*
无蛋白霜的烤开心果挞
橙香泡芙（橙香柠檬派的变形），*克里斯托夫·米夏拉克*
饼干、气泡和榛子糖翻转柑橘类水果挞，*克里斯托夫·米夏拉克*
亚布洛克，*菲利普·孔蒂奇尼*

也可以等柠檬果皮冷却后，将其在细砂糖上滚一下。

可以根据喜好或需求，将柠檬换成其他柑橘类水果。

用削皮刀把柠檬皮削下来，保留条状的果皮，然后用小刀切成细条。

01.

02.

用双耳盖锅或大平底锅装冷水，高度应没过切成细条的果皮，煮沸。将果皮捞出并沥干。重复操作1次，再沥干，然后再煮第3遍。

03.

挤压柠檬，榨出30毫升果汁。如果需要，可以加少许水稀释。把柠檬汁、细砂糖和沥干的柠檬果皮倒入平底锅。煮沸，保持沸腾，直至糖浆变得浓稠。把果皮捞出并沥干。

专业食谱

菲利普·孔蒂奇尼

亚布洛克

6人份

准备：30分钟
烘烤：2小时50分钟
静置：1小时

工具

6个杯子、漏勺、切片器、弯曲铲刀、漏斗、食物处理机、煎锅、剥皮器

核心技法

捣碎、切成细丝、去核、用保鲜膜覆盖严密、剥皮

糖渍青苹果

6个青苹果
700克青苹果汁（新鲜或瓶装均可）
300克青苹果酒
50克柠檬汁
40克细砂糖

香菜胡萝卜细丝

80克胡萝卜
100克胡萝卜汁（新鲜或瓶装均可）
200克水
50克柠檬汁
45克细砂糖
3撮盐之花（2克）
20克黄油
一平茶匙香菜籽
1茶匙磨碎的胡椒
3茶匙玉米淀粉（芡糊，参见第245页）

玉米瓦片饼

150克低脂牛奶
450克玉米粒（罐头装）
45克液体焦糖
3个蛋黄（55克）
20克细砂糖
一平汤匙多少许面粉
一平汤匙多少许玉米淀粉

焦糖爆米花

50克爆米花（用爆米花专用玉米粒制作）
1汤匙花生油
125克细砂糖
15克黄油
1撮盐之花（1克）

椰汁

200克椰奶
10克细砂糖
2茶匙玉米淀粉（芡糊）
3滴烤椰子油

糖渍橙皮

345克有机橙皮
335克水
335克细砂糖
160克橙汁
60克柠檬汁

修整

2汤匙4号珍珠糖（如果没有，可以使用做奶油泡芙用的糖粒）
几颗鲜开心果和一些开心果粉末

在青苹果汁中将青苹果炖到入口即化，再加入胡萝卜、橄榄油、香菜籽、盐之花、橙子等调味，入口散发出淡淡的酸味，令人垂涎不已。在这种调味组合中，各种味道相互衬托，使整体的味道令人惊喜，新奇而又极为平衡、美味。

01.

当食指可以轻松地伸入苹果中时，就煮好了。

糖渍青苹果

将烤箱预热到120°C。在煎锅中，把青苹果汁、青苹果酒、柠檬汁和细砂糖煮沸。青苹果削皮，横向剖成两半，去核，然后浸入微酸的苹果汁中。立刻将煎锅离火，放入烤箱中烘烤1小时30分钟至2小时，直至苹果变得像饯一样。

香菜胡萝卜细丝

胡萝卜去皮，顶端切掉，然后用切片器或刨刀擦成细丝。在平底锅中混合水、柠檬汁、细砂糖、盐之花、黄油、捣碎的香菜籽和磨碎的胡椒煮沸。加入胡萝卜细丝，然后用中火加热，使其微微滚动5~6分钟。胡萝卜应该已经煮熟，但咬起来有点儿脆。用漏勺捞出胡萝卜细丝，再煮3分钟，使汤汁浓缩。把胡萝卜汁倒入汤汁中，再用急火煮3分钟，使其浓缩。加入玉米淀粉（芡糊），混合。

02.

玉米瓦片饼

厨师机将玉米粒搅碎，过筛。称出225克放入平底锅中，加入牛奶和焦糖。煮沸，然后搅拌。在蛋黄中加入细砂糖，打发。加入面粉和玉米淀粉，然后把煮沸的玉米糊倒入蛋黄混合物中。搅拌均匀，然后倒回平底锅中。煮沸并保持沸腾2～3分钟，其间不停搅拌。当混合物变得很浓稠之后，倒入盘子中。用食品保鲜膜覆盖严密，然后放入冰箱冷藏1小时。

03.

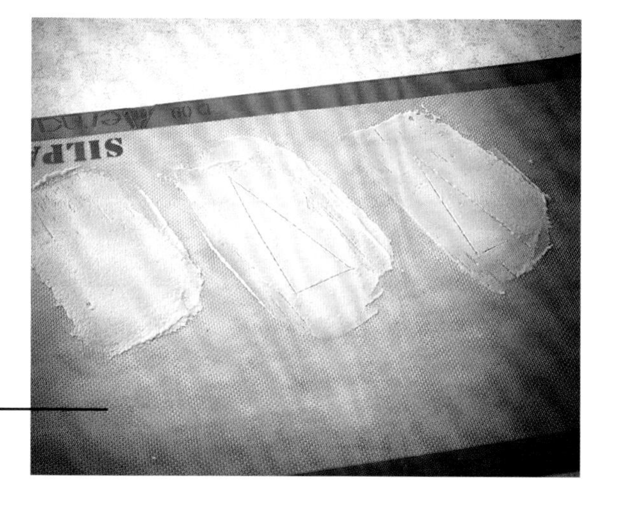

将烤箱预热到170°C。当制作瓦片饼的面团变得足够紧实后，用弯曲铲刀将其铺涂在铺好烘焙纸的烤盘上，涂成很薄的一层。把面饼切成三角形，然后放入烤箱。烘烤3~5分钟，直至瓦片饼变成漂亮的金黄色。

要立刻处理瓦片饼，不要等，它很快就会变得易碎。

05.

立刻从烤箱中取出，把瓦片饼从烘焙纸上揭下来，然后卷成螺旋形。

焦糖爆米花

在带盖子的平底锅中，用大火烧热花生油。开始冒烟后，放入制作爆米花所需的玉米粒，把火调小，然后盖上锅盖。大概30秒钟之后，所有的玉米粒都会爆开。把爆米花放入沙拉碗中。

椰汁

在平底锅中，把椰奶和细砂糖煮沸。立刻放入玉米淀粉（芡糊），然后用漏勺过滤。放入烤椰子油。

06.

07.

在同一个煎锅中，放入细砂和少许水，熬成焦糖，熬至呈赤褐色后，加入黄油，然后立刻倒入50克爆米花。用抹刀小心搅拌，使焦糖裹在爆米花上，然后撒上一撮盐之花，重新混合。把爆米花放在铺好烘焙纸的烤盘或Silpat®牌烘焙垫上，摊开使其冷却。

糖渍橙皮

把橙皮切成细条，煮沸2次并捞出沥干。在平底锅中混合水、细砂糖、橙汁和柠檬汁，煮沸。放入沥干的橙皮。用中火煮5分钟，取出果皮，冷却。

焦糖爆米花的使用不太寻常，但它是这道甜点的构成之一，对整体口味的平衡发挥着重要作用。

08.

修整

在杯子中放入半个糖渍青苹果，在上面放少许胡萝卜细丝和一汤匙浓缩的汤汁。盖上另外半个青苹果。在上面浇一点椰汁，然后放入橙皮、几粒珍珠糖和几颗开心果，最后放入一片粘着爆米花的玉米瓦片饼。

基 础 食 谱

白巧克力糖霜

准备：5分钟
烘烤：5分钟

1.5片明胶（3克）
225克调温白巧克力
90克全脂牛奶
20克葡萄糖

糖霜

这是什么
一种有光泽的酱汁，用于挞和蛋糕饰面

特点及用途
用于蛋糕饰面

其他形式
黑巧克力糖霜、克里斯托夫·米夏拉克的牛奶和玫瑰糖衣、克里斯托夫·亚当的焦糖糖霜

核心技法
捣碎

食谱
松脆巧克力挞，*让－保尔·埃万*
覆盆子脆巧克力，*克莱尔·海茨勒*
侯爵夫人蛋糕
无限香草挞，*皮埃尔·艾尔梅*
歌剧院蛋糕
马达加斯加香草和焦糖山核桃闪电泡芙，*克里斯托夫·亚当*
茉莉花茶杧果花朵泡芙，*克里斯托夫·米夏拉克*
我的朗姆巴巴，*克里斯托夫·亚当*
摩卡蛋糕，*菲利普·孔蒂奇尼*
瓜亚基尔蛋糕，*让－保尔·埃万*
百分百巧克力，*皮埃尔·艾尔梅*
纯巧克力挞
橙子萨赫蛋糕
草莓和牛奶巧克力爱心熊，*克里斯托夫·米夏拉克*
焦糖干果挞，2014年，*克里斯托夫·亚当*

01.

把明胶放在盛有冷水的碗中浸泡。把白巧克力粗粗捣碎，放在平底锅中煮化或隔水炖化。

02.

把牛奶和葡萄糖倒入平底锅，一起煮沸。浇在熔化的白巧克力上，搅拌均匀。加入沥干的明胶，搅动使其融化。密封保存。

入门食谱

8人份

准备：1小时
烘烤：1小时
静置：1小时20分钟

核心技法

擀、预烤、隔水炖、捣碎、撒面粉、垫底、使表面平滑、浇一层、揉面、过筛

工具

直径28厘米的环形模具或挞模、刮刀、擀面杖

纯巧克力挞

可可面团

125克黄油
+25克用于涂抹模具内壁
100克细砂糖
1个鸡蛋（50克）
5克盐
250克面粉
+50克用于撒在操作台上
25克纯可可粉
4克泡打粉

白巧克力糖霜

（制法见第588页）

奶油黑巧克力

400克可可含量为60%或70%的甜点专用黑巧克力
400克全脂液体奶油
2个鸡蛋（100克）

可可面团

按照第8页的步骤制作一份甜面团，但食材及用量应根据本食谱调整。将烤箱预热到180°C。在操作台上撒上面粉，用擀面杖把面团擀成3毫米厚。事先在直径28厘米的环形蛋糕模具或挞模内壁涂上黄油，把面团垫在里面。

用刀把边缘高出模具的部分切掉，然后用餐叉在挞底扎上孔。放入冰箱冷藏20分钟。预烤挞底。

白巧克力糖霜

按照第588页的步骤制作一份糖霜。

02.

03.

奶油黑巧克力

把黑巧克力捣碎，放在沙拉碗中。把液体奶油倒入平底锅中，煮沸。把很热的奶油浇在巧克力上，让热气挥发一会儿。

04.

充分搅拌巧克力甘纳许，直至质地变均匀，然后把鸡蛋依次打进去，不停搅拌。

05.

组合和修整

将烤箱预热到140°C。把黑巧克力混合物浇在挞底上，高度达到模具的¾，然后放入烤箱烘烤10分钟左右，使巧克力混合物质地更绵密。烤好后，放置一会儿，待完全冷却后再脱模。把白巧克力糖霜煮至温热，均匀浇在挞表面，边缘高2~3毫米。糖霜冷却后，均匀地摆上牛奶巧克力装饰。

入门食谱

8人份

准备：1小时30分钟
烘烤：45分钟
静置：3小时

核心技法

隔水炖、去籽、使表面平滑、浇一层、过筛

工具

电动搅拌机、刮刀、手持搅拌机、直径20厘米的高边模具、厨师机

橙子萨赫蛋糕

橙子果酱

4个橙子
200克细砂糖
30毫升水
2毫升君度（Cointreau）酒或柑曼怡（Grand Marnier）酒

萨赫饼干

150克甜点专用黑巧克力
90克黄油
+20克用于涂模具
6个鸡蛋（300克）
2份蛋清（60克）
5克盐
100克细砂糖
少许香草精
90克面粉

糖霜

90克甜点专用黑巧克力
¼升全脂液体奶油
240克细砂糖
15克葡萄糖
1个鸡蛋（50克）
几滴香草精

一块巧克力软蛋糕、一层漂亮的橙子果酱，再加上富含可可的糖霜：在萨赫蛋糕面前，心都要融化了！

01.

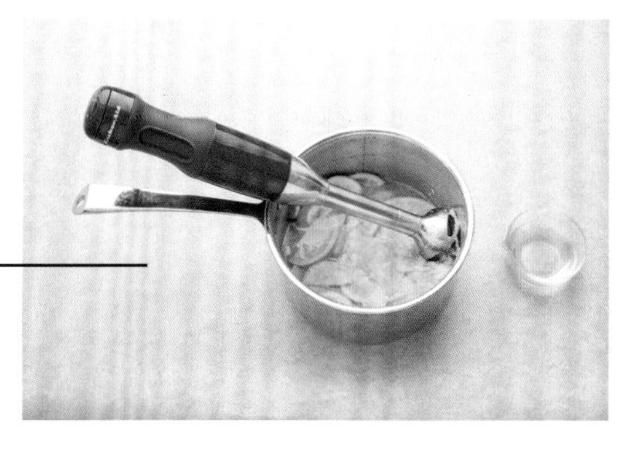

橙子果酱

在水中加糖煮沸。把橙子切成两半，去籽。切成2毫米厚的小圆片，放在热糖浆中。继续煮20分钟，保持微滚，直至糖浆变浓稠，橙子变透明。用手持搅拌机搅打成果泥，倒入君度酒，增加香味。

02.

萨赫饼干

熔化20克黄油，在直径20厘米的高边模具内壁涂上厚厚一层黄油。在底部垫上一张圆形烘焙纸。将烤箱预热到180°C（温控器调到6挡）。把蛋黄与蛋清分离，在蛋黄中加入香草精，稍稍搅拌。把巧克力与黄油隔水炖化或放入微波炉熔化，然后放入蛋黄中，用力搅拌成柔滑的混合物。

最好用有机橙子制作这种果酱。

03.

用搅拌机把8份蛋清和盐打发至稠厚起泡，然后慢慢加入细砂糖。加快搅拌速度，打发成紧实的蛋白霜。蛋白霜应该会变得柔滑、坚实、有光泽。把⅓量的蛋白霜放入巧克力混合物中，用打蛋器搅拌均匀。把剩下的蛋白霜放进去，用刮刀小心地翻拌均匀。最后把筛过的面粉撒在混合物上面。用刮刀翻拌面糊。注意不要用力搅拌。

04.

将蛋糕糊倒入模具中，放入烤箱烘烤45分钟，直至烤熟（把刀片插入蛋糕再拔出来是干燥的）。放在烤架上冷却，直至冷却至室温。

可以用蜂蜜代替葡萄糖浆。

05.

糖霜

把巧克力、奶油、细砂糖和葡萄糖放入底比较厚的平底锅中，用很小的火加热并微微搅动，直至巧克力和糖熔化。调成中火，继续煮5~6分钟，并不停搅拌。把鸡蛋稍稍打发，加入3汤匙巧克力混合物。混合，然后倒入盛有巧克力糊的平底锅中，一边煮一边不停搅拌，直至质地变得很黏稠。离火，加入少许香草精。

06.

摆盘

用大面包刀把饼干沿横向片成2~3片。将最底部一片放在盘子上。表面涂满橙子果酱，再盖上上面的部分，如果需要，再重复操作一次。

最好提前一天制作萨赫蛋糕饼底，这样香气可以充分挥发。注意至少要在品尝前1小时把蛋糕从冰箱中取出，避免成品质地过于紧实。蛋糕越软越好！

07.

在托盘上放一个架子，把蛋糕放上去。慢慢地把糖霜均匀地浇在蛋糕上，边缘也要浇上，使糖霜把蛋糕完全裹住。在冰箱内静置3小时以上。留出一小部分糖霜，装入裱花袋，用于装饰蛋糕表面。

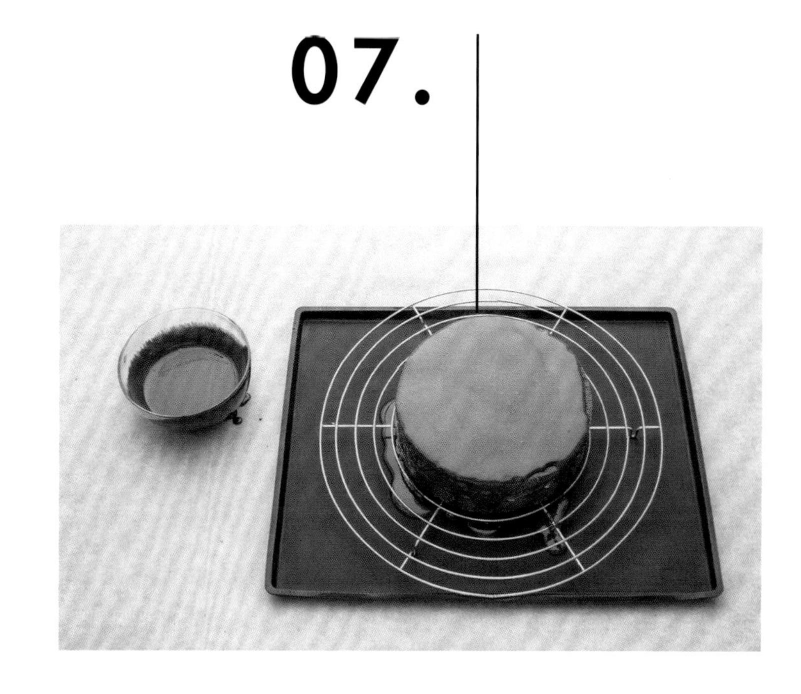

专业食谱

克里斯托夫·米夏拉克

草莓和牛奶巧克力爱心熊

可以制作9个牛奶棉花糖和11个草莓棉花糖

准备：1小时30分钟
烘烤：20分钟
静置：1夜＋4小时

核心技法

隔水炖

工具

20根细木扦、手持搅拌机、直径16厘米的半球形模具、小熊形状的硅胶模具、烘焙塑料纸、厨师机、温度计

糖塑

800克细砂糖
100克白醋
几滴粉红色色素

牛奶棉花糖

220克细砂糖
50克水
45克葡萄糖
4份蛋清（120克）
6片明胶（12克）
70克法芙娜牌Jivara系列牛奶巧克力，可可含量为33%
1撮盐之花

草莓棉花糖

300克细砂糖
80克水
40克葡萄糖
2份蛋清（60克）
8片明胶（16克）
120克草莓果泥
10克酸橙花泡的水

牛奶糖衣

400克法芙娜牌Jivara系列调温牛奶巧克力，可可含量为33%
20克葡萄籽油
20克可可黄油

粉红色糖衣

400克法芙娜牌Opalys系列调温白巧克力，可可含量为33%
10克葡萄籽油
10克可可黄油
5克脂溶性红色色素

想法很简单：我在位于蒙田路的雅典娜广场酒店工作，那是一个精致时尚的地方，我想制作一些插在小棍上展示出来的美食，仿佛这些小棍是最伟大的裁缝师所使用的银针……此外，还可以唤起有关小熊棉花糖的童年回忆……

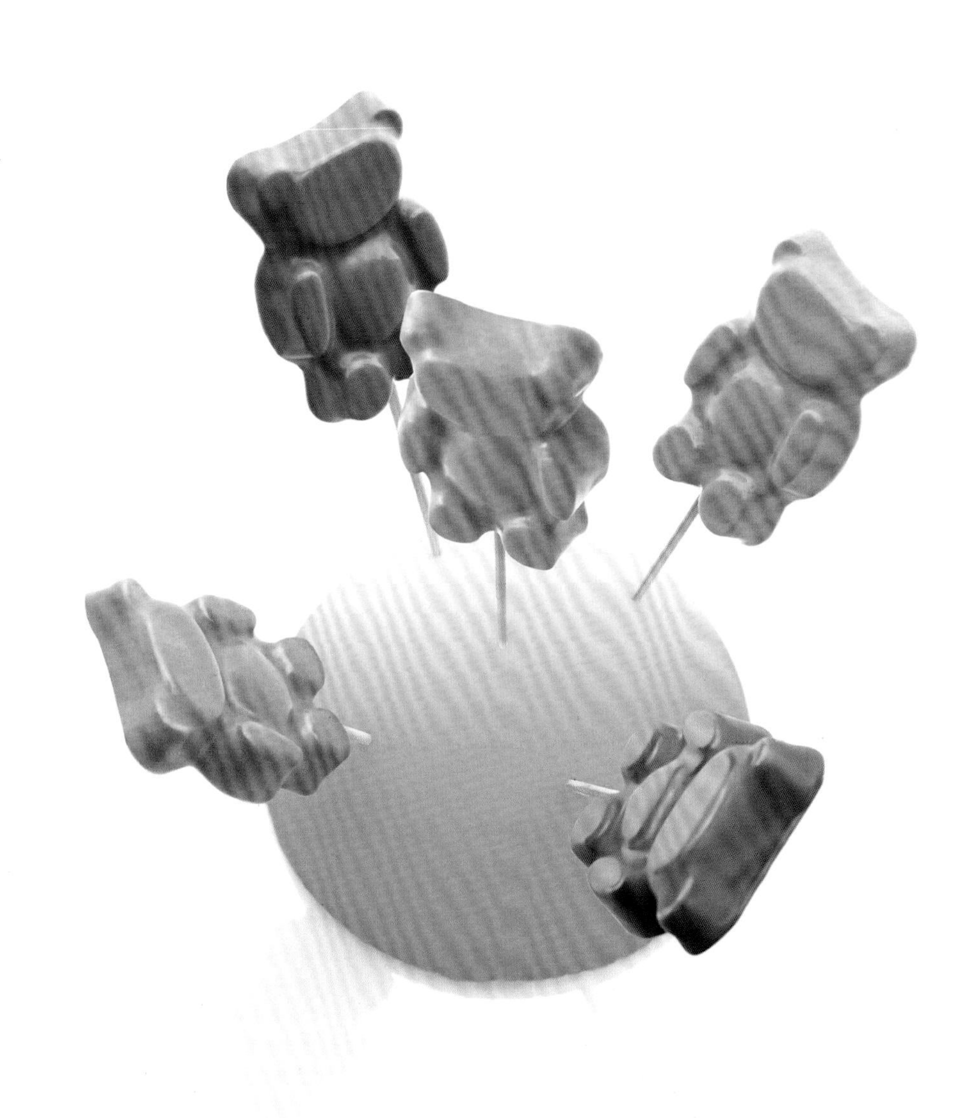

糖塑

提前一天，把细砂糖、粉红色色素和白醋混合，倒入直径16厘米的半球形模具中，倒扣在硬纸板上脱模，用小木扦扎上孔，然后在室温下干燥一夜。

01.

牛奶棉花糖

制作当天，把明胶放入冷水中浸泡。在平底锅中煮沸细砂糖和水。沸腾后，放入葡萄糖，将混合物煮至130°C，制成糖浆，然后离火。

在带打蛋器的厨师机搅拌桶中放入蛋清，加入一撮盐之花，打发至稠厚起泡。将糖浆浇在蛋清上，然后小心地混合均匀。把明胶沥干，放入混合物中。

还可以用可可粒来给糖塑上色，做出大理石花纹。

02.

03.

把巧克力隔水炖化。当蛋白霜变温后，倒入巧克力。在小熊形状的硅胶模具内壁涂少许油，把做好的混合物倒进去，在冰箱内静置3小时。

草莓棉花糖

把明胶放入冷水中浸泡。在平底锅中煮沸水和细砂糖。沸腾后，放入葡萄糖，将混合物煮至130°C，制成糖浆然后离火。在蛋清中加入一撮盐之花，打发至稠厚起泡。将糖浆呈细流状缓缓浇在蛋清上，然后小心地混合。把明胶沥干，放进去。当蛋白霜变温后，加入草莓果泥和酸橙花泡的水。

04.

05.

在小熊形状的硅胶模具内壁涂少许油，把做好的混合物倒进去，在冰箱内静置3小时。

06.

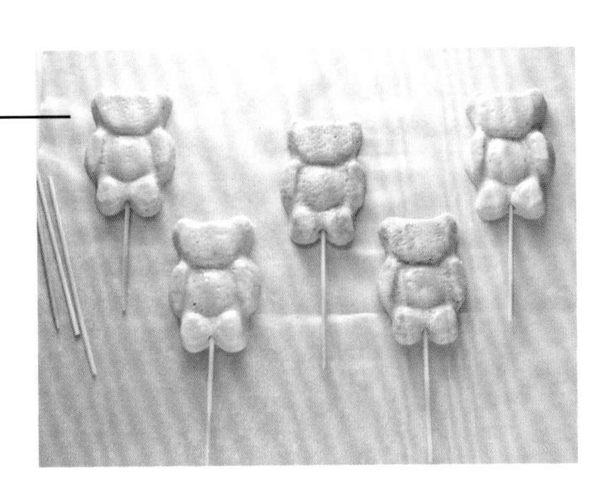

把小熊脱模，插在小木扦上，然后放在涂了油的塑料纸上，在冷冻柜内放置1小时以上。

07.

牛奶糖衣

把牛奶调温巧克力、葡萄籽油和可可黄油加热到30°C，使其熔化，用于制作牛奶巧克力棉花糖的糖衣。

08.

粉红色糖衣

把调温巧克力、葡萄籽油、可可黄油和粉红色色素加热到30°C，使其熔化，用于制作草莓棉花糖的糖衣。用手持搅拌机搅拌，使色素完全溶解。

当棉花糖完全冻住之后再裹上糖衣。

修整

将棉花糖完全浸入相应的糖浆中，裹上糖衣，沥掉多余的糖浆，放在塑料纸上，放入冰箱冷藏10分钟使其变硬。插在糖塑上，注意2种颜色应交替插。

09.

专业食谱

克里斯托夫·亚当

焦糖干果挞，2014年

8人份

准备：1小时
烘烤：1小时
静置：5小时

核心技法

擀、捣碎、预烤、稀释、使乳化、垫底、使变稠、使表面平滑、用裱花袋挤

工具

直径18厘米的环形蛋糕模具、搅拌碗、刮刀、手持搅拌机、裱花袋、擀面杖、Silpat®牌烘焙垫、温度计

杏仁甜面团

125克冻硬的黄油
+20克用于涂抹环形模具的室温软化黄油
210克面粉
85克糖粉
25克杏仁粉
1个鸡蛋（50克）
2克盐
1个马达加斯加香草荚

焦糖马斯卡彭奶酪奶油

2克明胶粉
90克细砂糖
115克脂肪含量为35%的液体奶油
1撮盐之花
56克黄油
175克马斯卡彭奶酪

焦糖糖霜

120克细砂糖
35克葡萄糖
40克水
255克脂肪含量为33%的液体奶油
1撮盐之花
3克明胶粉
30克牛奶巧克力（法芙娜牌，有焦糖夹心，可可含量为38%）

焦糖干果

45克糖粉
25克花生
50克榛子
15克山核桃
15克可可粒
15克捣碎的杏仁

01.

啊，焦糖！是的，现在我最迷恋的就是焦糖，我要用这道极为美味的甜点来证明这一点。它由极为滑腻的焦糖马斯卡彭奶酪奶油和一层薄薄的巧克力焦糖糖霜构成，再撒上大量干果，滋味美妙无穷……每一口都是享受。

杏仁甜面团可以在冰箱中保存几天。因此可以提前准备，或者把剩下的面团密封保存，留着做其他混合物用。

烤熟后，挞底应该会变成漂亮的金黄色。用刨刀把边缘挫平，使表面变得非常光滑。

杏仁甜面团

按照第8页的步骤制作一份甜面团，但食材及用量应根据本食谱调整。

将烤箱预热到175°C。用擀面杖把甜面团擀成3毫米厚。把直径18厘米的环形蛋糕模具放在面团上，以模具为准用小刀切出一个大的圆饼，圆面饼的边缘应比模具大5厘米。在模具内壁涂上厚厚的一层黄油，把甜面团垫在底部。用餐叉在挞底上扎上孔，把多余的面团切掉，使其与模具高度平齐。放在铺好烘焙纸的盘子上，放入烤箱烘烤。预烤25分钟左右，注意观察烘烤情况。

焦糖马斯卡彭奶酪奶油

02.

把明胶放在盛有水的碗中，使其浸没在水中。把细砂糖放入平底锅，不加水，熬成焦糖。在另一个平底锅加热液体奶油，加入盐之花。一边继续加热焦糖，一边将热奶油倒在焦糖上（稀释）。搅拌，使其充分融合。

加入切成块的黄油，用手持搅拌机搅打至黏稠。放入明胶片，然后冷却到40°C。把马斯卡彭奶酪放入一个沙拉碗中。焦糖奶油达到合适的温度后，将其浇在马斯卡彭奶酪上，用刮刀小心地搅拌。把混合好的奶油放在冰箱中，冷却2小时。

用烘焙专用温度计确认奶油的温度。

03.

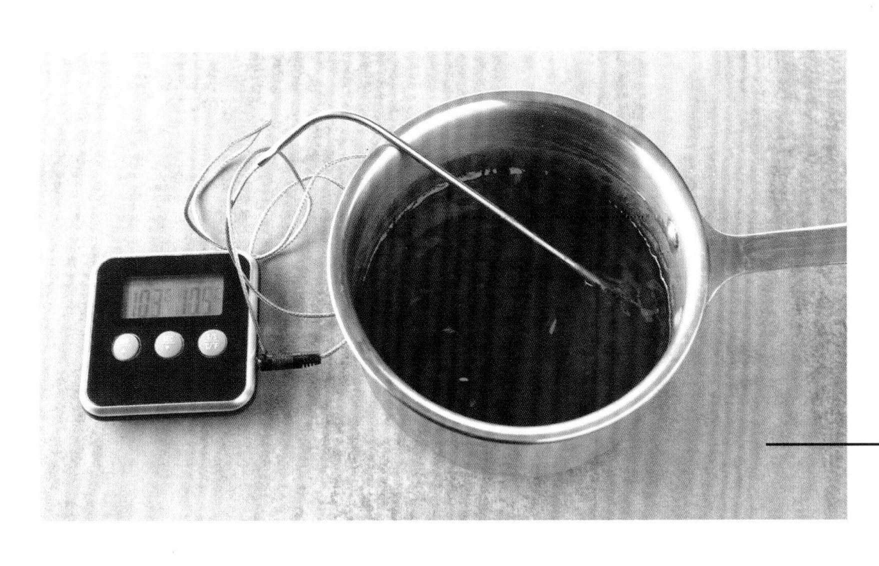

04.

焦糖糖霜

把细砂糖、葡萄糖和水放入平底锅，一起煮成棕色的焦糖。把液体奶油和盐之花放入另外一个平底锅中混合并加热。一边继续加热焦糖，一边将热奶油浇在焦糖上（稀释）。搅拌，然后把混合物煮至105°C。离火，然后冷却10分钟。

05.

把明胶放在盛有水的碗中，使其浸没在水中。把巧克力切成块状，放在沙拉碗中。把焦糖奶油浇在上面，搅拌均匀。放入明胶，用手持搅拌机搅打，使其乳化。

在操作台上轻轻震动模具，使表面柔滑均匀。如果有气泡，可以用小刀的刀尖小心地戳破。

06.

把焦糖马斯卡彭奶酪奶油装入裱花袋，从中心向外绕圈挤在挞底上，馅料应比挞底边缘低2～3毫米。用刮刀将表面涂抹平滑。

07.

在奶油层之上挤上焦糖糖霜，从中心向外挤，高度与挞底边缘平齐。放入冰箱冷藏1小时。

08.

焦糖干果

把12.5克糖粉和花生放入平底锅中。用中火煮，并用刮刀搅拌，直至花生裹满糖，然后在Silpat®牌烘焙垫上摊开。用同样的方法处理每种干果，使用的糖粉重量为每种干果自身重量的一半。

09.

用刀把焦糖榛子切成两半。把切成两半的榛子、花生和其他所有焦糖干果均匀地摆在挞表面。把可可粒和捣碎的杏仁撒在焦糖干果的间隙里。

附录

特殊配料

抗坏血酸（维生素C）

可以避免水果氧化的粉末。可以在专门的商店或网上买到。

琼脂

从红藻中提取的天然植物凝胶。可以在大型商场或有机食品商店买到。

调温巧克力

富含可可黄油的巧克力，用于制作甜点和糖果。可以在专门的商店或网上买到。

食用色素

提亮混合物颜色的理想选择。可以在大型商场买到。

箭叶橙

球形、个小的柑橘类水果，果皮为绿色、凹凸不平。主要产于亚洲，味道突出，用于给菜肴提味，或者使甜的混合物更加芳香。主要使用其果皮和叶子。

右旋糖

从玉米淀粉中提炼的糖，可以改善冰激凌的质地。可以在专门的商店或网上买到。

玫瑰水

玫瑰花瓣可以用糖渍，可以做成果冻、果酱或糖浆。玫瑰花水可用于使甜点和蜜饯——例如著名的阿拉伯香甜糕点、杏仁面团、冰激凌、果汁冰糕等更加芳香。可以在大型商场的外国产品柜台买到。

栗子面粉

栗子面粉是一种细腻的浅灰色粉末，是把栗子磨碎得到的。这种面粉是科西嘉传统烹饪的标志性材料，特点是味道微甜。主要产于科西嘉省、阿尔代什省和洛泽尔省。可以在有机食品商店买到。

玉米淀粉（Maïzena®牌）

玉米淀粉或Maïzena®是一种非常细腻的白色粉末，是从玉米淀粉浆中提取出来的。用到的是它增稠和凝胶的特性。可以在大型商场买到。

马铃薯淀粉

马铃薯淀粉是一种细腻的白色粉末，是把干马铃薯碾碎后得到的粉末。用到的是它增稠的特性。可以在大型商场买到。

瓦片饼

非常薄的面饼，是把面粉、粗小麦粉、温水和糖混合后做成的。原味，烤熟后质地酥脆。不要与薄饼混淆，后者是用纯面粉做成的。可以在大型商场的生鲜柜台买到。

翻糖

用水和糖为基础制作的混合物，质地黏而浓稠，主要用于给双球形包奶油蛋糕、闪电泡芙和其他甜点上光。甜点翻糖本身为白色，经常加入食用色素，给甜点染色。可以在专门的商店或网上买到。

明胶

用于制作“果冻类”菜肴、糖果、蛋糕和点心。无色（透明，有时微黄），无味道，无气味：因为可作为凝胶才被用于烹饪。它是把各种动物（通常是猪、牛或鱼）的组织、骨头和软骨煮沸后得到的。素食主义者通常更喜欢“天然”凝胶，例如魔芋、琼脂或果胶。动物性明胶可以在大型商场买到，植物性明胶可以在有机食品商店买到。

占督雅

巧克力、烤熟的榛子和细腻的糖的混合物。可以在专门的商店或网上买到。

葡萄糖

具有抗凝结作用的糖，以浓稠无味的糖浆形式出现。可以在专门的商店或网上买到。

粉化的葡萄糖

葡萄糖粉。可以改善冰激凌的质地，延长保存时间，但不会使其变得太甜。可以在专门的商店或网上买到。

阿拉伯树胶

产于阿拉伯，为粉末状或水晶状。用作增稠剂和乳化剂。可以在专门的商店或网上买到。

可可粒

烤熟、捣碎的可可豆，味苦。可以在专门的商店或网上买到。

面包酵母

鲜酵母，主要用于制作面包和布里欧修。可以在面包店或大型超市买到40克的方块装。

化学酵母

用酒石酸和碳酸氢钠合成的化学混合物。大量用于甜点制作，可以使面团膨胀。质地为很细的粉末状，通常为10克的袋装，可以很容易地在商店买到。

无味透明果胶

又称无味透明糖霜，是一种用糖、水和葡萄糖浆做成的混合物，用于浇在甜点上。可以使甜点有光泽、有韧性。可以在专门的商店或网上买到。

二氧化钛

化学元素，在甜点制作过程中可用作色素。可以使混合物变白、更有光泽。可以在专门的商店或网上买到。

千层薄脆饼或千层酥

带花边的薄饼，品牌有Gavottes®等，可以在专门的商店或网上买到。Gavottes®牌薄饼会在大型商场出售。

裹糖霜用的面团

呈黄色或棕色，是一种类似于巧克力的混合物。可以在专门的商店或网上买到现成的，通常为5千克的罐装。

开心果面团

把开心果捣碎并研磨后做成的绿色面团。可以在有机食品商店、专门的商店或网上买到。

果胶

某些水果（苹果、柠檬）中的天然凝胶物质。可以在专门的商店或网上买到。

果胶

来自于各种植物，例如苹果和葡萄的天然增稠剂。可以在专门的商店或网上买到。

吉士粉

用淀粉做成的混合物，用作增稠剂，主要用于制作奶油或布丁。可以在专门的商店或网上买到。可以用Maïzena®牌玉米淀粉或面粉代替。

大茴香粉

大茴香又称八角，是一种原产中国的植物。通常磨成粉使用，可以散发出一种非常宜人的香味。

糖衣果仁

把裹焦糖的干果（杏仁或榛子）磨成比较粗的粉末做成的混合物。可以在大型商场买到。

千层糖衣杏仁

用Gavottes®或其他品牌的带花边的薄饼碎屑、糖衣杏仁和巧克力做的现成的混合物。可以在专门的商店或网上买到。

杏仁巧克力

糖衣杏仁和巧克力的混合物，可以买到现成的长方形薄块状的。可以在大型商场买到。

果泥

把水果压碎或搅碎得到的。可以自己用新鲜水果制作，也可以在专门的商店或网上购买。

榛子泥

把榛子搅碎之后得到的泥，不要加糖。可以在有机食品商店买到。

葡萄糖浆

有黏性的透明面糊，是以淀粉为基础做成的。可以在专门的商店或网上买到。

稳定剂

稳定剂，用于制作冰激凌，可以使混合物在冷冻时更加黏稠、稳定。可以在专门的商店或网上买到。

转化糖（或转化糖浆）

白色、面糊状的糖。可以使混合物更柔软，延长其保质期，可以用洋槐花蜜代替。可以在专门的商店或网上买到。

黑砂糖

未提炼的红棕色蔗糖。可以在有机食品店买到。

稳定剂

用作果汁冰糕的稳定剂，可以使其更黏稠、细腻、口感顺滑，避免结晶。可以在专门的商店或网上买到。

日本柚子

与柠檬差不多大的柑橘类水果，味酸，使用其果汁和果皮。

专业术语

擀

用擀面杖或压面机把面团压平。

隔水炖

把食物放在盘子中，再把盘子放入装水的容器中慢慢炖。

打发至中性发泡(可以拉出小弯钩)

打发蛋清，直至打蛋器顶端出现一个鸟嘴状的小弯钩。

制作焦化黄油

当黄油熔化后，平底锅底部的少量乳状物开始焦化，使黄油微微散发出榛子的味道。注意不要熬成褐色，否则会有毒。

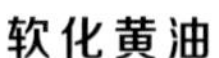

软化黄油

把常温的黄搅打至质地柔滑。

搅打至发白

用力搅拌混合物，直至表面起泡或颜色变浅。

切丁

把食物切成小方块。

防粘处理

在模具内壁铺烘焙纸或保鲜膜，或做涂油撒粉处理。

用小漏斗过滤

把混合物放入小漏斗过滤。

刻装饰线

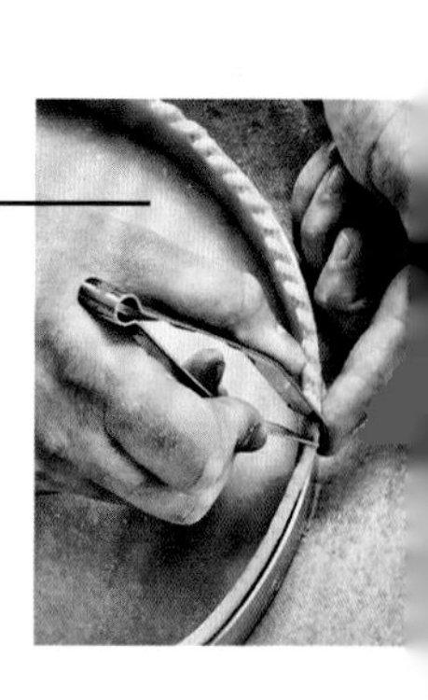

用手指、刻装饰线用的小镊子或刀在擀薄的面团边缘刻上装饰性的小切口。

水煮

长时间慢煮，使混合物的质地类似煮水果。

捣碎

将食材弄碎，但不需要形状规则或大小一致。

使变成奶油状

搅拌一种或多种食材（例如黄油和糖、黄油和蛋黄），使其质地类似奶油。

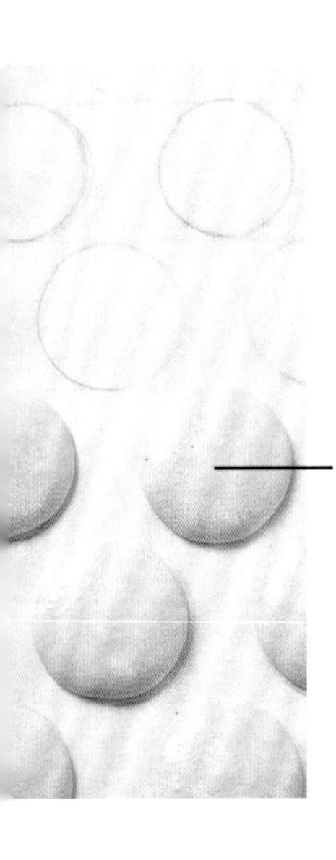

凝结（巧克力调温）

巧克力从固态变为液态，以使其更有光泽、质地更均匀，口感更脆。凝结是巧克力调温的最后一个步骤。

表层结皮

在烘烤前把马卡龙的外壳晾干，使表面微微变硬，碰触时不会粘在手指上。

预烤

把铺好烘焙纸、填上蔬菜干或豌豆的挞底预先烘烤一次，避免面团在烘烤过程中膨胀。

煮至黏稠

某些奶油（例如英式奶油）的煮制方法，过程非常慢长，须煮至液体变得黏稠。当奶油粘在抹刀上，或者用手指划一道线，手指上不会粘上奶油，就可以关火了。

煮成小球形

把糖浆煮到116～125℃。此时将一滴糖浆放入冷水中，会形成一个柔软的小球。

稀释

加入液体或固体，使正在煮的液体的浓度突然降低。

切成薄片

用小刀或切片器切成或薄或厚的小片。

乳化

用力搅拌混合物，使空气混入其中。

包裹

用一种或薄或厚的原料把另一种原料完全包裹起来，从而起到保护或装饰的作用。

去籽

去除水果或柑橘类水果的籽。

去梗

去除水果、柑橘类水果或叶子的梗。

去核

把某些水果，例如苹果的中心部分挖掉。

把香草荚剖开

用刀子沿长边方向把香草荚切开，然后用刀尖把里面的籽刮下来。

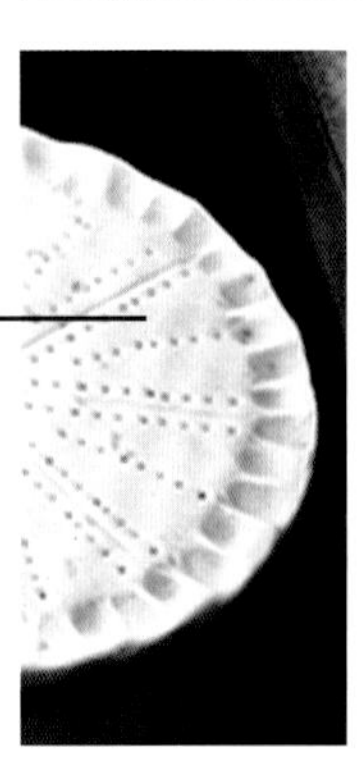

捏花边

用手指在面团的边缘捏上一圈花饰。

用保鲜膜裹紧

把食品保鲜膜直接放在奶油或混合物上，将其密封住，避免与空气有任何接触。这样可以避免凝结或表面结皮。

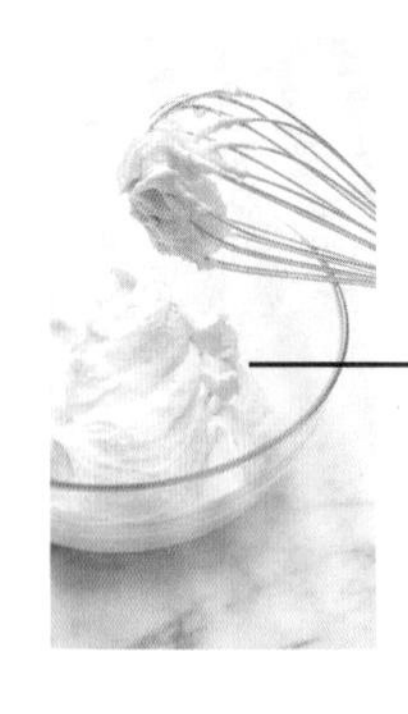

撒面粉

把面粉撒在加工台或擀平的面团上，避免粘在上面。

膨发

持续用力搅打，通过乳化作用将空气混入混合物中，使混合物的质地变蓬松，体积变大。

垫底

把面团放入模具。

挤压

用小漏斗过滤调味汁或混合物，同时用小勺子按压。

切成细丝

把食物切成很细的条状。

使变稠

把果汁或混合物变得滑腻、浓稠，通常需要根据要增稠的调味汁的情况，加入淀粉浆和棕色粉末（面粉和黄油的混合物），或者只加入淀粉。

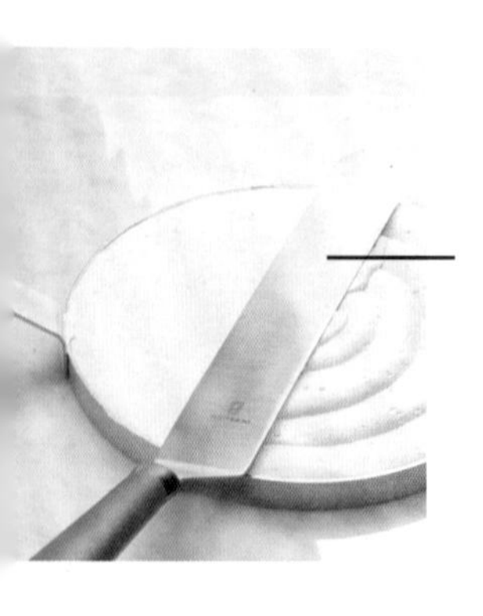

使表面平滑

用打蛋器用力搅拌液体混合物，使其表面平滑均匀，或者用抹刀或刮刀涂抹混合物的表面，使表面变平整。

上光

在用于制作蛋挞、蛋糕、点心等的混合物表面刷上果胶或糖霜，使其变得有光泽。

马卡龙面糊制作技巧

用刮刀碾压混合物并搅拌至质地柔滑，微微翻拌，提起刮刀，面糊呈丝带状落下。

浸渍

把新鲜水果、糖渍水果或水果干在液体中浸泡一段时间，使水果的味道渗入液体中。

去皮

把食品用开水烫一下，然后把皮剥掉。

打发

搅拌一种材料或混合物，混入空气，使其体积增加。

浇一层

把一种液态的食物或混合物（浓汁、奶油、调味汁、酸醋沙司等）浇在上面，达到完全覆盖。

揉面

把各种材料混合，做成柔滑均匀的面团，按照揉捏时间长短，面团可能成形或不成形。

水煮

把食物放在热的液体中煮。

用裱花袋挤

用手挤压裱花袋，为其中盛装的食材塑形。

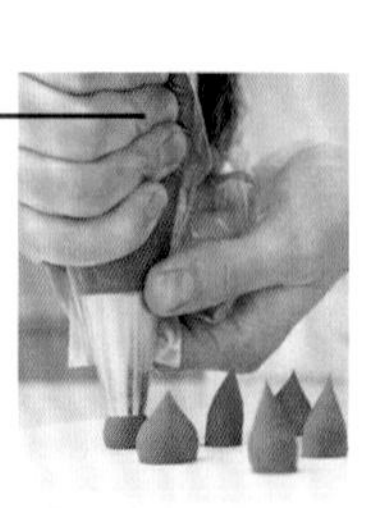

过筛

过滤掉结块，以得到细腻均匀的粉末。

铺满

将食物、面团、铝箔或煮熟的食物铺于容器底部，将其覆盖。

巧克力调温

使巧克力达到特定的温度（温度因巧克力类型而异），使可可黄油、可可、糖和奶粉能够均匀地凝结。目的是使其质地柔滑而有光泽。

烤

烘烤种子或干果，以去除其中的水分，使香味更加浓郁。

分层

当混合物中的脂肪与其他材料分开后，混合物就会分层，不再均匀。若想使混合物变均匀，用力搅拌一下即可。

制冰

把混合物放入制冰机，如果没有也可以放入冰糕机，使其凝固。

剥皮

用剥皮器、Microplane®牌锉刀或刨刀把柑橘类水果的外皮削成均匀的细条，应避免削到里面苦涩的内皮。

发酵

把面团放在温暖的地方，使其膨胀。

使渗入

把饼干、蛋糕等完全浸入糖浆或经过调味的液体，或者用刷子在其表面涂刷，使液体渗入，使饼干或蛋糕更加柔软、香味更浓。

做成椭圆形

用两把汤匙把慕斯、冰激凌、尚蒂伊奶油等压成长条状。

折叠

把面团向内侧折，同时用手按压，使酵母分布均匀并混入氧气，以使其发挥作用。

浓缩

加盖煮至液体的体积变小。

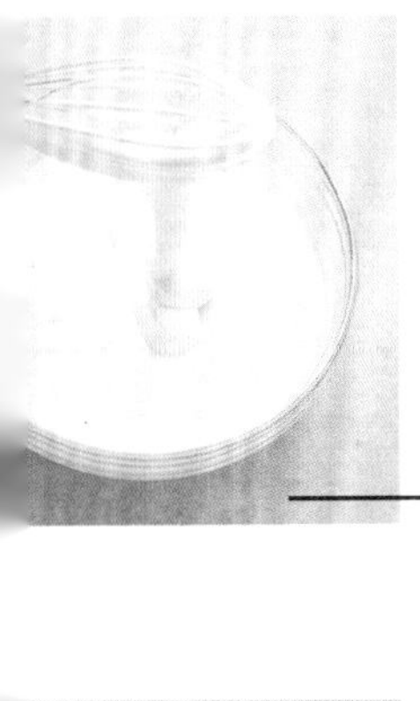

打发至提起时如丝带般落下

用打蛋器长时间打发混合物，提起打蛋器时，混合物会落下来，状如丝带。

搅打至紧实

用力搅拌蛋清，并慢慢加糖，使其稠厚起泡，变得更加紧实均匀。

取出果肉

取出柑橘类水果的橘瓣，并去除其果皮和丝络（白色筋膜）。

甜点师工具箱

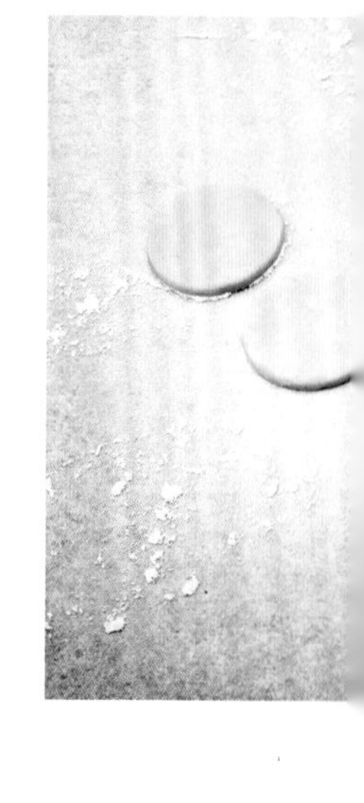

小刀

刃短而尖的小刀。刀身光滑而锋利，可以切、削、雕刻各种食物，或用于去皮。

刨刀

可以刨削柑橘类水果或其他水果的果皮，并将其削得很薄的刀具。

面包刀

带锯齿刃的刀，主要用于切面包。

挖冰激凌的勺子

由一个长柄和一个半球形头构成的勺子，可以挖出漂亮的冰激凌球。

挖球器

配有一个半球形头的工具，可以把水果、柑橘类水果或其他食物的果肉挖成球形。挖球器有不同的直径。

搅拌碗

球形容器，通常为不锈钢制，在烹饪和甜点制作中主要用于混合食材。外形适于配合打蛋器使用。

搅拌机或电动打蛋器

可以把蛋清打发至稠厚起泡，用于打发、混合或乳化蛋糕糊或调味汁的电动工具。

模具

圆形、正方形或长方形模具，通常为不锈钢制，无底，高边，可用于烘烤挞底、海绵蛋糕或布丁，并可用于将巴伐利亚蛋糕或提拉米苏蛋糕等甜点加工成形。通常有固定和可延展两种，后者可以按照客人数量进行调节。

喷枪

喷气体的工具，可以喷出火焰，使甜点焦化，将菜肴烧至焦黄或将其点燃，或者使肉变成棕色。由喷嘴和充气罐构成。

小漏斗和带滤布的小漏斗

金属漏勺，用于过滤或筛选材料或混合物。

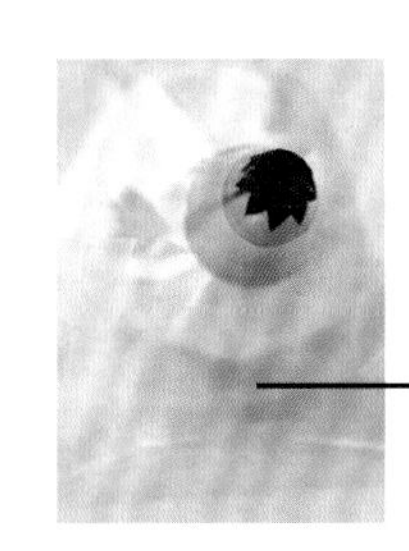

裱花嘴

装配于裱花袋端部的花嘴，有各种形状：圆形、齿形、扁口形等。可以精确地装饰各种食物。

饼干模

金属或塑料工具，无装饰或带螺纹，形状、尺寸各不相同，用于切割面团。

滤布

用于过滤果汁、汤、冻等的细布。

苹果去核器

无需将苹果切开便可以方便地挖出苹果的心和籽的工具。

双耳盖锅

有两个把手和一个盖子的器皿，用于煮食物和烧水。

打蛋器

用于把蛋清打发至稠厚起泡，搅拌、混合、乳化蛋糕糊或调味汁的工具。

巧克力叉

一种长柄叉子，主要用于把糖果浸入熔化的巧克力中，使其裹上一层巧克力。

切片器

用于把食物切成均匀薄片的工具。

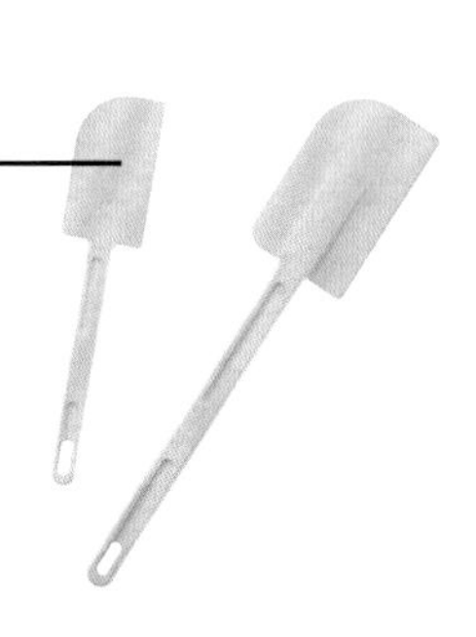

刮刀

硅胶抹刀，用于混合舒芙蕾或马卡龙等甜点的混合物。也用于把沙拉碗或炸锅中的所有混合物刮干净。

锉刀

可做剥皮器用的锉刀，主要用于把果皮削至极细，或者把硬的奶酪擦得成细丝。

搅拌机或家用食物处理机

用于混合或切碎食物的设备。

手持搅拌机

用于做汤和去除混合物中的结块的搅拌器。由一个长柄和一个带旋转刀片的头构成。

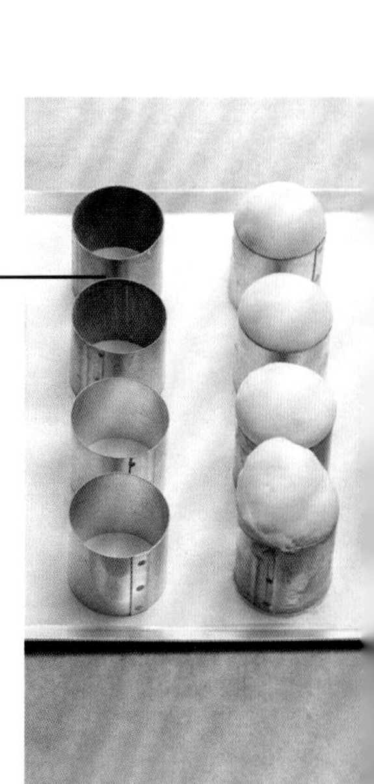

巴巴模具

用于制作朗姆巴巴的模具。有两种类型：第一种跟奶油小蛋糕（Dariole）模具有些像，做出的巴巴蛋糕上宽下窄，第二种为圆形，中间略微隆起，做出的巴巴面团为圆环状。

蛋糕模具

用于加工和烘烤蛋糕的长方形模具。

夏洛特模具

用于制作夏洛特的高边模具，上宽下窄。

金砖小蛋糕模具

用于制作金砖小蛋糕的有凹槽的长方形模具。

咕咕霍夫模具

高边模具，中部凹陷并有螺纹，一般为陶制。

高边模具

圆形的蛋糕模具，边缘较高，主要用于制作海绵蛋糕。

硅胶模具

质地柔软的模具，有各种形状，优点是便于脱模。

扁平或弯曲铲刀

烹饪配件，刀片或长或短，刀头或圆或直，将食物翻面的同时不会损坏食物，也用于涂抹食材，例如在蛋糕上涂一层浓稠的混合物。

烘焙纸

附带极薄硅胶层的纸，耐高温，即使不涂油性材料也不会粘在食物上。

烘焙塑料纸

透明的塑料纸，用于加工巧克力，使其更有光泽。

漏勺或细密的漏勺

用于过滤液体的小工具。

刻装饰线用的镊子

形状类似大号拔毛钳的工具，顶端有锯齿。主要用于在挞的边缘刻上装饰线。

油刷

食品专用刷，可以用于浇、涂、装饰各种类型的菜肴和甜点。

喷漆枪或即时喷雾器

用于给蛋糕、巧克力、糖等各种食物喷上食用色素的烹饪工具。

裱花袋

圆锥形不透水的柔软袋子，使用时需在顶端装配裱花嘴。

厨师机

用于以搅、打、揉的方式加工食材的加工机。

擀面杖

圆柱形工具，有的端部配有手柄，用于滚压面团。

虹吸瓶

通过向液体混合物中注入气体，从而制作尚蒂伊奶油、慕斯或泡沫的喷雾器。

冰糕机

用于在家里制作冰激凌的设备，比制冰机便宜，但使用更受限制：冷藏碗要在冷冻柜中放置12小时。

扁平抹刀

由塑料柄和扁平的不锈钢刀片构成的工具。

筛子

配有细金属网的工具，用于把混合物过滤得更加细腻、无杂质。

硅胶垫或Silpat®牌烘焙垫

用于烘烤或冷冻的硅胶垫布。有各种品牌，其中就有Silpat®牌。可以在专门的商店买到。

温度计

用于指示烘烤过程中的食物的确切温度。

制冰机

可以在家里快速制作冰激凌或果汁雪糕的设备：配有独立冷却系统，可以在一个小时之内制作出冰激凌，并且可以在同一天内做出不同的口味。

剥皮器

用于削柑橘类水果果皮的工具。

食谱索引

多种面团

挞皮

蛋白霜面团

面糊

熟面团

发酵面团

奶油和慕斯

奶油

慕斯

调料、装饰和糖霜

调料

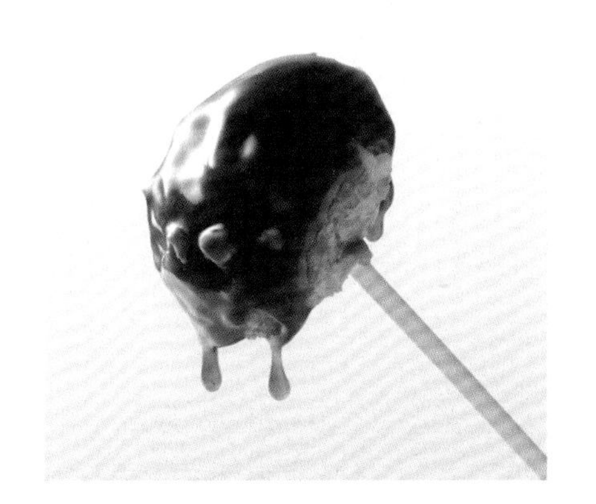

装饰

糖霜

图书在版编目（CIP）数据

甜品主厨的秘密 / 法国艾伦•杜卡斯出版公司编著 ；唐洋洋译. — 北京 ：北京美术摄影出版社，2021.1
ISBN 978-7-5592-0402-8

Ⅰ. ①甜… Ⅱ. ①法… ②唐… Ⅲ. ①甜食—制作—法国 Ⅳ. ①TS972.134

中国版本图书馆 CIP 数据核字（2020）第 218378 号

北京市版权局著作权合同登记号：01-2017-1338

责任编辑：王心源
执行编辑：张　晓
责任印制：彭军芳

甜品主厨的秘密

TIANPIN ZHUCHU DE MIMI

法国艾伦·杜卡斯出版公司　编著
唐洋洋　译

出　版　北京出版集团
　　　　北京美术摄影出版社
地　址　北京北三环中路6号
邮　编　100120
网　址　www.bph.com.cn
总发行　北京出版集团
发　行　京版北美（北京）文化艺术传媒有限公司
经　销　新华书店
印　刷　北京汇瑞嘉合文化发展有限公司
版印次　2021年1月第1版第1次印刷
开　本　787毫米×1092毫米　1/16
印　张　39.375
字　数　403千字
书　号　ISBN 978-7-5592-0402-8
定　价　228.00元
如有印装质量问题，由本社负责调换
质量监督电话　010-58572393

PETITS CAKES CITRON-THÉ MATCHA
GÂTEAU AU CHOCOLAT MOELLEUX
SANS GLUTEN ET FRAMBOISE CAKE AUX
AGRUMES **CAKE AU SIROP D'ÉRABLE**
COCAJOU VERTICAL MADELEINES AUX
ZESTES DE CITRON MUFFINS AUX
PÉPITES DE CHOCOLAT FOURS TAGINE
COULANTS CHOCOLAT ET CŒUR
PRALINOISE FINANCIERS PISTACHE
CARROT CAKES COOKIES CHOCOLAT ET
NOIX DE PÉCAN SHORTBREAD SABLÉS
À LA CONFITURE SABLÉS AMANDES
ET CANNELLE, SABLÉS CANNELÉS
AU BEURRE CHOU CHOCOLAT CHAUD
QUI EXPLOSE EN BOUCHE **ÉCLAIR**
VANILLE DE MADAGASCAR ET NOIX
DE PÉCAN CARAMÉLISÉES ÉCLAIR
VANILLE, FLEUR D'ORANGER ACIDULÉ
RELIGIEUSES CARAMEL BEURRE
SALÉ **PARIS-BREST** CHOUX GIVRÉ
DANS L'ESPRIT D'UN TIRAMISU
CHOU FLEUR MANGUE ET INFUSIO